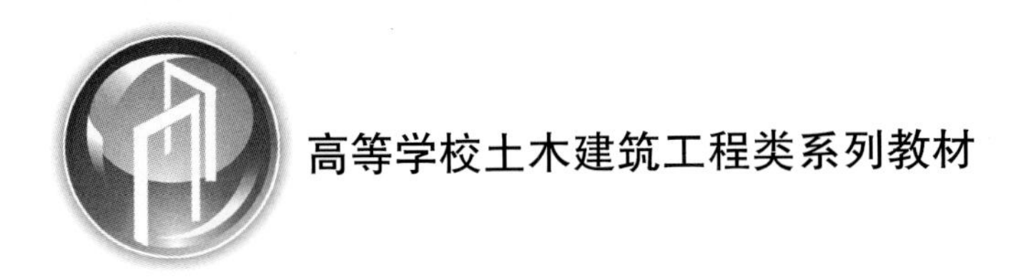

有限单元法程序设计（第二版）

■ 侯建国 安旭文 编著

图书在版编目(CIP)数据

有限单元法程序设计/侯建国,安旭文编著.—2版.—武汉:武汉大学出版社,2012.3
高等学校土木建筑工程类系列教材
ISBN 978-7-307-09543-4

Ⅰ.有… Ⅱ.①侯… ②安… Ⅲ.弹性力学—有限元法—程序设计—高等学校—教材 Ⅳ.①O343 ②O241.82

中国版本图书馆CIP数据核字(2012)第026389号

责任编辑:李汉保　　责任校对:刘　欣　　版式设计:支　笛

出版发行:**武汉大学出版社**　(430072　武昌　珞珈山)
(电子邮件:cbs22@whu.edu.cn 网址:www.wdp.com.cn)
印刷:荆州市鸿盛印务有限公司
开本:787×1092　1/16　印张:15.5　字数:371千字　插页:1　插表:7
版次:2007年1月第1版　　2012年3月第2版
2012年3月第2版第1次印刷
ISBN 978-7-307-09543-4/O·472　　定价:25.00元

高等学校土木建筑工程类系列教材

编　委　会

内容简介

本书主要介绍弹性力学平面问题有限元程序设计的基本原理和编制方法。书中以三节点三角形单元、四节点矩形单元、六节点三角形单元和四节点、八节点、九节点等参单元以及杆单元为例，围绕作者所编写的弹性力学平面问题有限元分析通用程序FEAP，逐段讲解数据输入及网格自动部分，约束条件的引入，单元刚度矩阵的形成，结构总刚度矩阵的组集，整体荷载列向量的形成，解方程和单元应力计算与成果整理等关键性程序模块的设计方法，从而使读者掌握结构分析有限元程序设计的基本原理和编制方法。书中对有限元法在钢筋混凝土结构应力分析中的应用亦作了简要介绍。

书中所给出的源程序既可供读者阅读参考和上机实习使用，亦可用于解决工程实际问题。

本书主要作为高等学校土木建筑工程类专业本科生和硕士生有限元程序设计选修课的教材之用，也可以供高等学校教师和从事结构分析的相关工程技术人员学习与参考。

序

建筑业是国民经济的支柱产业，就业容量大，产业关联度高，全社会50%以上固定资产投资要通过建筑业才能形成新的生产能力或使用价值，建筑业增加值占国内生产总值较高比率。土木建筑工程专业人才的培养质量直接影响建筑业的可持续发展，乃至影响国民经济的发展。高等学校是培养高新科学技术人才的摇篮，同时也是培养土木建筑工程专业高级人才的重要基地，土木建筑工程类教材建设始终应是一项不容忽视的重要工作。

为了提高高等学校土木建筑工程类课程教材建设水平，由武汉大学土木建筑工程学院与武汉大学出版社联合倡议、策划，组建高等学校土木建筑工程类课程系列教材编委会，在一定范围内，联合多所高校合作编写土木建筑工程类课程系列教材，为高等学校从事土木建筑工程类教学和科研的教师，特别是长期从事土木建筑工程类教学且具有丰富教学经验的广大教师搭建一个交流和编写土木建筑工程类教材的平台。通过该平台，联合编写教材，交流教学经验，确保教材的编写质量，同时提高教材的编写与出版速度，有利于教材的不断更新，极力打造精品教材。

本着上述指导思想，我们组织编撰出版了这套高等学校土木建筑工程类课程系列教材，旨在提高高等学校土木建筑工程类课程的教育质量和教材建设水平。

参加高等学校土木建筑工程类系列教材编委会的高校有：武汉大学、华中科技大学、南京航空航天大学、南昌航空大学、湖北工业大学、汕头大学、南通大学、江汉大学、三峡大学、孝感学院、长江大学、昆明理工大学、江西理工大学、江西农业大学、江西蓝天学院15所院校。

高等学校土木建筑工程类系列教材涵盖土木工程专业的力学、建筑、结构、施工组织与管理等教学领域。本系列教材的定位，编委会全体成员在充分讨论、商榷的基础上，一致认为在遵循高等学校土木建筑工程类人才培养规律，满足土木建筑工程类人才培养方案的前提下，突出以实用为主，切实达到培养和提高学生的实际工作能力的目标。本教材编委会明确了近30门专业主干课程作为今后一个时期的编撰、出版工作计划。我们深切期望这套系列教材能对我国土木建筑事业的发展和人才培养有所贡献。

武汉大学出版社是中共中央宣传部与国家新闻出版署联合授予的全国优秀出版社之一，在国内有较高的知名度和社会影响力。武汉大学出版社愿尽其所能为国内高校的教学与科研服务。我们愿与各位朋友真诚合作，力争使该系列教材打造成为国内同类教材中的精品教材，为高等教育的发展贡献力量！

高等学校土木建筑工程类系列教材编委会

2008年8月

前　言

有限单元法作为一种实用的数值分析方法随着电子计算机技术的普及而得到了工程界的广泛重视，有限单元法已成为分析连续体的强有力工具。

有限单元法在20世纪50年代起源于航空工程中飞机结构的矩阵分析。该方法将整个结构看成有限个力学小单元互相连接而组成的集合体，分析每个力学小单元的力学性能，按照一定的方式装配在一起，就反映了整体结构的力学特性。

有限单元法的思路，在1960年被推广用来求解弹性力学问题，并开始采用"有限单元法"(Finite Element Method)术语。其基本步骤是，首先将弹性连续体进行离散化，分割成有限的小块体(即单元)，让这些小块体只在指定点(即节点)处互相连接，用这种离散结构代替原来连续的结构；其次，对每个单元选择一个简单函数来近似表示其位移(或内力)分布规律，并按弹、塑性理论中的变分原理建立单元节点力与节点位移之间的关系；最后，把所有单元集合起来，得到一组代数方程组，求解代数方程组，得出各节点位移，进而求出各单元的应力或内力，从而得到离散结构的解。只要单元分得较多，就可以用这个解作为连续体的解答。

为了使解答尽可能接近精确解，通常划分单元较多，这样大的工作量企图用手算是不可能的。电子计算机技术的发展，使这种方法得到广泛应用。电子计算机的特点是容量大、速度快、稳定性好，因而一般工程问题都能解决。这里，关键是根据有限单元法设计的计算机程序的编制。

目前，国内外已编制了许多大型通用有限元程序。其中著名的有 E. L. Wilson 教授等编制的 SAP 系列；K. J. Bathe 教授等编制的 ADINA 系列；美国国家航空和航天管理局(NASA)发展的 NASTRAN；以及近年来在国内广为流行的美国大型有限元软件 ANSYS、ABAQUS 等；国内大连理工大学钟万勰教授等研制的 JIGFEX 和 DDJ 程序系统；国家航空工业部研制的 XAJEF 系列等。这些大型通用有限元程序，对于静力、动力、材料非线性、几何非线性、稳定性问题都可以很方便地计算出来，可以解决许多复杂的工程问题。但大型有限元程序由于其通用性，无所不包，因而也带来了一些问题。例如，数据填写复杂，应用上不够方便。而且有些专门问题，新发展的问题，上述现成软件无法包括。因此，对于结构分析工作者，仅仅会使用现有程序是不够的，还必须具备根据不同的需要编制相应程序的能力。再者，有限单元法发展到现在，已积累了十分丰富的资料，计算机程序也编制了许多，在实际工作中，往往可以借鉴，这也需要学习编制程序的技巧与方法，这样才有可能读懂其他程序，然后再移植、改造或增加新的功能。

从工程应用的角度来看，为了推进计算机辅助设计的发展，要求结构分析进一步与工程结构数据库、网格自动剖分、图形处理、人工智能、专家系统、计算机绘图等相结合，而这些问题又更多地依赖于计算机程序设计的能力。

上述情况要求正在从事和即将参加工程建设的技术人员，特别是担负着开发和研究任务的科学技术工作者，能够较好地掌握有限单元法的基本原理和程序设计方法，以便一方面能够有效地利用现有的计算程序，另一方面能够具有改进现有计算方法和计算程序的能力，并为发展新的方法、编制新的结构分析程序，掌握必要的程序设计的基本知识和编制技巧。本书正是为了适应上述要求，为工科院校土木建筑工程类专业本科高年级学生以及硕士研究生学习有限元程序设计提供一本教材；同时也可以作为高等学校教师以及相关专业的工程技术人员学习与进修的参考读物。由于选修课学时数的限制，本书内容只限于平面问题有限元分析。通过作者所编制的弹性力学平面问题的通用程序 FEAP(Finite Element Analysis Program)，介绍有限元程序的编制方法和技巧，讲解如何读懂及编制有限元程序。应该说这是一个实践性很强的课程，学了一定要上机实习，在实践中再认识、提高。通过本课程的学习，以求达到具有独立修改、编制某些程序的能力。

本书是在侯建国、安旭文于2007年为土木建筑工程类专业的本科生和硕士生编写的《有限单元法程序设计》教材的基础上修订而成。书中内容一部分取自国内外相关文献和专著，一部分是作者在工作和学习中的体会。关于有限单元法的基本原理，如位移模式的选择、单元刚度矩阵的推导、荷载移置、整体平衡方程的建立、约束处理等，读者不难从各种有限单元法的论著中找到，本书对这些内容只作简要叙述，而把重点放在有限单元法如何在计算机上实现，即计算机程序的编写上。全书共分九章和一个附录。

第1章主要介绍有限单元法的基本原理，并列出有关基本公式。其中重点以三节点三角形单元为例介绍了有限单元法解题的全过程，包括离散化、单元分析、整体分析和单元应力计算及成果整理等内容；对于高次单元，差别仅在于单元刚度矩阵的形成和等效节点荷载的计算有所不同，故对高次单元则把重点放在单元分析上。

第2章~第8章围绕作者所编写的弹性力学平面问题有限元通用程序《FEAP》，介绍有限元程序设计的编制方法与技巧，重点介绍了网格自动剖分、约束条件的引入、单元刚度矩阵的形成、结构刚度矩阵的组集、整体荷载列向量的形成、解方程和单元应力计算与成果整理等关键性程序模块，并给出了相应的细框图和源程序，便于读者自学和参考。

第9章介绍《FEAP》程序使用说明，并给出了大量的工程实例，供读者上机实习之用，或作为读者自编某些程序的考题之用。

为了便于读者自学，书中介绍的程序力求简单明了，因此，这个程序不是一个非常精练的通用标准程序，必然有许多可修改之处。读者在读懂《FEAP》后，可以很方便地将这个程序扩充为平面问题与轴对称问题的联合求解程序，也可以扩充相应的前处理程序(全自动剖分及图像显示)和后处理程序(应力处理及图像显示等)，甚至于将这一程序改编为空间问题有限元程序也并无技术上的困难。

本书编写中努力贯彻“少而精”的原则，力图做到深入浅出，循序渐进，使读者学习完本书后能独立修改、编制各自需要的应用程序，达到学以致用的目的。

本书第1章~第7章由侯建国编写；第8章、第9章及附录由安旭文编写；安旭文、宋础、秦朝江对FEAP程序进行了全面修订，整个程序的上机调试由安旭文负责完成。全书由侯建国修改定稿。

限于作者的理论水平和实践经验，书中难免有不少缺点和不足，欢迎广大读者及同行批评斧正。

侯建国

2011年12月于珞珈山

目　录

第 1 章　有限单元法介绍

§1.1　弹性力学平面问题的基本公式

1.1.1　弹性力学平面问题的两种类型

任何连续体总是处于空间受力状态，因而任何实际问题都是空间问题。但是在某些情况下，空间问题可以近似地按平面问题处理。平面问题可以分为以下两类。

1. 平面应力问题

例如图 1-1 中的深梁，由于梁的厚度很小，而荷载又都与 xOy 平面平行，且沿 z 轴为均匀分布，因而可以认为 z 轴方向的应力分量等于零。这种问题称为平面应力问题。

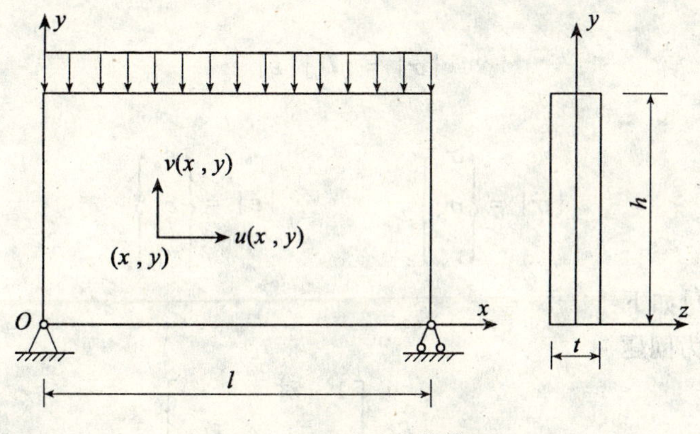

图 1-1　平面应力计算模型

2. 平面应变问题

如图 1-2 所示，一水工结构重力坝的横截面，由于坝的长度比横截面的尺寸大得多，而荷载又都与 xOy 平面平行，且沿 z 轴为均匀分布，因而可以认为，沿 z 轴方向的位移分量等于零。这种问题称为平面应变问题。

上述两类问题有许多共同特点，合称为弹性力学平面问题。本书只讨论平面问题。

1.1.2　弹性力学平面问题的基本公式

弹性力学平面问题的基本公式是有限单元法分析的基础，现列出如下。

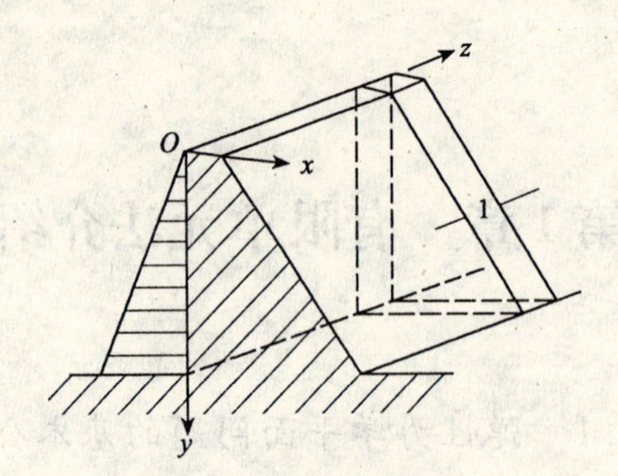

图 1-2 平面应变计算模型

1. 几何方程

$$\{\boldsymbol{\varepsilon}\}=\begin{Bmatrix}\varepsilon_x\\ \varepsilon_y\\ \tau_{xy}\end{Bmatrix}=\begin{Bmatrix}\dfrac{\partial u}{\partial x}\\ \dfrac{\partial v}{\partial y}\\ \dfrac{\partial u}{\partial y}+\dfrac{\partial v}{\partial x}\end{Bmatrix} \tag{1-1}$$

2. 物理方程

$$\{\boldsymbol{\sigma}\}=[\boldsymbol{D}]\{\boldsymbol{\varepsilon}\} \tag{1-2}$$

式中

$$\{\boldsymbol{\sigma}\}=\begin{Bmatrix}\sigma_x\\ \sigma_y\\ \tau_{xy}\end{Bmatrix},\qquad \{\boldsymbol{\varepsilon}\}=\begin{Bmatrix}\varepsilon_x\\ \varepsilon_y\\ \gamma_{xy}\end{Bmatrix}$$

弹性矩阵$[\boldsymbol{D}]$如下：

对于平面应力问题

$$[\boldsymbol{D}]=\frac{E}{1-\mu^2}\begin{bmatrix}1 & \text{对} & \\ \mu & 1 & \text{称}\\ 0 & 0 & \dfrac{1-\mu}{2}\end{bmatrix} \tag{1-3}$$

对于平面应变问题

$$[\boldsymbol{D}]=\frac{E(1-\mu)}{(1+\mu)(1-2\mu)}\begin{bmatrix}1 & \text{对} & \\ \dfrac{\mu}{1-\mu} & 1 & \text{称}\\ 0 & 0 & \dfrac{1-2\mu}{2(1-\mu)}\end{bmatrix} \tag{1-4}$$

比较上述二式可以看出，在平面应力的弹性矩阵$[\boldsymbol{D}]$中，只要把E换成$\dfrac{E}{1-\mu^2}$，把μ换成$\dfrac{\mu}{1-\mu}$，就可以得到平面应变问题的弹性矩阵。

§1.2　有限单元法的计算步骤

结构的有限元分析涉及力学原理、数学方法和计算机程序等若干方面，诸方面互相配合才能形成这一完整的分析方法。但是，无论对于什么样的结构(如平面、三维、板壳等)，有限元分析过程都是程序化了的，一般的典型步骤如下。

1.2.1　离散化——确定有限元计算简图

(1)用所选单元类型(如三节点三角形单元或四节点矩形单元或八节点等参形单元等)划分有限元网格，给节点和单元编号，确定支座的形式和位置。

(2)选定整体坐标系，测量节点坐标，准备好单元几何尺寸、材料常数。

(3)荷载移置，将每一单元所受的荷载(包括体力、面力和集中力)都按静力等效原则移置到节点上，成为等效节点荷载。

1.2.2　单元分析——建立单元刚度矩阵

(1)在典型单元内选定位移函数，并将位移函数表示成节点位移的插值形式，即建立单元内任一点的位移$\{\boldsymbol{f}\}$与单元节点位移$\{\boldsymbol{\delta}\}^e$之间的关系

$$\{\boldsymbol{f}\}=[\boldsymbol{N}]\{\boldsymbol{\delta}\}^e$$

式中N为位移函数(即插值函数，亦称形函数)，$[\boldsymbol{N}]$称为形函数矩阵。

(2)建立单元内任一点的应变$\{\boldsymbol{\varepsilon}\}$与单元节点位移$\{\boldsymbol{\delta}\}^e$之间的关系

$$\{\boldsymbol{\varepsilon}\}=[\boldsymbol{B}]\{\boldsymbol{\delta}\}^e$$

式中$[\boldsymbol{B}]$称为应变矩阵(亦称几何矩阵)。

(3)建立单元内任一点的应力$\{\boldsymbol{\sigma}\}$与单元节点位移$\{\boldsymbol{\delta}\}^e$之间的关系

$$\{\boldsymbol{\sigma}\}=[\boldsymbol{S}]\{\boldsymbol{\delta}\}^e$$

式中$[\boldsymbol{S}]$称为应力矩阵。

(4)建立单元节点力$\{\boldsymbol{F}\}^e$与单元节点位移$\{\boldsymbol{\delta}\}^e$之间的关系

$$\{\boldsymbol{F}\}^e=[\boldsymbol{k}]^e\{\boldsymbol{\delta}\}^e$$

式中$[\boldsymbol{k}]^e$称为单元刚度矩阵(简称“单刚”)。单元分析的最终目的是建立单元刚度矩阵。

1.2.3　整体分析——形成和求解整体平衡方程组

(1)根据单元刚度矩阵形成结构整体刚度矩阵(亦称“总刚度矩阵”，简称“总刚”)$[\boldsymbol{K}]$，组装整体位移列向量$\{\boldsymbol{\Delta}\}$和整体荷载列向量$\{\boldsymbol{F}\}$，建立整体平衡方程组

$$[\boldsymbol{K}]\{\boldsymbol{\Delta}\}=\{\boldsymbol{F}\}。$$

(2)引入支承条件进行约束处理。在计算程序中亦可以先进行约束处理，再建立整体平衡方程组。

(3)解方程求解位移。

(4)单元应力计算。

在上述步骤中，对于不同的结构，尽管采用的单元形式不同，但其单元的分析方法和步骤都是相同的，其差别仅在于单元刚度矩阵有所不同。掌握一种典型结构的有限元分析

程序设计方法，就可以很方便地推广应用于各种结构。以下分别介绍上述各步骤的基本原理和具体方法。

§1.3　连续体的离散化

用有限单元法分析弹性力学平面问题时，首先是对连续体进行人为的离散化，即把连续的弹性体划分成有限个单元，让这些单元只在指定的节点处相互连接。例如，对于如图1-1所示的平面问题(如深梁)，通过离散化这一过程，就把一个实际的弹性体简化成了如图1-3所示的有限元计算模型。因此，离散化工作有时也称为确定结构的有限元计算简图。

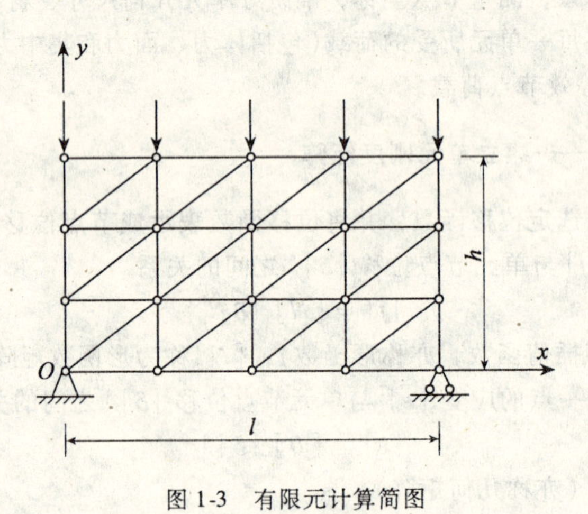

图1-3　有限元计算简图

把结构离散成有限个单元时，需要选择单元的类型和数量。单元的划分，一般应满足以下几项要求：

(1)工程要求的计算精度；

(2)计算机的速度及容量；

(3)节省计算时间。

下面就单元如何划分，作进一步说明。

1.3.1　关于单元类型的选择

在平面问题中，最简单、最常用的是常应变三节点三角形单元。除此之外，还有一些较复杂的单元，如双线性的四节点矩形单元、六节点三角形单元、八节点等参单元等。常应变三节点三角形单元具有计算简单，易于适应边界的外形等优点，程序设计也比较简单。在计算机容量较大的前提下，只要网格划分得比较细密，一般也都能满足实际工程精度的要求。四节点矩形单元除了不易适应某些较复杂的边界外，与三节点三角形单元相比较具有明显的优点，特别是在网格密度相同的情况下，四节点矩形单元的应力计算结果比三节点三角形单元的应力计算结果具有更高的精度。如果要求更高的精确度，还可以采用六节点三角形单元或八节点等参单元等。通常，如果采用高次单元(如六节点三角形单元，八节点、九节点等参单元等），或单元网格划分得较细密，则计算结果更为精确，但相应地要求计算机的存贮容量和计算时间均急剧增加，故应综合权衡后确定。

对于某些可以简化为平面问题的钢筋混凝土结构或结构构件，也可以采用有限单元法进行分析。钢筋混凝土结构或结构构件中较常采用的计算模型如图 1-4 所示。这种模型是把钢筋混凝土作为不同的单元来处理。钢筋部分采用轴力杆单元；混凝土部分则采用平面应力单元，如三节点三角形单元、四节点矩形单元或等参单元等。尽管混凝土是一种非匀质的材料，但在作线性分析时，通常可以把混凝土作为匀质的来处理。只有在开裂之后，才考虑混凝土的非匀质、非连续及各向异性等特性。此外，在钢筋混凝土结构或结构构件的有限元分析中，有时还要用到模拟钢筋与混凝土之间的粘结特性的弹簧单元，以及反映叠合结构在叠合面上的混凝土的粘结特性的结合面单元（如滑移层模型、节理单元等），这些单元在文献[1]、[34]、[35]中作了详细论述，本书从略。

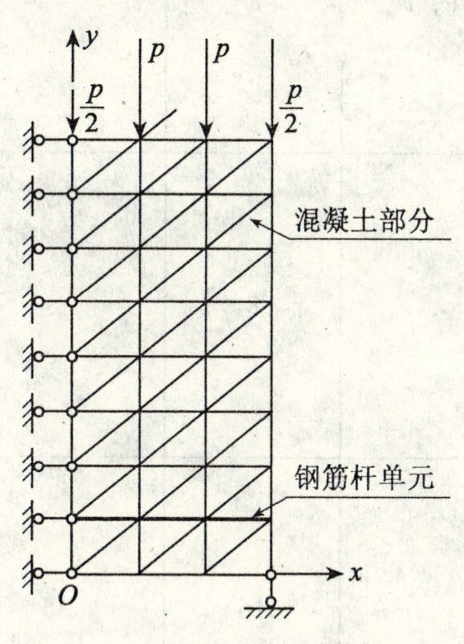

图 1-4　钢筋混凝土深梁计算模型

表 1-1 给出了平面有限元分析中常用的各种单元的形式、自由度以及位移模式。

表 1-1　　平面问题常用单元的类型及位移模式

单　　元	节点自由度	每个单元的自由度数目	位　移　模　式
三节点三角形单元	u, v	6	完全的线性多项式： $u = \alpha_1 + \alpha_2 x + \alpha_3 y$ $v = \alpha_4 + \alpha_5 x + \alpha_6 y$

续表

单　元	节点自由度	每个单元的自由度数目	位 移 模 式
六节点三角形单元 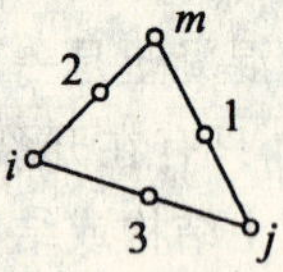	$u,\ v$	12	完全的二次多项式： $u = \alpha_1 + \alpha_2 x + \alpha_3 y + \alpha_4 x^2 + \alpha_5 xy + \alpha_6 y^2$ $v = \alpha_7 + \alpha_8 x + \alpha_9 y + \alpha_{10} x^2 + \alpha_{11} xy + \alpha_{12} y^2$
四节点矩形单元 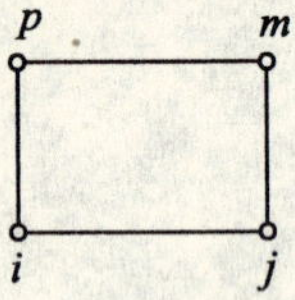	$u,\ v$	8	不完全的二次多项式(双线性多项式)： $u = \alpha_1 + \alpha_2 x + \alpha_3 y + \alpha_4 xy$ $v = \alpha_5 + \alpha_6 x + \alpha_7 y + \alpha_8 xy$
四节点等参单元 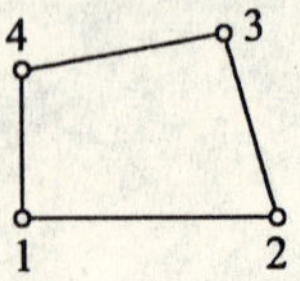	$u,\ v$	8	$u = \sum_{i=1}^{4} N_i u_i$ $v = \sum_{i=1}^{4} N_i v_i$
八节点等参单元 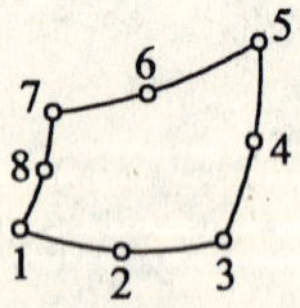	$u,\ v$	16	$u = \sum_{i=1}^{8} N_i u_i$ $v = \sum_{i=1}^{8} N_i v_i$
九节点等参单元 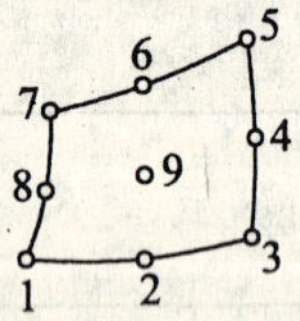	$u,\ v$	18	$u = \sum_{i=1}^{9} N_i u_i$ $v = \sum_{i=1}^{9} N_i v_i$

1.3.2　关于单元的大小

由有限元误差分析可知，在收敛的前提下，应力的误差与单元的尺寸成正比，位移的误差与单元尺寸的平方成正比，单元划分愈大，位移的误差就愈显著。从理论上说，单元划分得越小，其计算结果就越精确。但在实际工程中，要根据工程上对精度的要求、计算机容量及合理的计算时间等因素确定单元的大小。若过分加密网格，将使计算容量激增，从而导致计算误差的增大。加密网格超过了一定的限度，不但不能提高其精度，有时反而使精度降低。

对于不同的部位，可以采用大小不同的单元。必要时可以采用不同类型的单元以适应复杂边界条件和各种应力区域的变化。例如，对于应力和位移状态需要了解比较详细的重要部位，应力变化较急剧的区域或边界比较曲折的部位等应该布置较细密的网格；反之，对于次要的部位，以及应力和位移变化比较平缓的部位，单元可以划分得大一些。如果应力事先难以估计，可以布置均匀的单元网格作一次试算，然后根据试算结果重新划分网格进行第二次计算。在细网格到粗网格的过渡区域内，单元的大小应逐步加大，避免网格过分不均匀。

1.3.3　关于三角形单元的形状

对于三角形单元，单元的内角不能相差过分悬殊，以免在计算中出现较大的误差。由误差分析可知，等边三角形的精度最高。但是对于比较规则的正交边界结构，采用直角三角形的有限元网格又是最方便的，而且精度也较好。因此，这两种类型的单元应尽量优先考虑。

1.3.4　结构厚度和弹性常数有突变时的单元划分

当结构中厚度有突变，或弹性常数有突变(如图 1-5(a)、(b)所示)时，必然伴随着结构的应力有突变。因此，在单元划分时，应当把厚度、弹性常数的突变线作为单元的分界线，而不应使突变线穿过单元。否则，将不能正确反映这些实际存在的应力突变。另外，还应当把有突变部位附近的单元取得较小一些，使之较好地反映这些应力的突变。

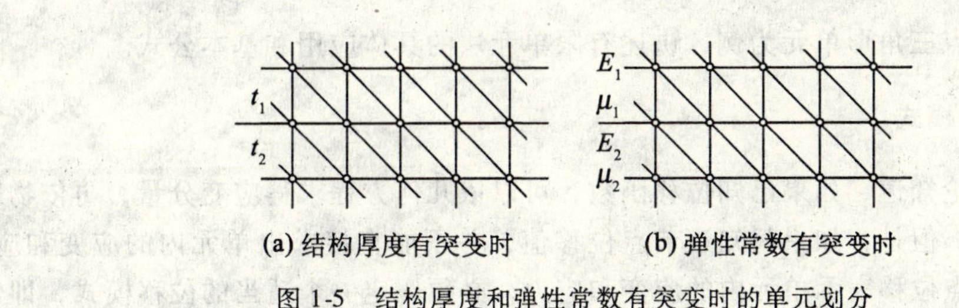

(a) 结构厚度有突变时　　(b) 弹性常数有突变时

图 1-5　结构厚度和弹性常数有突变时的单元划分

1.3.5　结构对称性的利用

如果结构和荷载都是对称的，那么单元划分也应该对称，计算时可以利用其对称性取一半结构进行分析。这样计算和分析工作量将大为减少，在对称轴上当然应该设置节点和相应的约束链杆。

1.3.6　单元及节点编号原则

单元编号原则上可以任意编排，但为了整理应力成果时方便起见，单元编号一般可以按“从左至右，自下而上”或“自下而上，从左至右”的顺序进行编排。

节点编号时则应特别注意，因为节点编号的好坏将直接影响总刚度矩阵[$\boldsymbol{K}$]的半带宽的大小。所谓半带宽是指[$\boldsymbol{K}$]中某一行最左非零元素到该行主对角元之间(包括这两个元素自身)的元素个数。带宽过大，不仅浪费机时与存贮单元，而且有时还会影响计算精度。而节点编号的好坏，对半带宽的大小起决定性作用，相邻节点的最大“节点号差”越小，总刚[$\boldsymbol{K}$]的半带宽就越小。平面问题最大半带宽 m 的一般计算公式为

$$m = 2\times(\text{相邻节点编号的最大差值}+1) \tag{1-5}$$

因此，节点编号原则上应该使相邻节点的最大“节点号差”尽可能地小。例如，图1-6(a)中的节点编号次序比图1-6(b)中的节点编号次序要好得多，前者非零元素集中在以主对角线为中心的斜带形区域内，其半带宽是8，而后者的非零元素分布则很分散，其半带宽是12。对于规则结构，为使相邻节点编号的差值最小，节点编号应沿短边(节点少的方向)进行编号。

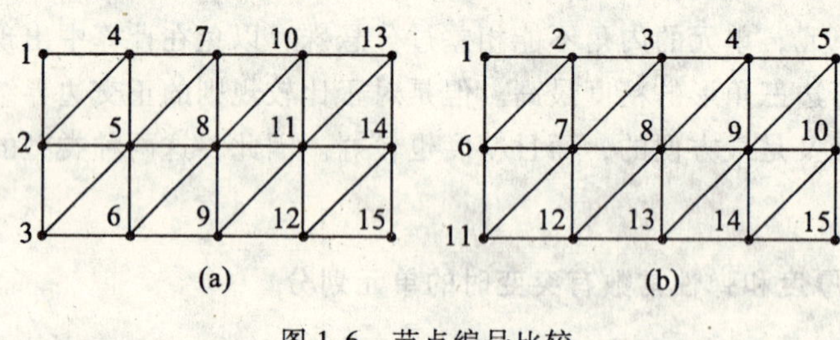

图1-6 节点编号比较

§1.4 三节点三角形单元的有限元分析

本节以三节点三角形单元为例，讲述有限单元法的具体应用和基本公式。

1.4.1 位移模式

根据弹性理论知道，如果已知位移函数，可以依几何方程求得应变分量，再依物理方程求得应力分量。但是，如果只知道节点位移值，并不能直接求出单元内的应变和应力。因此，为了用节点位移表示单元内的应变和应力，必须假定一个适当的位移模式，即假定位移分量为结构坐标的某种函数，将单元内的位移表示成节点位移的插值形式。也就是说，假定了单元的某种位移函数以后，只要求得了节点的位移，即可以求得单元内任意一点的位移，进而求得任意一点的应变和应力。

位移模式必须具备两个条件：其一，位移模式在节点上的值要等于节点位移；其二，所采用的位移函数必须满足收敛准则。最简单的办法是把单元内任一点的位移 u、v 表示为坐标 x、y 的幂函数，即采用多项式的位移模式。这是因为绝大多数幂函数都可以用泰勒级数展开，根据需要取前几项逼近真实的位移函数解。其次是多项式函数可以保持各向同性，不偏离某一坐标方向；多项式函数又便于积分和微分，使有限元公式简单、直观；最重要的是多项式函数很容易满足收敛准则。

选择二维多项式项数的方法是根据巴斯卡三角形对称性原则选用，即

$$
\begin{array}{ccccccccccc}
 & & & & & 1 & & & & & \\
 & & & & x & & y & & & & \\
 & & & x^2 & & xy & & y^2 & & & \\
 & & x^3 & & x^2y & & xy^2 & & y^3 & & \\
 & x^4 & & x^3y & & x^2y^2 & & xy^3 & & y^4 & \\
x^5 & & x^4y & & x^3y^2 & & x^2y^3 & & xy^4 & & y^5
\end{array}
$$

在二维多项式中，若包含有三角形对称轴一边的任意一项，则必须同时包含三角形对称轴在另一边的对应项。例如，如果想构造一个有 8 项的三次位移函数，则可以选择所有的常数项、线性项以及二次项，再加上 x^3 和 y^3，或者加上 x^2y、xy^2。

对于如图 1-7(a)所示的简单三角形单元，3 个节点按逆时针方向的顺序编码为 i、j、m，每个节点有 2 个位移分量。单元有 3 个节点，共有 6 个位移分量，如图 1-7(a)所示。单元节点位移可以用列阵表示为

$$\{\boldsymbol{\delta}\}^e = [u_i \quad v_i \quad u_j \quad v_j \quad u_m \quad v_m]^T \tag{1-6}$$

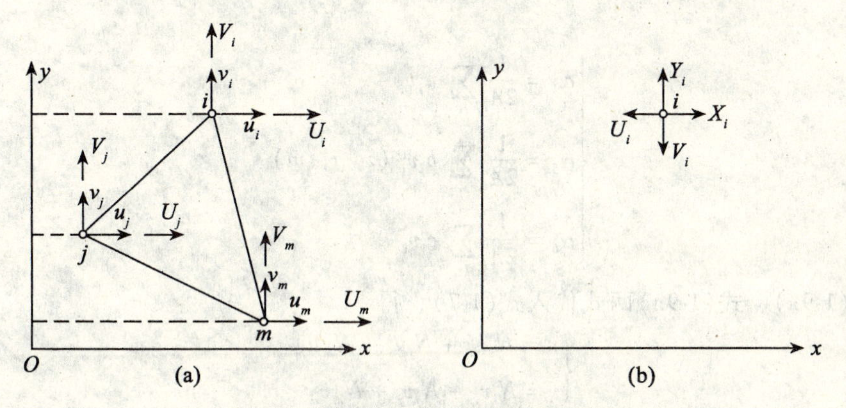

图 1-7　三角形单元的节点位移与节点力

为了求得单元内任一点的位移 u、v，可以先把 u、v 假设为坐标 x、y 的某种函数，也就是选用适当的位移模式。简单三角形单元共有 6 个自由度，单元内任一点的位移 u、v 应由 6 个节点位移完全确定，因此，在位移模式中应包含有 6 个待定系数为 α_1，α_2，…，α_6。为此，可以设单元内的位移为 x、y 的线性函数，即

$$\begin{cases} u = \alpha_1 + \alpha_2 x + \alpha_3 y \\ v = \alpha_4 + \alpha_5 x + \alpha_6 y \end{cases} \tag{1-7}$$

式中的待定常数 $\alpha_1 \sim \alpha_6$ 可以用节点位移值来表示。以 i、j、m 三点的坐标值代入式(1-7)后，得

$$\begin{cases} u_i = \alpha_1 + \alpha_2 x_i + \alpha_3 y_i \\ v_i = \alpha_4 + \alpha_5 x_i + \alpha_6 y_i \end{cases} \quad (i,\ j,\ m) \tag{1-8}$$

(i、j、m)表示轮换码，实际上式(1-8)共表示 6 个方程式。经过简单的代数运算，就可以

得到待定常数 $\alpha_1 \sim \alpha_6$

$$\begin{cases} \alpha_1 = \dfrac{1}{2A}\sum\limits_{i,\ j,\ m} a_i u_i \\ \alpha_2 = \dfrac{1}{2A}\sum\limits_{i,\ j,\ m} b_i u_i \\ \alpha_3 = \dfrac{1}{2A}\sum\limits_{i,\ j,\ m} c_i u_i \end{cases} \tag{1-9a}$$

式中

$$\begin{cases} a_i = x_j y_m - x_m y_j \\ b_i = y_j - y_m \qquad (i,\ j,\ m) \\ c_i = x_m - x_j \end{cases} \tag{1-10}$$

$$A = \frac{1}{2}\begin{vmatrix} 1 & x_i & y_i \\ 1 & x_j & y_j \\ 1 & x_m & y_m \end{vmatrix} = \frac{1}{2}(b_j c_m - b_m c_j) \tag{1-11}$$

根据解析几何知识，A 等于三角形 i、j、m 的面积，为了使求出的面积不致成为负值，i、j、m 的次序必须按逆时针排列。

同理

$$\begin{cases} \alpha_4 = \dfrac{1}{2A}\sum\limits_{i,\ j,\ m} a_i v_i \\ \alpha_5 = \dfrac{1}{2A}\sum\limits_{i,\ j,\ m} b_i v_i \ (i,\ j,\ m) \\ \alpha_6 = \dfrac{1}{2A}\sum\limits_{i,\ j,\ m} c_i v_i \end{cases} \tag{1-9b}$$

将式(1-9a)、式(1-9b)两式代入式(1-7)，得

$$\begin{cases} u = N_i u_i + N_j u_j + N_m u_m \\ v = N_i v_i + N_j v_j + N_m v_m \end{cases} \tag{1-12}$$

式中

$$N_i = \frac{1}{2A}(a_i + b_i x + c_i y)\ (i,\ j,\ m) \tag{1-13}$$

$N_i(i,\ j,\ m)$ 称为单元的形态函数或插值函数，简称形函数，上述函数反映单元的位移形态。

位移模式表达式式(1-12)也可以改写为矩阵形式，即

$$\{f\} = \begin{Bmatrix} u \\ v \end{Bmatrix} = [N]\{\boldsymbol{\delta}\}^e \tag{1-14}$$

式中

$$[N] = \begin{bmatrix} N_i & 0 & N_j & 0 & N_m & 0 \\ 0 & N_i & 0 & N_j & 0 & N_m \end{bmatrix} \tag{1-15}$$

$[\boldsymbol{N}]$称为形态矩阵或形函数矩阵。

可以证明形函数具有下述两个性质：

(1)形函数与位移函数是同阶次的；

(2)形函数在本身节点上其值为 1，在其他节点上其值为 0，即 $N_i(x_i, y_i) = 1$，$N_i(x_j, y_j) = N_i(x_m, y_m) = 0(i, j, m)$；且有 $N_i + N_j + N_m = 1$。

现以一个具体单元为例，说明线性位移模式的实际情况。设一等腰三角形单元，如图 1-8 所示。由于

$$a_i = x_j y_m - x_m y_j = 0$$
$$b_i = y_j - y_m = a$$
$$c_i = -x_j + x_m = 0$$
$$a_j = x_m y_i - x_i y_m = 0$$
$$b_j = y_m - y_i = 0$$
$$c_j = -x_m + x_i = a$$
$$a_m = x_i y_j - x_j y_i = 0$$
$$b_m = y_i - y_j = -a$$
$$c_m = -x_i + x_j = -a$$

所以
$$N_i = \frac{1}{a^2}(ax) = \frac{x}{a}$$
$$N_j = \frac{1}{a^2}(ay) = \frac{y}{a}$$
$$N_m = \frac{1}{a^2}(a^2 - ax - ay) = \left(1 - \frac{x}{a} - \frac{y}{a}\right)$$

若节点 i 产生单位水平位移 $u_i = 1$，而其他各节点的位移分量为 0，则由式(1-12)得

$$u = \frac{x}{a}, \quad v = 0$$

即单元内各点只产生水平位移而无竖向位移。而且，位移的数值与 x 成正比，而与 y 无关。按照这一位移规律，变形后单元的边界仍为一直线(见图 1-8)。当考虑其他位移分量引起的变形时，也可以获得类似的结果。由于边界在变形后仍为一直线，这就保证了两个相邻单元变形的协调性，变形后的两个单元的边界仍然紧密地连接在一起，没有出现相互搭接或分离等不连续的现象。

位移模式反映了单元内各点位移的变化规律，这是进一步计算的出发点。这个规律假定得是否恰当，是否反映实际的变形情况，就决定了计算结果的精确程度。

在有限单元法中，位移模式是给定的分片连续函数，由此计算得到的结构刚度比精确值来得大，也就是相应的变形比实际结构的要小。因此，当结构的单元划分得越来越精细时，近似的位移解将收敛于其真实解的下界值。为了严格保证这一收敛性，位移模式必须满足下面三个条件：

(1)位移模式必须包含单元的刚体位移。刚体位移是单元可能发生的最基本的位移，这是由于其他单元发生了变形而连带引起的。例如悬臂梁的自由端，该处的主要位移是临近各单元引起的刚体位移，其本身的变形却是很小的。在式(1-7)中，常数 α_1、α_4 反映了刚体的平移，α_3、α_5 反映了刚体的转动。

(2)位移模式必须包含单元的常量应变。弹性体的应变可以分为与坐标无关的常量应

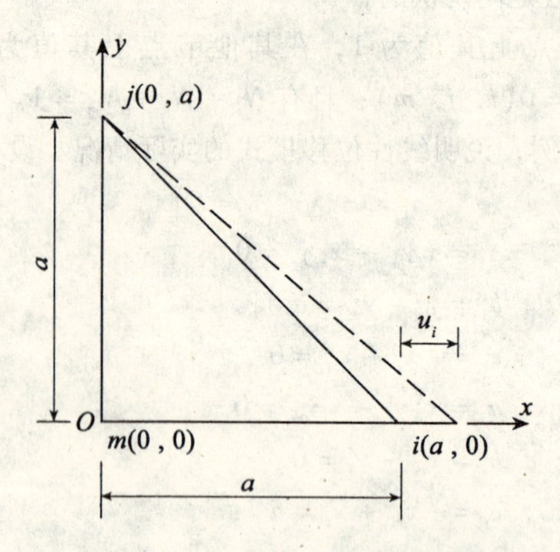

图 1-8　三角形单元的位移示例图

变和随坐标位置变化的变量应变。当单元尺寸逼近无限小时，单元的应变总是趋于常量。因此，除非在近似表达式中包含这些常量应变，否则就不能收敛于精确解。在式(1-7)中，常数 α_2 和 α_6 反映了常量应变。

(3)位移模式在单元中必须连续，且相邻单元之间的位移必须协调。这要求相邻单元的变形不能引起单元之间相互重叠或分离的不连续现象。在式(1-7)中所选用的线性位移模式就可以保证相邻两单元在边线上的协调性。

满足刚体位移和常量应变的条件是必要条件，而满足相邻单元位移协调条件可以看做充分条件，有时候对这一要求可以适当放松。本书只讨论成熟了的有限单元法的应用，对位移模式的选择问题不作进一步讨论。

选择了合适的位移模式后，就可以用弹性力学的基本方程导出与位移模式相适应的单元应变矩阵、单元应力矩阵和单元刚度矩阵。

1.4.2　应变矩阵[**B**]

对于平面应力问题，由几何方程式(1-1)可以计算出应变 $\{\boldsymbol{\varepsilon}\}$，将式(1-12)代入后，得

$$\{\boldsymbol{\varepsilon}\}=\begin{Bmatrix}\varepsilon_x\\ \varepsilon_y\\ \varepsilon_{xy}\end{Bmatrix}=\begin{Bmatrix}\dfrac{\partial u}{\partial x}\\ \dfrac{\partial v}{\partial y}\\ \dfrac{\partial u}{\partial y}+\dfrac{\partial v}{\partial x}\end{Bmatrix}=\frac{1}{2A}\begin{bmatrix}b_i & 0 & b_j & 0 & b_m & 0\\ 0 & c_i & 0 & c_j & 0 & c_m\\ c_i & b_i & c_j & b_j & c_m & b_m\end{bmatrix}\begin{Bmatrix}u_i\\ v_i\\ u_j\\ v_j\\ u_m\\ v_m\end{Bmatrix} \tag{1-16}$$

或

$$\{\boldsymbol{\varepsilon}\}=[\boldsymbol{B}]\{\boldsymbol{\delta}\}^e$$

式中

$$[\boldsymbol{B}] = \frac{1}{2A}\begin{bmatrix} b_i & 0 & b_j & 0 & b_m & 0 \\ 0 & c_i & 0 & c_j & 0 & c_m \\ c_i & b_i & c_j & b_j & c_m & b_m \end{bmatrix} \tag{1-17}$$

采用分块记法时，式(1-17)可以写为

$$[\boldsymbol{B}] = [\boldsymbol{B}_i \quad \boldsymbol{B}_j \quad \boldsymbol{B}_m] \tag{1-17a}$$

式中

$$[\boldsymbol{B}_i] = \frac{1}{2A}\begin{bmatrix} b_i & 0 \\ 0 & c_i \\ c_i & b_i \end{bmatrix} \quad (i,\ j,\ m) \tag{1-17b}$$

$[\boldsymbol{B}]$称为单元的应变矩阵或几何矩阵。因为$[\boldsymbol{B}]$中每一个元素都是常数，因而三节点三角形单元的应变只有常量应变。因此，具有线性位移函数的三节点三角形单元通常称为常应变三角形单元。显然，选用常应变三角形单元只有当单元取得较小时才能获得比较精确的结果。

1.4.3　应力矩阵$[S]$

将式(1-16)代入物理方程式(1-2)，可以得到单元应力的表达式

$$\{\boldsymbol{\sigma}\} = [\boldsymbol{D}]\{\boldsymbol{\varepsilon}\} = [\boldsymbol{D}][\boldsymbol{B}]\{\boldsymbol{\delta}\}^e = [\boldsymbol{S}]\{\boldsymbol{\delta}\}^e \tag{1-18}$$

$$[\boldsymbol{S}] = [\boldsymbol{D}][\boldsymbol{B}] \tag{1-19}$$

式中$[\boldsymbol{S}]$称为单元的应力矩阵。$[\boldsymbol{S}]$给出了直接由单元节点位移求单元内各点应力的变换关系。采用分块记法时，式(1-19)可以写为

$$[\boldsymbol{S}] = [\boldsymbol{S}_i \quad \boldsymbol{S}_j \quad \boldsymbol{S}_m] \tag{1-19a}$$

式中

$$[\boldsymbol{S}_i] = \frac{1}{2(1-\mu^2)A}\begin{bmatrix} b_i & \mu c_i \\ \mu b_i & c_i \\ \frac{1-\mu}{2}c_i & \frac{1-\mu}{2}b_i \end{bmatrix} \quad (i,\ j,\ m) \tag{1-19b}$$

因为矩阵$[\boldsymbol{S}]$中每一个元素都是常数，因而三节点三角形单元亦称为常应力单元。可以想象，这种常应力单元在相邻单元的公共边上将有应变和应力的突变，这显然与应力场固有的连续性不符，只有当单元尺寸足够小时，这种现象才会逐渐消失，所以常应变三角形单元，尽管有许多优点，但其精度却较差。在具体计算时，应尽量采用密集的网格，以便使其误差限制在足够小的范围内。

1.4.4　单元刚度矩阵

本节利用虚功原理推导三节点三角形单元的单元平衡方程，重点说明单元刚度矩阵。

假设在某单元 ijm 中发生了虚位移，相应的节点虚位移记为$\{\boldsymbol{\delta}^*\}^e$，引起的虚应变记为$\{\boldsymbol{\varepsilon}^*\}^e$，因为每一个单元所受的荷载都按静力等效原则移置到了相应的节点上，所以单元受的外力只有节点力，根据虚功原理，可以写出如下的平面问题三节点三角形单元的

虚功方程

$$(\{\boldsymbol{\delta}^*\}^e)^T\{\boldsymbol{F}\}^e=\iint\{\boldsymbol{\varepsilon}^*\}^T\{\boldsymbol{\sigma}\}\mathrm{d}x\mathrm{d}yt \tag{1-20}$$

将 $\{\boldsymbol{\varepsilon}^*\}=[\boldsymbol{B}]\{\boldsymbol{\delta}^*\}^e$，$\{\boldsymbol{\sigma}\}=[\boldsymbol{D}][\boldsymbol{B}]\{\boldsymbol{\delta}\}^e$ 代入式(1-20)后，得

$$(\{\boldsymbol{\delta}^*\}^e)^T\{\boldsymbol{F}\}^e=\iint([\boldsymbol{B}]\{\boldsymbol{\delta}^*\})^T[\boldsymbol{D}]\{\boldsymbol{\delta}\}^e\mathrm{d}x\mathrm{d}yt=\iint(\{\boldsymbol{\delta}^*\}^e)^T[\boldsymbol{B}]^T[\boldsymbol{D}][\boldsymbol{B}]\{\boldsymbol{\delta}\}^e\mathrm{d}x\mathrm{d}yt$$

由于 $\{\boldsymbol{\delta}^*\}^e$ 中的元素是常量，上式右边的 $(\{\boldsymbol{\delta}^*\}^e)^T$ 可以提到积分号外面；又由于虚位移 $\{\boldsymbol{\delta}^*\}^e$ 是任意的，所以等式两边与其相乘的矩阵应当相等，于是得

$$\{\boldsymbol{F}\}^e=\iint[\boldsymbol{B}]^T[\boldsymbol{D}][\boldsymbol{B}]\mathrm{d}x\mathrm{d}yt\cdot\{\boldsymbol{\delta}\}^e \tag{1-21}$$

记
$$\{\boldsymbol{k}\}^e=\iint[\boldsymbol{B}]^T[\boldsymbol{D}][\boldsymbol{B}]\mathrm{d}x\mathrm{d}yt \tag{1-22}$$

则
$$\{\boldsymbol{F}\}^e=[\boldsymbol{k}]^e\{\boldsymbol{\delta}\}^e \tag{1-23}$$

这就建立了该单元上的节点力与节点位移之间的关系。其中 $[\boldsymbol{k}]^e$ 就是单元 e 的单元刚度矩阵。由于弹性矩阵$[\boldsymbol{D}]$是对称的，由式(1-22)可见，$[\boldsymbol{k}]^e$ 是对称方阵。

式(1-22)虽然是由平面问题三节点三角形单元推导而得，但却具有普遍性，式(1-22)是有限元分析中普遍适用的单元刚度矩阵表达式。对于不同的问题，式(1-22)中的$[\boldsymbol{B}]$及$[\boldsymbol{D}]$是不同的。一般情况下，$[\boldsymbol{B}]$为函数矩阵，式(1-22)需经积分运算。对于平面问题的三节点三角形单元，由于$[\boldsymbol{B}]$是常数矩阵，若单元为匀质，且厚度 t 也是常量时，注意到 $\iint\mathrm{d}x\mathrm{d}y=A$ 为三角形单元 ijm 的面积，故有

$$[\boldsymbol{k}]^e=[\boldsymbol{B}]^T[\boldsymbol{D}][\boldsymbol{B}]tA=[\boldsymbol{B}]^T[\boldsymbol{S}]tA \tag{1-24}$$

这里的单元刚度矩阵 $[\boldsymbol{k}]^e$ 是 6×6 阶对称方阵，可以按节点分块表示，即将$[\boldsymbol{B}]$和$[\boldsymbol{S}]$按式(1-17b)、式(1-19b)分块代入式(1-24)，有

$$[\boldsymbol{k}]^e=\begin{bmatrix}k_{ii} & k_{ij} & k_{im}\\ k_{ji} & k_{jj} & k_{jm}\\ k_{mi} & k_{mj} & k_{mm}\end{bmatrix} \tag{1-25}$$

其中任一子块为 2×2 方阵，可以表示为

$$[\boldsymbol{k}_{rs}]=[\boldsymbol{B}_r]^T[\boldsymbol{S}_s]tA=\frac{Et}{4(1-\mu^2A)}\begin{bmatrix}b_rb_s+\dfrac{1-\mu}{2}c_rc_s & \mu b_rc_s+\dfrac{1-\mu}{2}c_rb_s\\ \mu c_rb_s+\dfrac{1-\mu}{2}b_rc_s & c_rc_s+\dfrac{1-\mu}{2}b_rb_s\end{bmatrix}$$

$$(r,\ s=i,\ j,\ m) \tag{1-26}$$

对于平面应变问题。只需将上述公式中的 E 换成 $\dfrac{E}{1-\mu^2}$、μ 换成 $\dfrac{\mu}{1-\mu}$ 即可。

上面介绍的一些基本概念，如单元的形函数矩阵$[\boldsymbol{N}]$、应变矩阵$[\boldsymbol{B}]$、应力矩阵$[\boldsymbol{S}]$、单元刚度矩阵 $[\boldsymbol{k}]^e$ 等，在有限元分析中具有极其重要的地位。对于不同的单元类型，分析的方法、步骤以及公式的形式完全类同，仅仅是形函数矩阵$[\boldsymbol{N}]$、应变矩阵$[\boldsymbol{B}]$、应力矩阵$[\boldsymbol{S}]$、单元刚度矩阵 $[\boldsymbol{k}]^e$ 的具体内容不同而已。

下面举一简例，说明单元刚度矩阵的形成方法。

例 1-1 试求如图 1-9 所示结构单元①的单元刚度矩阵。设 $E=10^4$，$\mu=0$，$t=1$。

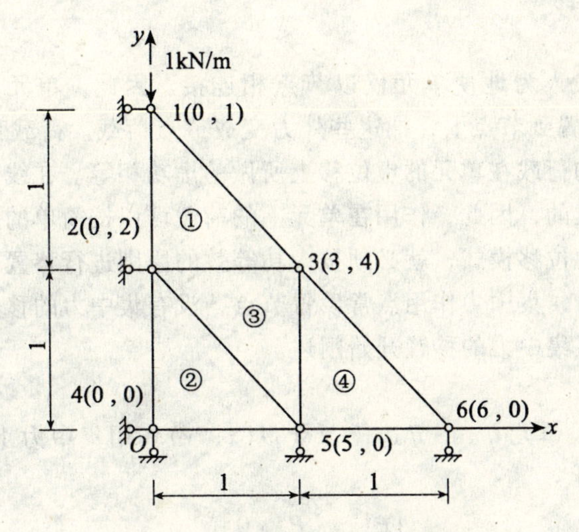

图 1-9　平面薄板有限元计算简图

解

(1)计算应变矩阵[$\boldsymbol{B}$]。

单元①的节点编号为 $i=3$，$j=1$，$m=2$，由式(1-10)计算 b_i、c_i (i，j，m)，即

$$b_i = y_j - y_m = 1,\qquad b_j = y_m - y_i = 0,\qquad b_m = y_i - y_j = -1$$

$$c_i = -x_j + x_m = 0,\qquad c_j = -x_m + x_i = 1,\qquad c_m = -x_i + x_j = -1$$

由式(1-11)计算 A

$$A = \frac{1}{2}(b_j c_m - b_m c_j) = 0.5$$

由式(1-17)得应变矩阵[$\boldsymbol{B}$]为

$$[\boldsymbol{B}] = \left[\begin{array}{cc:cc:cc} 1 & 0 & 0 & 0 & -1 & 0 \\ 0 & 0 & 0 & 1 & 0 & -1 \\ 0 & 1 & 1 & 0 & -1 & -1 \end{array}\right]。$$

(2)求弹性矩阵[$\boldsymbol{D}$]。由式(1-3)，得

$$[\boldsymbol{D}] = 10^4 \times \begin{bmatrix} 1 & \text{对} & \\ 0 & 1 & \text{称} \\ 0 & 0 & 0.5 \end{bmatrix}。$$

(3)计算单刚 [$\boldsymbol{k}$]^e。由式(1-24)，得

$$[\boldsymbol{k}]^{①} = 10^4 \times \begin{bmatrix} 0.5 & & \text{对} & & & \\ 0 & 0.25 & & & & \\ 0 & 0.25 & 0.25 & & & \\ 0 & 0 & 0 & 0.5 & & \text{称} \\ -0.5 & -0.25 & -0.25 & 0 & 0.75 & \\ 0 & -0.25 & -0.25 & -0.5 & 0.25 & 0.75 \end{bmatrix}。$$

本例也可以根据式(1-26)求得 [$\boldsymbol{k}$]^e，两者的计算结果是一样的。

1.4.5 荷载移置

在有限元分析中，人为地使单元仅以节点相连接。因此，单元上所受的外力(如面力、体力等)都必须移置到节点上，把这些外力变成节点荷载。荷载移置的原则是虚功等效原则，即移置前后的荷载在单元的虚位移上所做的虚功相等。在线性位移模式下，虚功等效和静力等效是一致的，因此，作用在单元上的荷载可以按简单的静力等效原则移置到节点上。但对于非线性位移模式，就必须按虚功等效的原则进行移置。

进行有限元分析时，集中力作用点常设置节点，没有集中力的移置问题，为了便于说明体力、面力移置，从集中力的移置开始阐述。

1. 集中力的移置

如图 1-10 所示，设单元 ijm 中 ij 边任一点 $M(x, y)$ 作用集中力 $\{P\}$，其坐标轴方向的分量为 P_x 和 P_y，即

$$\{\boldsymbol{P}\} = [P_x \quad 0]^{\mathrm{T}} \tag{1-27}$$

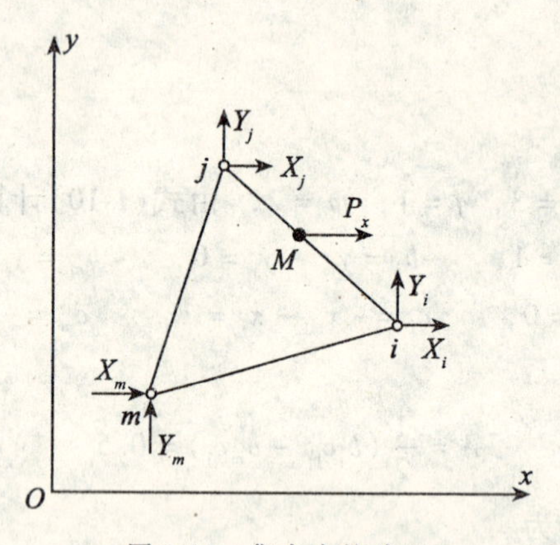

图 1-10 集中力的移置

将该荷载移置到节点上得节点力 $\{\boldsymbol{R}\}^{e}$，即

$$\{\boldsymbol{R}\}^{e} = [\boldsymbol{X}_i \quad \boldsymbol{Y}_i \quad \boldsymbol{X}_j \quad \boldsymbol{Y}_j \quad \boldsymbol{X}_m \quad \boldsymbol{Y}_m]^{\mathrm{T}}$$

现根据虚功等效原则来计算 $\{\boldsymbol{R}\}^{e}$。设单元产生虚位移，M 点的虚位移为

$$\{\boldsymbol{f}^{*}\} = [u^{*} \quad v^{*}]^{\mathrm{T}}$$

节点的虚位移为

$$\{\boldsymbol{\delta}^{*}\}^{e} = [u_i^{*} \quad v_i^{*} \quad u_j^{*} \quad v_j^{*} \quad u_m^{*} \quad v_m^{*}]^{\mathrm{T}}$$

根据等效原则

$$(\{\boldsymbol{\delta}^{*}\}^{e})^{\mathrm{T}}\{\boldsymbol{R}\}^{e} = (\{\boldsymbol{f}^{*}\}^{e})^{\mathrm{T}}\{\boldsymbol{P}\}$$

考虑到

$$\{\boldsymbol{f}^{*}\}^{e} = [\boldsymbol{N}]\{\boldsymbol{\delta}^{*}\}^{e}$$

即

$$(\{\boldsymbol{\delta}^{*}\}^{e})^{\mathrm{T}}\{\boldsymbol{R}\}^{e} = (\{\boldsymbol{\delta}^{*}\}^{e})^{\mathrm{T}}[\boldsymbol{N}]^{\mathrm{T}}\{\boldsymbol{P}\}$$

再考虑到虚位移 $\{\boldsymbol{\delta}^{*}\}$ 的任意性，所以得

$$\{\boldsymbol{R}\}^{e} = [\boldsymbol{N}]^{\mathrm{T}}\{\boldsymbol{P}\} \tag{1-28}$$

这就是集中力向节点移置的一般公式。这个公式很重要，不但用于集中力的移置，而

且还是其他荷载移置的基础。

2. 分布体力的移置

如图 1-11 所示，当单元受有分布体力时，设其单位体积力为

$$\{\boldsymbol{g}\} = [g_x \quad g_y]^{\mathrm{T}}$$

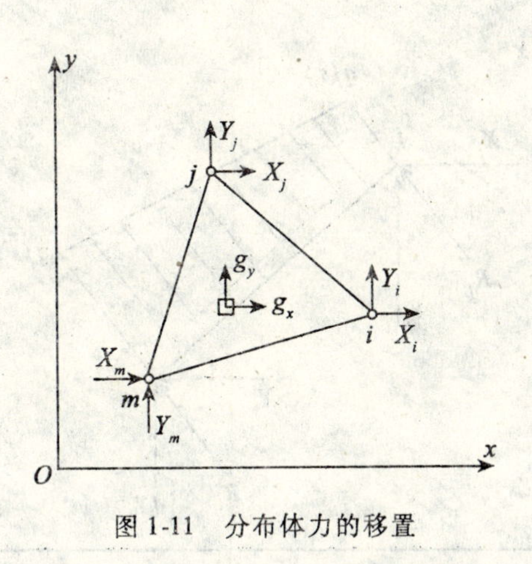

图 1-11　分布体力的移置

则在微元上的集中力为 $\{g\}t\mathrm{d}x\mathrm{d}y$，把微元上的体力当做集中力，利用式(1-28)的积分，得

$$\{\boldsymbol{R}\}^e = \iint [\boldsymbol{N}]^{\mathrm{T}}\{\boldsymbol{g}\}t\mathrm{d}x\mathrm{d}y \tag{1-29}$$

这就是分布体力移置的计算公式。

当单元上仅有自重作用时，即

$$\{\boldsymbol{g}\} = [0 \quad -\gamma]^{\mathrm{T}}$$

则由式(1-29)得

$$[\boldsymbol{R}]^e = \iint \begin{bmatrix} N_i & 0 \\ 0 & N_i \\ N_j & 0 \\ 0 & N_j \\ N_m & 0 \\ 0 & N_m \end{bmatrix} \begin{Bmatrix} 0 \\ -\gamma \end{Bmatrix} t\mathrm{d}x\mathrm{d}y = -\gamma t\iint [0 \quad N_i \quad 0 \quad N_j \quad 0 \quad N_m]^{\mathrm{T}}\mathrm{d}x\mathrm{d}y$$

$$= -\frac{\gamma At}{3}[0 \quad 1 \quad 0 \quad 1 \quad 0 \quad 1]^{\mathrm{T}} \tag{1-30}$$

由此可见，对于匀质等厚度的三节点三角形单元所受的重力，只需把单元 $\frac{1}{3}$ 的重力移置到每个节点上。

3. 面力的移置

设单元 ij 边上作用有法向和切向的分布荷载，如图 1-12 所示。假定 ij 边长为 l，ij 边上任一点距 i 点的距离为 s，分布荷载在 x 及 y 方向的分量为

$$\{\boldsymbol{q}\}=\begin{Bmatrix}q_x\\q_y\end{Bmatrix}=\begin{Bmatrix}\left[q_i+(q_j-q_i)\dfrac{s}{l}\right]\cos\alpha-\left[s_i+(s_j-s_i)\dfrac{s}{l}\right]\sin\alpha\\\left[q_i+(q_j-q_i)\dfrac{s}{l}\right]\sin\alpha+\left[s_i+(s_j-s_i)\dfrac{s}{l}\right]\cos\alpha\end{Bmatrix}$$

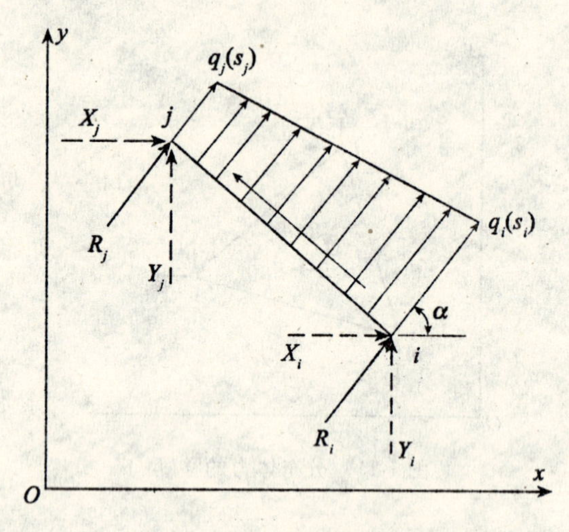

图 1-12 分布荷载的移置

将微元 ds 上的面力 $\{\boldsymbol{q}\}t\mathrm{d}s$ 当做集中力，应用式(1-28)，在 ij 边上积分可得分布面力移置的普遍公式为

$$\{\boldsymbol{R}\}^e=\int_l[\boldsymbol{N}]^{\mathrm{T}}\{\boldsymbol{q}\}t\mathrm{d}s \tag{1-31}$$

在 ij 边 $N_i=\dfrac{l-s}{l}$，$N_j=\dfrac{s}{l}$，$N_m=0$，将 $\{\boldsymbol{q}\}$、N_i $(i,\ j,\ m)$代入式(1-31)，得

$$\{\boldsymbol{R}\}^e=t\int_0^l\begin{bmatrix}\dfrac{l-s}{l}&0\\0&\dfrac{l-s}{l}\\\dfrac{s}{l}&0\\0&\dfrac{s}{l}\\0&0\\0&0\end{bmatrix}\times\begin{Bmatrix}\left[q_i+(q_j-q_i)\dfrac{s}{l}\right]\cos\alpha-\left[s_i+(s_j-s_i)\dfrac{s}{l}\right]\sin\alpha\\\left[q_i+(q_j-q_i)\dfrac{s}{l}\right]\sin\alpha+\left[s_i+(s_j-s_i)\dfrac{s}{l}\right]\cos\alpha\end{Bmatrix}\mathrm{d}s$$

其中积分

$$\int_0^l\frac{l-s}{l}\cdot\frac{s}{l}\mathrm{d}s=\frac{l}{6}$$

$$\int_0^l\frac{l-s}{l}\mathrm{d}s=\frac{l}{2}$$

$$\int_0^l\frac{s}{l}\cdot\frac{s}{l}\mathrm{d}s=\frac{l}{3}$$

$$\int_0^l \frac{s}{l}\mathrm{d}s = \frac{l}{2}$$

故有

$$\{\boldsymbol{R}\}^e = \begin{bmatrix} \left[\frac{q_i l}{2} + \frac{q_j - q_i}{6}l\right]\cos\alpha - \left[\frac{s_i l}{2} + \frac{s_j - s_i}{6}l\right]\sin\alpha \\ \left[\frac{q_i l}{2} + \frac{q_j - q_i}{6}l\right]\sin\alpha + \left[\frac{s_i l}{2} + \frac{s_j - s_i}{6}l\right]\cos\alpha \\ \left[\frac{q_i l}{2} + \frac{q_j - q_i}{3}l\right]\cos\alpha - \left[\frac{s_i l}{2} + \frac{s_j - s_i}{3}l\right]\sin\alpha \\ \left[\frac{q_i l}{2} + \frac{q_j - q_i}{3}l\right]\sin\alpha + \left[\frac{s_i l}{2} + \frac{s_j - s_i}{3}l\right]\cos\alpha \\ 0 \\ 0 \end{bmatrix}$$

又由于 $l\cos\alpha = y_j - y_i$， $l\sin\alpha = x_i - x_j$， 代入上式得

$$\{\boldsymbol{R}\}^e = \begin{Bmatrix} \frac{y_j - y_i}{6}(2q_i + q_j) - \frac{x_i - x_j}{6}(2s_i + s_j) \\ \frac{x_i - x_j}{6}(2q_i + q_j) + \frac{y_j - y_i}{6}(2s_i + s_j) \\ \frac{y_j - y_i}{6}(2q_i + q_j) - \frac{x_i - x_j}{6}(2s_i + s_j) \\ \frac{x_i - x_j}{6}(q_i + 2q_j) + \frac{y_i - y_j}{6}(s_i + 2s_j) \\ 0 \\ 0 \end{Bmatrix} \tag{1-32}$$

1.4.6 引入约束条件

实际工程中的结构都是受到约束的，这类约束以一定的约束形式与外界固定在一起，或者给边界一定的位移限制，这种形式的数学表达式称为几何边界条件，其作用是使实际结构消除刚体位移。

在有限元分析中，为了使结构的整体平衡方程

$$[\boldsymbol{K}]\{\boldsymbol{\Delta}\} = \{\boldsymbol{F}\} \tag{1-33}$$

有确定的唯一解，必须将约束条件引入到总刚度矩阵中去，这就是通常所说的约束处理。约束处理的方法一般有下列几种。

1. 主对角元置 1 法

对于结构整体平衡方程式(1-33)，若 $\delta_i = d_0$ 已知，则可以将总刚度矩阵$[K]$中第 i 行的主对角元 K_{ii} 改成 1，将第 i 行及第 j 列($j=1, 2, \cdots, j\neq i$)的其他元素都改为零，而右端项改成

$$F_i = d_0$$

$$F_j = F_j - K_{ji}d_0 \ (j=1, 2, \cdots, n, j\neq i)$$

此时式(1-33)中的第 i 行方程

$$\sum_{\substack{j=1 \\ j \neq 1}}^{n} K_{ij}\delta_j + K_{ii}\delta_i = F_i$$

变成

$$\delta_i = d_0$$

由于其余方程中 $K_{ji}=0$，而 $K_{ii}=1$，故$[K]$仍为对称正定矩阵。

这种约束处理方法较简单，程序中只需增加一段处理语句即可实现。在总刚采用满存时广泛应用，其计算结果是精确的。

2. 主对角元乘大数法

设节点位移 $\delta_i = d_0$ 是已知的，以主对角元乘大数法进行约束处理，是将总刚度矩阵的第 i 行主对角元 K_{ii} 乘以一个相当大的数，一般乘以 $10^{12} \sim 10^{20}$，即取

$$\overline{K}_{ii} = K_{ii} \times 10^{12 \sim 20}$$

同时将右端荷载列阵中的 F_i 改为 $\overline{K}_{ii}d_0$，这样，第 i 个方程就变成

$$\sum_{\substack{j=1 \\ j \neq 1}}^{n} K_{ij}\delta_j + \overline{K}_{ii}\delta_i = \overline{K}_{ii}d_0$$

上式中由于 δ_j 的量级不大，因此 $\sum_{\substack{j=1 \\ j \neq 1}}^{n} K_{ij}\delta_j$ 的数值比 $\overline{K}_{ii}$ 小得多，将它们略去得

$$\overline{K}_{ii}\delta_i \approx \overline{K}_{ii}d_0$$

故有

$$\delta_i \approx d_0$$

作了这种处理后，可以用一般方法求解这组代数方程组。求得 i 点的位移就是已知的节点位移 d_0，这里 d_0可以是 0 或不为 0 的值。

这种方法的优点在于不改变式(1-33)中$[\boldsymbol{K}]$的排列次序，计算机程序较简单，只是解是近似的。为了提高其精度，可以加大乘数，由于各种机器的字长限制，所允许的乘数也不相同，若某问题的总刚元素很大，乘子也很大，这样处理就可能导致计算中溢出，即运算的几个量相乘起来，超过了机器允许的最大数，使计算归于失败。

3. 重排方程编号的约束处理方法

重排方程编号的方法(又称为划行划列法)，与前述两种方法不同的是，在组合总刚前对总刚度矩阵$[\boldsymbol{K}]$进行预处理。即事先将与已知零位移有关的方程去掉，然后对方程(即节点位移未知量)进行重新编号，最后按此新的节点位移未知量编号进行结构总刚度方程的组集与求解。这种约束处理方法不仅大大节省了内存，而且减少了计算工作量，从而加快运算速度。

下面以图 1-9 所示的结构为例，说明这种约束处理方法。图 1-9 所示结构 1，2，4，5，6 的节点位移 u_1，u_2，u_4，v_4，v_5，v_6 已知为 0，为节省内存，对于这些节点的这些位移就不需要建立方程式，也不作为未知量来计算，于是采用重排方程编号的方法事先将它们除去，然后按节点编号顺序重新编出需要建立的平衡方程式的序号(即节点位移未知量的编号)。

引进节点未知量编号数组 JWH(2，NJ)，该数组一共有 2×NJ 个元素(NJ 为单元节点个数)，即该数组中的每一个元素对应于一个节点的一个自由度。若约束了的自由度，其对应的数组 JWH 中的元素为 0，否则为 1，对于图 1-9 所示结构有

$$
\begin{array}{ll}
\text{节点号} & \begin{array}{cccccc}1 & 2 & 3 & 4 & 5 & 6\end{array} \\
\mathrm{JWH}(2,\ 6)= & \begin{bmatrix}0 & 0 & 1 & 0 & 1 & 1\\ 1 & 1 & 1 & 0 & 0 & 0\end{bmatrix}\begin{matrix}\cdots & u\\ \cdots & v\end{matrix}
\end{array}
$$

然后依次将1累加代替原有值，得

$$
\begin{array}{ll}
\text{节点号} & \begin{array}{cccccc}1 & 2 & 3 & 4 & 5 & 6\end{array} \\
\mathrm{JWH}(2,\ 6)= & \begin{bmatrix}0 & 0 & 3 & 0 & 5 & 6\\ 1 & 2 & 4 & 0 & 0 & 0\end{bmatrix}\begin{matrix}\cdots & u\\ \cdots & v\end{matrix}
\end{array}
\tag{1-34}
$$

数组JWH中第j列($j=1\sim\mathrm{NJ}$)第1行的元素为j点的水平线位移u的编号，第j列第2行的元素为j点的竖向线位移v的编号。今后无论是建立总刚，还是组装整体荷载列向量，首先看它对应于数组JWH中的元素是否为零，若为零，该元素在总刚中没位置，表明该位移为零，这样得到的总刚将约束位移对应的方程及其他方程与该位移对应的系数去掉了，从而使总刚容量大大减少。图1-9所示结构原有方程12个，现在只需建立6个方程即可。

由上述简例可知，形成节点未知量编号数组JWH，不仅仅是进行了约束处理，即将已知零位移排除掉了，同时也确定了需要建立的平衡方程的序号和方程的总个数，也就是说，形成JWH数组后，同时也就确定了整体平衡方程$[\boldsymbol{K}]\{\boldsymbol{\Delta}\}=\{\boldsymbol{F}\}$中的整体位移列向量$\{\boldsymbol{\Delta}\}$和整体荷载列向量$\{\boldsymbol{F}\}$中各分量的序号以及总刚$[\boldsymbol{K}]$中各元素的序号和$[\boldsymbol{K}]$的阶数。这就是形成节点未知量编号(即重排方程号)的意义。由JWH数组可知，图1-9所示结构的整体位移列向量$\{\boldsymbol{\Delta}\}$为

$$
\{\boldsymbol{\Delta}\}=\begin{Bmatrix}\delta_1 \\ \delta_2 \\ \delta_3 \\ \delta_4 \\ \delta_5 \\ \delta_6\end{Bmatrix}\begin{matrix}\cdots & v_1\\ \cdots & v_2\\ \cdots & u_3\\ \cdots & v_3\\ \cdots & u_5\\ \cdots & u_6\end{matrix}
\tag{1-35}
$$

1.4.7　形成单元定位向量IEW(6)

知道了节点编号、节点未知量编号以及单元编号和单元节点编号之后，就可以确定每个单元的定位向量，三节点三角形单元的单元定位向量用数组IEW(6)表示。

单元定位向量是按单元节点编号由各节点的未知量编号所组成。在整个有限元分析过程中，单元定位向量不但用来确定单元刚度矩阵元素在总刚$[\boldsymbol{K}]$中的位置，以及单元节点位移列向量$\{\boldsymbol{\delta}\}^e$在整个结构节点位移列向量$\{\boldsymbol{\Delta}\}$中的位置，而且用以确定单元节点力向量$\{\boldsymbol{F}\}^e$在结构节点力向量$\{\boldsymbol{F}\}$中的位置。因此，借助单元定位向量可以很方便地解决计算机自动化计算中所需的信息。如组合总刚、组装整体荷载列向量及单元应力计算等，在许多地方都要用到单元定位向量。此外，利用单元定位向量，还可以很方便地确定总刚各行的半带宽，详见§5.2。

例1-2　试求图1-9所示结构各单元的定位向量。

解　根据单元节点编号和已形成的节点未知量编号数组[JWH](参见式(1-34))，可

得图 1-9 中各单元的定位向量{IEW}，如表 1-2 所示。

表 1-2　　图 1-9 所示结构的单元定位向量 IEW(6)

单元号	节点号			单元定位向量 IEW(6)					
				1	2	3	4	5	6
①	3	1	2	3	4	0	1	0	2
②	5	2	4	5	0	0	2	0	0
③	2	5	2	0	2	5	0	3	4
④	6	3	5	6	0	3	4	5	0

1.4.8　组合总刚

前面叙述了从结构中任意取出一个典型的三角形单元 ijm 进行单元分析，最终得到了单元刚度矩阵的表达式，本节主要讨论如何由单刚组装成总刚。

1. 整体平衡方程

整体平衡方程 $[\boldsymbol{K}]\{\boldsymbol{\Delta}\}=\{\boldsymbol{F}\}$ 实质上是用矩阵形式表示的每个节点的平衡方程。例如图 1-7(b)所示的节点 i，就受有单元 ijm 所施加的沿负坐标方向的节点力 U_i 及 V_i，同样，环绕节点 i 的其他单元也对节点 i 施有这样的力，而单元节点力与节点位移之间的关系式式(1-23)已在 1.4.4 节中导出；此外，节点 i 一般还受有由环绕该节点的那些单元上移置而来的由外加荷载所产生的等效节点荷载 X_i 及 Y_i，这个问题已在 1.4.5 节中解决。根据节点 i 的平衡条件，有平衡方程

$$\begin{cases}\sum\limits_{e} U_i=\sum\limits_{e} X_i\\ \sum\limits_{e} V_i=\sum\limits_{e} Y_i\end{cases}\tag{1-36}$$

其中 $\sum\limits_{e}$ 表示对那些环绕节点 i 的所有单元求和。上述平衡方程也可以用矩阵形式表示为

$$\sum_{e}\{\boldsymbol{F}_i\}=\sum_{e}\{\boldsymbol{R}_i\}\tag{1-37}$$

其中
$$\{\boldsymbol{F}_i\}=\begin{Bmatrix}U_i\\V_i\end{Bmatrix},\quad \{\boldsymbol{R}_i\}=\begin{Bmatrix}X_i\\Y_i\end{Bmatrix}$$

考虑到节点力与节点位移之间的关系式式(1-23)，即节点力可以用刚度系数乘以节点位移来表达，故可以将任一节点 i 的平衡方程式(1-37)改用节点位移表示成为

$$\sum_{e}\sum_{n=i,j,m}[\boldsymbol{k}_{in}]\{\boldsymbol{\delta}_n\}=\sum_{e}\{\boldsymbol{R}_i\}\tag{1-38}$$

对于结构中每一个要求解位移的节点，都可以写出这样的平衡方程，实际上上述平衡方程代表两个线性方程。

将结构上各节点的平衡方程集合在一起，即得整个结构的平衡方程组

$$[\boldsymbol{K}]\{\boldsymbol{\Delta}\}=\{\boldsymbol{F}\}$$

其中[$\boldsymbol{K}$]为结构的整体刚度矩阵，简称总刚，系由各单元的单刚组装而成；{$\boldsymbol{\Delta}$} 为结构的整体位移列向量；{$\boldsymbol{F}$} 为结构的整体荷载列向量，系由直接作用在节点上的节点荷载和由作用在单元上的荷载移置而来的等效节点荷载组装而成。

上述用节点平衡的方法引入总体刚度矩阵，其力学概念是非常明确的，即以每一个节点为单位进行平衡。但是要把这个方程组编写成计算程序则比较麻烦。下面介绍另一种方法，称为直接刚度法，该方法是以每一个单元为单位，利用单元定位向量，把单刚直接组装成总刚，这种方法更易于在计算机上实现。

2. 按单元定位向量组装总刚

由单元定位向量可知，每个单元的节点未知量 $\{\boldsymbol{\delta}\}^e$ 在结构整体位移列向量 {$\boldsymbol{\Delta}$} 中的位置，因而可以确定单元刚度矩阵元素在结构整体刚度矩阵中的位置。因此，按单元定位向量组装总刚的步骤如下：

(1)计算各单元的单元刚度矩阵$[\boldsymbol{k}]^e$；

(2)求出各单元的定位向量{IEW}；

(3)按单元定位向量所指示的行、列号将单刚元素叠加到总刚[$\boldsymbol{K}$]中的相应位置。

现以图 1-9 所示结构为例，说明总刚的形成方法。

1)确定单元节点编号。单元节点编号如表 1-3 所示。

表 1-3　　图 1-9 所示结构的单元节点编号

单元号 \ 节点号	i	j	m
①	3	1	2
②	5	2	4
③	2	5	3
④	6	3	5

2)确定节点未知量编号 JWH(这个问题在 1.4.6 节中已经解决)，这里将 JWH 直接抄录如下

$$\begin{array}{llllllll} \text{节点号} & 1 & 2 & 3 & 4 & 5 & 6 & \\ \text{JWH}(2,\ 6)= & \left[\begin{matrix}0 & 0 & 3 & 0 & 5 & 6\\ 1 & 2 & 4 & 0 & 0 & 0\end{matrix}\right. & & & & & \left.\begin{matrix}\\ \\ \end{matrix}\right] & \begin{matrix}\cdots\ u\\ \cdots\ v\end{matrix}\end{array}$$

由 JWH 数组可知，上述结构一共有 6 个节点位移未知量 v_1，v_2，u_3，v_3，u_5，u_6，因此，只需建立 6 个平衡方程。整体位移列向量为

$$\{\boldsymbol{\Delta}\}=\begin{array}{cccccc}[\,\delta_1 & \delta_2 & \delta_3 & \delta_4 & \delta_5 & \delta_6\,]^{\mathrm{T}}\\ \vdots & \vdots & \vdots & \vdots & \vdots & \vdots\\ v_1 & v_2 & u_3 & v_3 & u_5 & u_6\end{array}$$

3)求单元定位向量 IEW(6)。

单元定位向量 IEW(6)在 1.4.7 节中已求出，这里抄录如下，如表 1-4 所示。

表 1-4　　图 1-9 所示结构的单元定位向量 IEW(6)

单元号	节点号			单元定位向量 IEW(6)					
				1	2	3	4	5	6
①	3	1	2	3	4	0	1	0	2
②	5	2	4	5	0	0	2	0	0
③	2	5	3	0	2	5	0	3	4
④	6	3	5	6	0	3	4	5	0

4)计算单元刚度矩阵$[\boldsymbol{k}]^e$。

当单元节点编号采用上述编号时，各单元的单元刚度矩阵是完全一样的，均为$[\boldsymbol{k}]^{①}$，而单元①的单元刚度矩阵在 1.4.4 节中已求出，现列出如下，如表 1-5 所示。

表 1-5　　图 1-9 所示结构的单元①的单元刚度矩阵

I \ J		1 (i)	2 (i)	3 (j)	4 (j)	5 (m)	6 (m)
i	1	0.5	0	0	0	−0.5	0
	2	0	0.25	0.25	0	−0.25	−0.25
j	3	0	0.25	0.25	0	−0.25	−0.25
	4	0	0	0	0.5	0	−0.5
m	5	−0.5	−0.25	−0.25	0	0.75	0.25
	6	0	0.25	−0.25	−0.5	0.25	0.75

$$[\boldsymbol{k}]^{①}=\begin{bmatrix} 0.5 & 0 & 0 & 0 & -0.5 & 0 \\ 0 & 0.25 & 0.25 & 0 & -0.25 & -0.25 \\ 0 & 0.25 & 0.25 & 0 & -0.25 & -0.25 \\ 0 & 0 & 0 & 0.5 & 0 & -0.5 \\ -0.5 & -0.25 & -0.25 & 0 & 0.75 & 0.25 \\ 0 & 0.25 & -0.25 & -0.5 & 0.25 & 0.75 \end{bmatrix}\times 10^4 \qquad (1\text{-}39)$$

式(1-39)左边和上边列出了单刚元素的行号 I 和列号 J，这是单刚元素本身的下标(局部码)，对于所有的单元，其单刚的局部码都是相同的，行号 I 和列号 J 对于三角形单元均为 1～6。单刚元素下标的另一种编号是总体码，即单刚元素在总刚中的行号、列号。对于不同的单元，单刚元素的总体码是不相同的。单刚元素的总体码由单元定位向量确定。下面列出各单元单刚的局部码与总体码的对照表，如表 1-6 所示。并将式(1-39)中的单刚元素用 k_{IJ}表示(I、J 为单刚局部码)。

5)组合总刚。

将上述单刚组装成总刚时，虽然各单元单刚的下标是相同的，但每个单元的定位向量却是不同的。这样，根据单元定位向量就能把单刚元素装配在$[\boldsymbol{K}]$中的正确位置。例如系数 K_{22}(这里 K_{22}为总刚$[\boldsymbol{K}]$中的元素，下标为总体码)，由图 1-9 中的节点未知量编号知道，未知量编号为 2 的节点位移在节点 2 处，节点 2 的相关单元为①、②、③，因为只有环绕节点 2 的各单元的节点位移才会在节点 2 处引起节点力，或者说只有环绕节点 2 的各单元的节点位移才对节点 2 处的节点力有贡献，故组合 K_{22}时只需考虑单元①、②、③即可。根据式(1-40)中单刚元素的局部码与总体码的对应关系，由第①单元的定位向量中

表 1-6　　图 1-9 所示结构的单刚元素局部码与总体码的对应关系

IEW(I)				IEW(J)						
				④	6	0	3	4	5	0
				③	0	2	5	0	3	4
				②	5	0	0	2	0	0
				①	3	4	0	1	0	2
④	③	②	①	I \ J	1	2	3	4	5	6
6	0	5	3	1	k_{11}	k_{12}	k_{13}	k_{14}	k_{15}	k_{16}
0	2	0	4	2	k_{21}	k_{22}	k_{23}	k_{24}	k_{25}	k_{26}
3	5	0	0	3	k_{31}	k_{32}	k_{33}	k_{34}	k_{35}	k_{36}
4	0	2	1	4	k_{41}	k_{42}	k_{43}	k_{44}	k_{45}	k_{46}
5	3	0	0	5	k_{51}	k_{52}	k_{53}	k_{54}	k_{55}	k_{56}
0	4	0	2	6	k_{61}	k_{62}	k_{63}	k_{64}	k_{65}	k_{66}

$[\boldsymbol{k}]=$　　(1-40)

找到 $k_{66}^{①}$ 应叠加到 K_{22} 中，由第②单元的定位向量中找到 $k_{44}^{②}$ 应叠加到 K_{22} 中，再由第③单元的定位向量中找到 $k_{22}^{③}$ 应叠加到 K_{22} 中，于是

$$K_{22}=k_{66}^{①}+k_{44}^{②}+k_{22}^{③}=(0.75+0.5+0.25)\times10^4=1.5\times10^4$$

再如系数 K_{52}，相关单元为②、③，由第②单元的定位向量中找到 $k_{14}^{②}$ 应叠加到 K_{52} 中，由第③单元的定位向量中找到 $k_{32}^{③}$ 应叠加到 K_{52} 中，于是

$$K_{52}=k_{14}^{②}+k_{32}^{③}=(0+0.25)\times10^4=0.25\times10^4$$

同理

$$K_{65}=k_{15}^{④}=-0.5\times10^4$$

总刚中的各个元素就是按照这种所谓的“对号入座”的办法由单刚元素直接组装成的。最后即可求得图 1-9 所示结构的总刚度矩阵如表 1-7 所示。

表 1-7　　图 1-9 所示结构的总刚度矩阵

方程号	1	2	3	4	5	6
1	0.5	对				
2	-0.5	1.5				
3	0	-0.25	1.5		称	
4	0	-0.5	0.25	1.5		
5	0	0.25	-0.5	-0.25	1.5	
6	0	0	0	0	-0.5	0.5

$[\boldsymbol{K}]=$　　(1-41)

需要说明的是，由于总刚是对称的，实际计算时只需计算其一半（包括主对角线元素），例如只计算下三角部分。此外，对应于节点未知量编号为 0 的单刚元素是不叠加到

总刚中去的，因为节点未知量编号为0时所对应的是支座，那里的位移是已知的零位移，在引入约束条件重排方程号时已将零位移对应的方程及其他方程与零位移对应的系数去掉了，该单刚元素在总刚中没有位置，故不必叠加。

通过上述简单例题，应具体理解由单刚装配成总刚的意义及其过程。应该指出，在计算机中实现时，单元刚度矩阵 $[\boldsymbol{k}]^e$ 的计算与总刚 $[\boldsymbol{K}]$ 的叠加形成是交叉进行的，计算完一个单刚 $[\boldsymbol{k}]^e$，就及时叠加到 $[\boldsymbol{K}]$ 中，全部单元计算完了，总刚也就叠加完成了(参阅§5.3)。上述实例中将单元①～④放在一块计算只是为了叙述方便。

3. 总刚度矩阵的特点

观察前面所形成的总刚度矩阵可以看出：

(1)总刚度矩阵是一个 $N\times N$ 阶的方阵，N 为结构的未知量数(本例 $N=6$)，由节点未知量编号后确定。

(2)总刚度矩阵是一个对称矩阵：$[\boldsymbol{K}]=[\boldsymbol{K}]^{\mathrm{T}}$。利用 $[\boldsymbol{K}]$ 的对称性，为了节省计算机的存贮容量，在编制程序时可以设法只存贮其下三角阵或上三角阵。

(3)稀疏性。总刚度矩阵是一个稀疏矩阵，总刚度矩阵的绝大多数元素都是零，非零元素只占元素总数的很小一部分。这是因为总刚度矩阵中，只有相关节点未知量对应的行和列才是非零元素，不是相关节点未知量就不会在该节点产生节点力，因而反映在总刚度矩阵中是零元素。所谓相关节点未知量是指凡与未知量 i 在同一单元内的未知量称为相关节点未知量，凡未知量 i 的相关未知量所在的节点均称为相关节点。例如，图1-9所示节点未知量1的相关未知量为1、2、3、4，相关节点为1、2、3，因此式(1-41)中第一行的非零元素只有 K_{11}、K_{12}、K_{13}、K_{14}，其余都是零元素。节点和单元越多，总刚 $[\boldsymbol{K}]$ 的稀疏程度就越强。一般来说，在弹性力学平面问题中，一个未知量的相关节点不会超过7个，如果网格中有500个节点，则每一行中非零元素的个数与该行元素的总数相比不会大于 $\frac{7}{500}$，即在1.4%以下。在程序设计中，利用 $[\boldsymbol{K}]$ 的稀疏性，可以设法只存贮非零元素，从而大大节省存贮容量。

(4)非零元素呈带状分布。即总刚 $[\boldsymbol{K}]$ 中的非零元素分布在以主对角线为中心的斜带形区域内。相邻节点的最大节点号差愈小，则总刚 $[\boldsymbol{K}]$ 中的半带宽就愈小，因而存贮量就越省。因此，节点编号时要注意使相邻节点编号的差值尽可能地小。

(5)按单元定位向量装配的总刚度矩阵 $[\boldsymbol{K}]$ 是非奇异的，这是因为在形成单元定位向量时已考虑了约束条件。

(6)总刚度矩阵 $[\boldsymbol{K}]$ 是正定的，且主对角元占优。这一特点，为求解代数方程组提供了方便，其计算结果是可靠的，计算精度高。

1.4.9 组装整体荷载列向量

整体荷载列向量即结构整体平衡方程 $[\boldsymbol{K}]\{\boldsymbol{\Delta}\}=\{\boldsymbol{F}\}$ 的右端项，亦称荷载列向量。整体荷载列向量由直接作用在节点上的荷载和由作用在单元上的荷载移置而来的等效节点荷载，按节点未知量编号或单元定位向量组装而成。

对于作用在节点上的荷载，可以直接按节点未知量编号组装到 $\{\boldsymbol{F}\}$ 中的相应位置。

对于作用在单元上的荷载，则首先按1.4.5节中所述荷载移置方法求出等效节点荷载，然后再组装到$\{\boldsymbol{F}\}$中去。当为线性单元(如三节点三角形单元、四节点矩形单元)时，求出等效节点荷载后，亦可以直接按节点未知量编号将等效节点荷载组装到$\{\boldsymbol{F}\}$中；对于高次单元，由于求等效节点荷载时必须应用荷载向节点移置的普遍公式，牵涉到单元形函数的积分运算，故在求出等效节点荷载后，应按单元定位向量将等效节点荷载组装到$\{\boldsymbol{F}\}$中去。按单元定位向量组装整体荷载列向量的原理是很简单的。由于等效节点荷载的分量个数与单元定位向量的元素个数相同，所以，每个等效节点荷载分量对应地在单元定位向量中有一个未知量编号，因而就可以正确地叠加到整体荷载列向量$\{\boldsymbol{F}\}$中。

1.4.10　解方程

在前面各节中，整体刚度矩阵$[\boldsymbol{K}]$、整体位移列向量$\{\boldsymbol{\Delta}\}$和整体荷载列向量$\{\boldsymbol{F}\}$均已形成。余下的工作就是求解这一代数线性方程组

$$[\boldsymbol{K}]\{\boldsymbol{\Delta}\}=\{\boldsymbol{F}\}$$

解出位移$\{\boldsymbol{\Delta}\}$，进而求出各单元应力。

根据总刚度矩阵具有对称、正定的特点，上述线性方程组可以采用高斯(Gauss)消元法或乔列斯基(Cholesky)法(又称改进平方根法)求解，后面将要介绍的程序 FEAP 解方程的方法采用的即是改进平方根法，详见第 7 章。

1.4.11　应力计算

解方程求得位移$\{\boldsymbol{\Delta}\}$后，即可根据单元定位向量从$\{\boldsymbol{\Delta}\}$中取出单元的节点位移$\{\boldsymbol{\delta}\}^e$，然后利用公式(1-18)，即$\{\boldsymbol{\sigma}\}=[S]\{\boldsymbol{\delta}\}^e$求出单元内各节点的应力。其中应力矩阵$[S]$按式(1-19)计算，当为平面应变问题时，只要将$E$代换成$\dfrac{E}{1-\mu^2}$，$\mu$代换成$\dfrac{\mu}{1-\mu}$即可。

对于各种不同类型的单元，其应力计算公式都是一样的，即均可按式(1-18)计算单元应力，仅仅是矩阵$[S]$和位移列向量$\{\boldsymbol{\delta}\}^e$不同而已。

1.4.12　计算成果的整理

经过上述各节的讨论，最后计算成果包括两个方面：(1)各节点的节点位移$\{\boldsymbol{\Delta}\}$；(2)各单元的应力分量$\{\boldsymbol{\sigma}\}$。

在位移方面，成果整理比较简单，可以直接由节点位移分量绘制出结构的位移图线。

在应力方面，成果整理要复杂一些，下面作详细说明。

在前面的单元分析中已经指出，常应变三角形单元的单元应力也是常量。为了较好地表示出结构中的应力分布，一般假定计算出来的应力分量$\{\boldsymbol{\sigma}\}^e$作用在单元的形心处。用式(1-18)求出的应力分量σ_x、σ_y、τ_{xy}，是指沿x轴、y轴方向上的应力，为了求出单元的主应力，由材料力学知识可知

$$
\begin{cases}
\sigma_1 = \dfrac{\sigma_x + \sigma_y}{2} + \sqrt{\left(\dfrac{\sigma_x - \sigma_y}{2}\right)^2 + \tau_{xy}^2} \\
\sigma_2 = \dfrac{\sigma_x + \sigma_y}{2} - \sqrt{\left(\dfrac{\sigma_x - \sigma_y}{2}\right)^2 + \tau_{xy}^2} \\
\alpha = \arcsin\left(\dfrac{\tau_{xy}}{\sqrt{\tau_{xy}^2 + (\sigma_x - \sigma_y)}}\right)
\end{cases}
\tag{1-42}
$$

式中：σ_1、σ_2 为单元的最大主应力及最小主应力，主方向 α 为 σ_1 与 σ_x 之间的夹角，如图 1-13 所示。

按照式(1-42)计算出来的两个主应力，同样可以假定作用在该三角形单元的形心处，其方向则由式(1-42)计算出的 α 所确定。如果在每个单元的形心，沿主应力方向，以一定的比例尺标出主应力的大小(拉应力用箭头表示，压应力用平头表示)，就可以得到整体结构的主应力分布图，如图 1-14 所示。

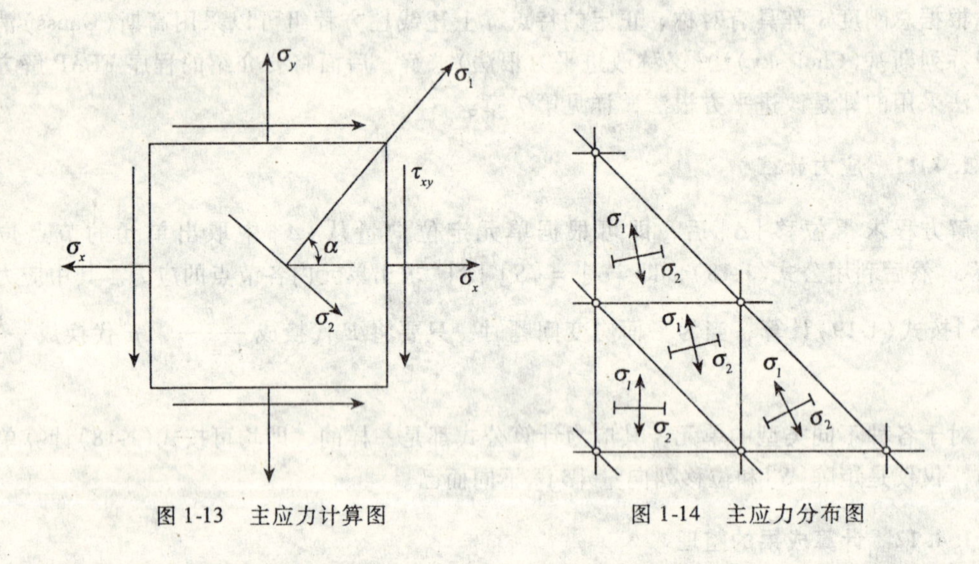

图 1-13 主应力计算图　　　　图 1-14 主应力分布图

由一点的应力状态可知，对于不直接承受外荷载的边界单元，假如单元划分得足够小，则其一个主应力的方向应是基本上平行于边界，而另一个主应力的方向则应是基本上垂直于边界，其数值应接近于零。这个特点，可以作为判断计算结果是否正确的一个依据之一。

需要指出的是，由常应变三角形单元计算出来的单元的常量应力，并不是单元内的平均应力，即使单元很小，该常量应力也常常会大于或小于单元内所有各点的实际应力，只是单元应力收敛于实际应力。由于单元内应力不是平均应力，所以常常采取某种平均的计算方法或插值方法，由计算成果推出结构物内某一点的更接近实际的应力。弹性体内的边界内应力及边界上应力，在成果整理的方法上略有差别，现分别介绍如下。

1. 边界的应力

目前，平均计算方法通常有绕节点平均法和二单元平均法。

(1)绕节点平均法。

把环绕某一节点的各单元中的常量应力加以平均，用来表征该节点处的应力，这种方法称为绕节点平均法，例如，欲求图 1-15 中节点 1 的应力，就是取

$$(\sigma_x)_1=\frac{1}{6}[(\sigma_x)_a+(\sigma_x)_b+(\sigma_x)_c+(\sigma_x)_d+(\sigma_x)_e+(\sigma_x)_f]$$

用同样的方法可以求出 $(\sigma_y)_1$、$(\tau_{xy})_1$，再由式(1-42)求出该节点的主应力及主方向。

(2)二单元平均法。

把相邻两个单元中的常量应力加以平均，用来表征公共边中点处的应力，这种方法称为二单元平均法。以图 1-16 所示情况为例，就是取

$$(\sigma_x)_1=\frac{1}{2}[(\sigma_x)_a+(\sigma_x)_b]$$

$$(\sigma_x)_2=\frac{1}{2}[(\sigma_x)_c+(\sigma_x)_d]$$

其他各点也可以用类似方法求得。

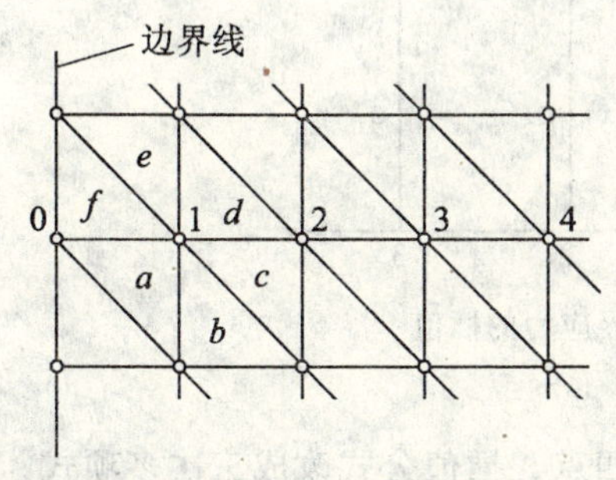

图 1-15　绕节点平均法计算图

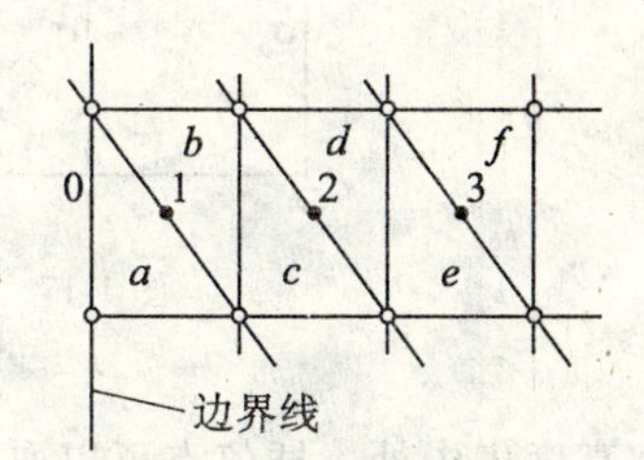

图 1-16　二单元平均法计算图

将绕节点平均法与二单元平均法两者的整理结果相比较，在应力变化不剧烈的部位，两者的精度不相上下。但在应力变化较剧烈的部位，特别是在应力集中处，由绕节点平均法得出的应力，其精度就比较差了。但是绕节点平均法也有其优点：为了得出弹性体内某一截面上的应力图线，只需在划分单元时布置若干个节点在这一截面上(至少 5 个)，就可求得，而采用二单元平均法就没有这样方便。

应当指出，如果相邻的单元具有不同的厚度或不同的弹性常数，则在理论上应力应当有突变。因此，只容许对厚度及弹性常数都相同的单元进行平均计算，以免完全失去这种应有的突变。在编写计算程序时，务必要考虑到这一点。

2. 边界上的应力

用绕节点平均法计算出来的节点应力，在内节点处表述较好，但在边界节点处常常效果较差。用二单元平均法，不易求得边界上的应力。因此，边界节点处及边界处的应力，不宜直接由单元的应力平均求得，而要由内节点处的应力推算出来，推算的方法是采用拉格朗日插值公式。

以图 1-15 中边界节点 0 处的应力为例，先将 0、1、2、3 等节点之间的距离表示在图 1-17 的横坐标上，再以应力 σ 为纵坐标，求出内节点 1、2、3 处的应力 σ_1、σ_2、σ_3，然后用曲线连接 σ_1、σ_2、σ_3 三点可以得到一条近似抛物线，此时，任一点 $\sigma(x)$ 的函数值

可以由以下抛物线插值公式得出

$$\sigma(x)=\frac{(x-x_2)(x-x_3)}{(x_1-x_2)(x_1-x_3)}\sigma_1+\frac{(x-x_1)(x-x_3)}{(x_2-x_1)(x_2-x_3)}\sigma_2+\frac{(x-x_1)(x-x_2)}{(x_3-x_1)(x_3-x_2)}\sigma_3 \tag{1-43}$$

其中，$\sigma(x)$ 称为抛物线插值函数，式(1-43)称为拉格朗日插值公式。

在 $x=0$ 处，插值函数值 σ_0 可以由式(1-43)得出

$$\sigma_0=\frac{x_2x_3}{(x_1-x_2)(x_1-x_3)}\sigma_1+\frac{x_1x_3}{(x_2-x_1)(x_2-x_3)}\sigma_2+\frac{x_1x_2}{(x_3-x_1)(x_3-x_2)}\sigma_3 \tag{1-44}$$

利用这一公式，可以直接由 x_1、x_2、x_3 及 σ_1、σ_2、σ_3 求得边界应力 σ_0。

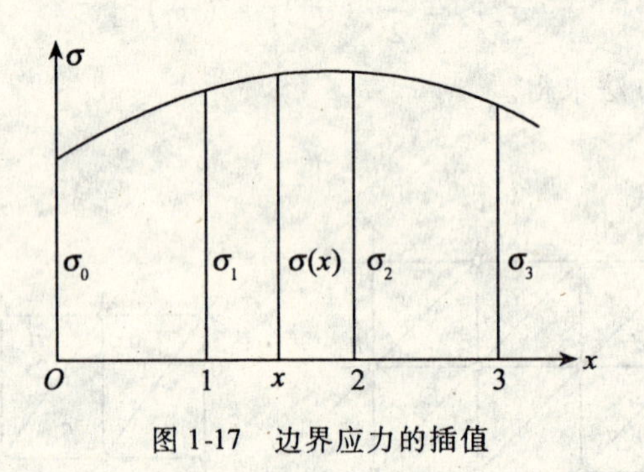

图 1-17 边界应力的插值

对于应力高度集中处，插值点可以取为四点，插值公式改成三次多项式，即

$$\begin{aligned}\sigma_0=&\frac{-x_2x_3x_4}{(x_1-x_2)(x_1-x_3)(x_1-x_4)}\sigma_1+\frac{-x_1x_3x_4}{(x_2-x_1)(x_2-x_3)(x_2-x_4)}\sigma_2+\\&\frac{-x_1x_2x_4}{(x_3-x_1)(x_3-x_2)(x_3-x_4)}\sigma_3+\frac{-x_1x_2x_4}{(x_4-x_1)(x_4-x_2)(x_4-x_3)}\sigma_4\end{aligned} \tag{1-45}$$

相关经验证明，用三点插值公式在一般情况下已足够精确了。

在推算边界点或边界节点处的应力时，可以先推算应力分量再求主应力，也可以先求各点主应力，再对主应力进行推算。在一般情况下，前者的精度略高一些，但差异也并不显著。

用有限单元法计算弹性力学问题时，特别是采用常应变三角形单元，应当在计算之前精心划分网格，在计算之后精心整理成果。这样做不增大机器容量，往往比简单地加密网格，更有成效地提高所得应力的精度。

上述平均法的计算，包括应力的平均及边界节点应力的推算，都不难归于计算程序来实现(详见§8.2节)。

§1.5 四节点矩形单元的单元分析

前已述及，常应变三角形单元的优点是适应性强，应有范围广，计算公式简单，概念清晰，易于编程。但由于假设内部位移是最简单的线性分布，导致单元内是常应变、常应

力，常应变三角形单元不能反映单元内的应变和应力的变化，从而精度较低。

为了提高有限单元法的计算精度，更好地反映弹性体中的位移状态和应力状态，有时需要采用一些新的较精密的单元，其中常用的有四节点矩形单元、六节点三角形单元和四节点、八节点、九节点等参单元。这些单元统称为高次单元，与三点节三角形单元相比较，高次单元由于所选的位移模式不同，因而单元刚度矩阵的计算以及荷载的移置与三节点三角形单元有所不同，但其他步骤和方法(如引入约束条件、组合总刚、组装整体荷载列向量、解方程、计算单元应力等)则与三节点三角形单元基本相同。因此，对于高次单元，重点介绍单元分析(即单元刚度矩阵的形成)和等效节点荷载的求法，其他内容则从略。

本节介绍四节点矩形单元的单元分析。

1.5.1 位移模式

四节点矩形单元如图1-18所示，四个角顶点 i、j、m、p 为节点，边长为 $2a$ 和 $2b$，单元节点位移列阵为

$$\{\boldsymbol{\delta}\}^{e} = [u_i \quad v_i \quad u_j \quad v_j \quad u_m \quad v_m \quad u_p \quad v_p]^{\mathrm{T}}$$

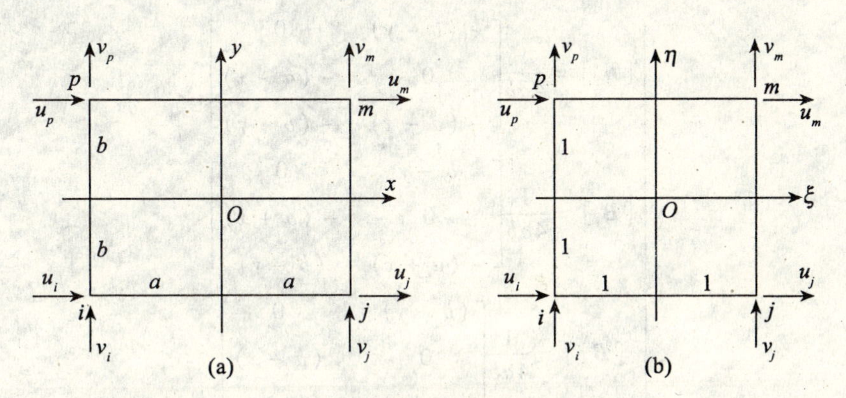

图1-18 矩形单元计算图

位移模式取为

$$\begin{cases} u = \alpha_1 + \alpha_2 x + \alpha_3 y + \alpha_4 xy \\ v = \alpha_5 + \alpha_6 x + \alpha_7 y + \alpha_8 xy \end{cases} \tag{1-46}$$

与三节点三角形单元所采用的线性位移模式相比较，式(1-46)增加了 xy 项，因此可以称之为双线性的位移模式。位移模式也可以用形函数的形式来表示

$$\begin{cases} u = N_i u_i + N_j u_j + N_m u_m + N_p u_p \\ v = N_i v_i + N_j v_j + N_m v_m + N_p v_p \end{cases} \tag{1-47}$$

或 $$\{f\} = [N]\{\boldsymbol{\delta}\}^{e} \tag{1-47a}$$

形函数 N_i 可以用边线方程求得。这里直接给出结果

$$\begin{cases} N_i = \dfrac{1}{4}\left(1 - \dfrac{x}{a}\right)\left(1 - \dfrac{y}{b}\right) \\ N_j = \dfrac{1}{4}\left(1 + \dfrac{x}{a}\right)\left(1 - \dfrac{y}{b}\right) \\ N_m = \dfrac{1}{4}\left(1 + \dfrac{x}{a}\right)\left(1 + \dfrac{y}{b}\right) \\ N_p = \dfrac{1}{4}\left(1 - \dfrac{x}{a}\right)\left(1 + \dfrac{y}{b}\right) \end{cases} \tag{1-48}$$

1.5.2 应变矩阵[*B*]

将式(1-47)代入几何方程式(1-1)，可以得到应变分量的表达式

$$\{\boldsymbol{\varepsilon}\} = [\boldsymbol{B}]\{\boldsymbol{\delta}\} \tag{1-49}$$

式中，[*B*]为矩形单元应变矩阵

$$[\boldsymbol{B}] = [\boldsymbol{B}_i \quad \boldsymbol{B}_j \quad \boldsymbol{B}_m \quad \boldsymbol{B}_p] \tag{1-50}$$

其中

$$\begin{cases} [\boldsymbol{B}_i] = \dfrac{1}{4ab}\begin{bmatrix} -(b-y) & 0 \\ 0 & -(a-x) \\ -(a-x) & -(b-y) \end{bmatrix} \\ [\boldsymbol{B}_j] = \dfrac{1}{4ab}\begin{bmatrix} b-y & 0 \\ 0 & -(a+x) \\ -(a+x) & (b-y) \end{bmatrix} \\ [\boldsymbol{B}_m] = \dfrac{1}{4ab}\begin{bmatrix} (b+y) & 0 \\ 0 & (a+x) \\ (a+x) & (b+y) \end{bmatrix} \\ [\boldsymbol{B}_p] = \dfrac{1}{4ab}\begin{bmatrix} -(a+y) & 0 \\ 0 & (a-x) \\ (a-x) & -(a+y) \end{bmatrix} \end{cases} \tag{1-50a}$$

由此可见，在单元中应变不再是常数，而是随不同的位置而变化的 x、y 的函数。

1.5.3 应力矩阵[*S*]

把式(1-49)代入物理方程式(1-2)得

$$\{\boldsymbol{\delta}\} = [\boldsymbol{D}]\{\boldsymbol{\varepsilon}\} = [\boldsymbol{D}][\boldsymbol{B}]\{\boldsymbol{\delta}\}^e = [\boldsymbol{S}]\{\boldsymbol{\delta}\}^e \tag{1-51}$$

式中，$\{\boldsymbol{\sigma}\}$、[*D*]的表达式与三节点三角形单元的完全相同，节点位移列阵为 8×1 的列阵，[*S*]即为四节点矩形单元的应力矩阵，即

$$[\boldsymbol{S}] = [\boldsymbol{D}][\boldsymbol{B}] = [\boldsymbol{S}_i \quad \boldsymbol{S}_j \quad \boldsymbol{S}_m \quad \boldsymbol{S}_p] \tag{1-52}$$

其中

$$
\left\{
\begin{aligned}
[S_i] &= \frac{E}{2ab(1-\mu^2)}\begin{bmatrix} -b & -\mu a & b & 0 & 0 & 0 & 0 & \mu a \\ -\mu b & -a & \mu b & 0 & 0 & 0 & 0 & a \\ -\eta a & -\eta b & 0 & \eta b & 0 & 0 & \eta a & 0 \end{bmatrix} \\
[S_j] &= \frac{E}{2ab(1-\mu^2)}\begin{bmatrix} -b & 0 & b & -\mu a & 0 & \mu a & 0 & 0 \\ -\mu b & 0 & \mu b & -a & 0 & a & 0 & 0 \\ 0 & -\eta b & -\eta a & \eta b & \eta a & 0 & 0 & 0 \end{bmatrix} \\
[S_m] &= \frac{E}{2ab(1-\mu^2)}\begin{bmatrix} 0 & 0 & 0 & -\mu a & b & \mu a & -b & 0 \\ 0 & 0 & 0 & -a & \mu b & a & -\mu b & 0 \\ 0 & 0 & \eta a & 0 & \eta a & \eta b & 0 & -\eta b \end{bmatrix} \\
[S_p] &= \frac{E}{2ab(1-\mu^2)}\begin{bmatrix} 0 & -\mu a & 0 & 0 & b & 0 & -b & \mu a \\ 0 & -a & 0 & 0 & \mu b & 0 & -\mu b & a \\ -\eta a & 0 & 0 & 0 & 0 & \eta b & \eta a & -\eta b \end{bmatrix}
\end{aligned}
\right.
\tag{1-53a}
$$

式中

$$\eta = \frac{1}{2}(1-\mu)。$$

对于平面应变问题，只需将 E 换成 $\frac{E}{1-\mu^2}$，将 μ 换成 $\frac{\mu}{1-\mu}$ 即可。

1.5.4 单元刚度矩阵 $[k]^e$

与三节点三角形单元刚度矩阵的导出相同，四节点矩形单元的节点力与节点位移的关系仍可由虚功原理得到

$$\{F\}^e = \iint [B]^T[D][B]\,dxdyt\,\{\delta\}^e$$

或

$$\{F\}^e = [k]^e\{\delta\}^e$$

于是单元刚度矩阵可以表示为

$$[k]^e = \iint [B]^T[D][B]\,dxdyt$$

与三节点三角形单元不同的是，这里的应变矩阵 $[B]$ 中各元素并非常量，而是坐标 x、y 的函数，因此不能直接提到积分号外面来，而应把单元的应变矩阵 $[B]$ 代入上式，进行矩阵的乘法运算，再对其每一项在单元区域内积分，最后整理出如下的具体公式

$$
[k]^e = HEt \times
\begin{bmatrix}
\beta+\eta\alpha & & & & & & & \\
m_1 & \alpha+\eta\beta & & & & & & \\
-\beta+\frac{\eta\alpha}{2} & n_1 & \beta+\eta\alpha & & & & & \\
-n_1 & \frac{\alpha}{2}-\eta\beta & -m_1 & \alpha+\eta\beta & & & & \\
\frac{-\beta-\eta\alpha}{2} & -m_1 & \frac{\beta}{2}-\eta\alpha & n_1 & \beta+\eta\alpha & & & \\
-m_1 & \frac{-\alpha-\eta\beta}{2} & -n_1 & -\alpha+\frac{\eta\beta}{2} & m_1 & \alpha+\eta\beta & & \\
\frac{\beta}{2}-\eta\alpha & -n_1 & \frac{-\beta-\eta\alpha}{2} & m_1 & -\beta+\frac{\eta\alpha}{2} & n_1 & \beta+\eta\alpha & \\
n_1 & -\alpha+\frac{\eta\beta}{2} & m_1 & \frac{-\alpha-\eta\beta}{2} & -n_1 & \frac{\alpha}{2}-\eta\beta & -m_1 & \alpha+\eta\beta
\end{bmatrix}
\tag{1-53}
$$

式中

$$H = \frac{1}{1-\mu^2},\qquad \eta = \frac{1}{2}(1-\mu),\qquad \alpha = \frac{a}{3b},\qquad \beta = \frac{b}{3a}$$

$$m_1 = \frac{1+\mu}{8}, \quad n_1 = \frac{1-3\mu}{8}$$

$[\boldsymbol{k}]^e$ 为 8 阶方阵。

以上公式亦可以采用无因次局部坐标 ξ、η（见图 1-18(b)）来表达，可以使计算公式简洁明了，计算机程序可以编写得更为紧凑。下面就将上述公式用无因次局部坐标表示的形式列出如下。

引用局部坐标 ξ、η，其原点取在单元形心上（见图 1-18(b)），局部坐标 ξ、η 与整体坐标 x、y 的转换关系式为

$$\begin{aligned} &\xi = \frac{1}{a}(x - x_0), \quad x_0 = \frac{1}{2}(x_i + x_j), \quad 2a = x_j - x_i \\ &\eta = \frac{1}{b}(y - y_0), \quad y_0 = \frac{1}{a}(y_i - y_j), \quad 2b = y_m - y_j \end{aligned} \tag{1-54}$$

由上式，得到节点 i、j、m、p 的局部坐标为

$$\begin{bmatrix} \xi_i & \eta_i \\ \xi_j & \eta_j \\ \xi_m & \eta_m \\ \xi_p & \eta_p \end{bmatrix} = \begin{bmatrix} -1 & -1 \\ 1 & -1 \\ 1 & 1 \\ -1 & 1 \end{bmatrix} \tag{1-55}$$

形函数为

$$N_i = \frac{1}{4}(1+\xi_i\xi)(1+\eta_i\eta) \ (i, j, m, p) \tag{1-56}$$

应变矩阵为

$$[\boldsymbol{B}] = [\boldsymbol{B}_i \quad \boldsymbol{B}_j \quad \boldsymbol{B}_m \quad \boldsymbol{B}_p]$$

式中

$$[\boldsymbol{B}_i] = \frac{1}{ab}\begin{bmatrix} b\frac{\partial}{\partial\xi} & 0 \\ 0 & a\frac{\partial}{\partial\eta} \\ a\frac{\partial}{\partial\eta} & b\frac{\partial}{\partial\xi} \end{bmatrix} N_i = \frac{1}{4ab}\begin{bmatrix} b\xi_i(1+\eta_i\eta) & 0 \\ 0 & a\eta_i(1+\xi_i\xi) \\ a\eta_i(1+\xi_i\xi) & b\xi_i(1+\eta_i\eta) \end{bmatrix} \ (i, j, m, p) \tag{1-57}$$

应力矩阵为

$$[\boldsymbol{S}] = [\boldsymbol{S}_i \quad \boldsymbol{S}_j \quad \boldsymbol{S}_m \quad \boldsymbol{S}_p]$$

式中

$$[\boldsymbol{S}_i] = \frac{E}{4ab(1-\mu^2)}\begin{bmatrix} b\xi_i(1+\eta_i\eta) & \mu a\eta_i(1+\xi_i\xi) \\ \mu b\xi_i(1+\eta_i\eta) & a\eta_i(1+\xi_i\xi) \\ \frac{1-\mu}{a}a\eta_i(1+\xi_i\xi) & \frac{1-\mu}{a}b\xi_i(1+\eta_i\xi) \end{bmatrix} \ (i, j, m, p) \tag{1-58}$$

单元刚度矩阵为

$$[\boldsymbol{k}]=\int_{-a}^{a}\int_{-b}^{b}[\boldsymbol{B}]^{\mathrm{T}}[\boldsymbol{D}][\boldsymbol{B}]t\mathrm{d}x\mathrm{d}y=abt\int_{-1}^{1}\int_{-1}^{1}[\boldsymbol{B}]^{\mathrm{T}}[\boldsymbol{D}][\boldsymbol{B}]\mathrm{d}\xi\mathrm{d}\eta$$

$$=\begin{bmatrix} k_{ii} & k_{ij} & k_{im} & k_{ip} \\ k_{ji} & k_{jj} & k_{jm} & k_{jp} \\ k_{mi} & k_{mj} & k_{mm} & k_{mp} \\ k_{pi} & k_{pj} & k_{pm} & k_{pp} \end{bmatrix} \tag{1-59}$$

式中$[\boldsymbol{k}_{rs}]$是单元刚度矩阵的子块[2×2阶]，具体表示为

$$[\boldsymbol{k}_{rs}]=abt\int_{-1}^{1}\int_{-1}^{1}[\boldsymbol{B}_r]^{\mathrm{T}}[\boldsymbol{D}][\boldsymbol{B}_s]\mathrm{d}\xi\mathrm{d}\eta$$

$$=\frac{Et}{4(1-\mu^2)}\left[\begin{array}{c:c} \begin{array}{c}\frac{b}{a}\xi_r\xi_s\left(1+\frac{1}{3}\right)\eta_r\eta_s \\ +\frac{1-\mu}{2}\frac{a}{b}\eta_r\eta_s(1+ \\ +\frac{1}{3}\xi_r\xi_s)\end{array} & \mu\xi_r\eta_s+\frac{1-\mu}{2}\eta_r\xi_s \\ \hdashline \mu\eta_r\xi_s+\frac{1-\mu}{2}\xi_r\eta_s & \begin{array}{c}\frac{a}{b}\eta_r\eta_s\left(1+\frac{1}{3}\xi_r\eta_s\right) \\ +\frac{1-\mu}{2}\frac{b}{a}\xi_r\xi_s(1 \\ +\frac{1}{3}\eta_r\eta_s)\end{array}\end{array}\right]\quad(r,\ s=i,\ j,\ m,\ p) \tag{1-60}$$

对于平面应变问题，上述公式中的E换成$\dfrac{E}{1-\mu^2}$，μ换成$\dfrac{\mu}{1-\mu}$即可。

具体应用时，用有量纲的局部坐标表达式式(1-46)～式(1-53)或无量纲的局部坐标表达式式(1-54)～式(1-60)皆可，但求应力时用无量纲的局部坐标下的表达式则可能更方便一些。

1.5.5　矩形单元的坐标转换

上述公式都是假定单元的局部坐标系与整体坐标系一致的情况下导出的，在有些情况下，矩形网格的边界不一定与结构的边界平行，这种情况下，单元坐标与整体坐标往往不一致，因此，存在着坐标转换问题，如图1-19所示。

在图1-19中，整体坐标系为Oxy，局部坐标系为$\overline{O}\,\overline{x}\,\overline{y}$，根据图示几何关系，把局部坐标系中的量转换成整体坐标系中的量时，其转换公式为

$$\begin{aligned}\{\overline{\boldsymbol{F}}\}^e&=[\boldsymbol{T}]\{\boldsymbol{F}\}^e\\ \{\boldsymbol{F}\}^e&=[\boldsymbol{T}]^{-1}\{\overline{\boldsymbol{F}}\}^e=[\boldsymbol{T}]^{\mathrm{T}}\{\overline{\boldsymbol{F}}\}^e\\ \{\overline{\boldsymbol{\delta}}\}^e&=[\boldsymbol{T}]\{\boldsymbol{\delta}\}^e\end{aligned} \tag{1-61}$$

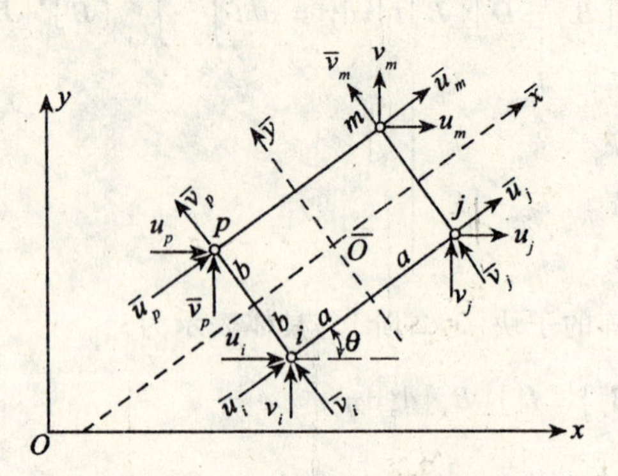

图 1-19 矩形单元的坐标转换

于是

$$\{\boldsymbol{F}\}^e=[\boldsymbol{T}]^{\mathrm{T}}\{\overline{\boldsymbol{F}}\}^e=[\boldsymbol{T}]^{\mathrm{T}}[\overline{\boldsymbol{k}}]^e\{\overline{\boldsymbol{\delta}}\}^e=[\boldsymbol{T}]^{\mathrm{T}}[\overline{\boldsymbol{k}}]^e[\boldsymbol{T}]\{\boldsymbol{\delta}\}^e$$

令

$$[\boldsymbol{k}]^e=[\boldsymbol{T}]^{\mathrm{T}}[\overline{\boldsymbol{k}}]^e[\boldsymbol{T}] \tag{1-62}$$

则

$$\{\boldsymbol{F}\}^e=[\boldsymbol{k}]^e\{\boldsymbol{\delta}\}^e \tag{1-63}$$

式中，$\{\boldsymbol{F}\}^e$、$\{\boldsymbol{\delta}\}^e$ 都是整体坐标系中的节点力列阵和节点位移列阵，$[\boldsymbol{k}]^e$ 为整体坐标系中矩形单元的刚度矩阵，$[\overline{\boldsymbol{k}}]^e$ 为局部坐标系下的矩形单元的刚度矩阵，即式(1-53)或式(1-60)，$[\boldsymbol{T}]$为坐标转换矩阵，即

$$[\boldsymbol{T}]=\begin{bmatrix}[\mathrm{TIJ}] & & & 0\\ & [\mathrm{TIJ}] & & \\ & 0 & [\mathrm{TIJ}] & \\ & & & [\mathrm{TIJ}]\end{bmatrix} \tag{1-64}$$

其中

$$[\mathrm{TIJ}]=\begin{bmatrix}\cos\theta & \sin\theta\\ -\sin\theta & \cos\theta\end{bmatrix} \tag{1-65}$$

θ 为局部坐标与整体坐标的夹角。

如果令整体坐标系中 i、j 两点和 j、m 两点的坐标差值为

$$\begin{cases}\Delta x_1=x_j-x_i\\ \Delta y_1=y_j-y_i\end{cases} \tag{1-66}$$

$$\begin{cases}\Delta x_2=x_m-x_j\\ \Delta y_2=y_m-y_j\end{cases} \tag{1-67}$$

则可得矩形单元的边长和方向余弦为

$$\begin{cases}2a=\sqrt{\Delta x_1^2+\Delta y_1^2}\\ 2b=\sqrt{\Delta x_2^2+\Delta y_2^2}\end{cases} \tag{1-68}$$

$$\begin{cases}\cos\theta=\dfrac{\Delta x_1}{2a}\\ \sin\theta=\dfrac{\Delta y_1}{2a}\end{cases} \tag{1-69}$$

而矩形的形心坐标为

$$\begin{cases} x_0 = \dfrac{1}{4}(x_i + x_j + x_m + x_p) \\ y_0 = \dfrac{1}{4}(y_i + y_j + y_m + y_p) \end{cases} \tag{1-70}$$

1.5.6　矩形单元的荷载移置

由于单元位移函数在 x 为常量及 y 为常量的直线上是线性函数，因此，当把作用在单元上的外荷载转化成节点荷载时，仍然有三角形单元的有关荷载向节点转化的结论。

例如，对于单元自重，$\{g\} = [0 \quad -\gamma]^{\mathrm{T}}$，其单元荷载列阵为

$$\{\boldsymbol{R}\}^e = -\frac{\gamma A t}{4}[0 \quad 1 \quad 0 \quad 1 \quad 0 \quad 1 \quad 0 \quad 1]^{\mathrm{T}} \tag{1-71}$$

即移置到每一节点的荷载都是四分之一自重。

当矩形单元的边界上作用有分布荷载时，例如，当单元 ij 边作用有法向和切向的分布荷载时(如图 1-12)，其节点荷载的移置公式同三节点三角形单元的节点荷载移置公式(1-32)，仅需将 $\{\boldsymbol{R}\}^e$ 扩大为 8×1 阶列阵，i、j 两点的等效节点荷载按式(1-32)计算，而 m、p 两点的节点荷载分量为 0。

对于矩形单元的有限单元法，仍然是利用单刚集合成总刚，单载集合成整体荷载列向量，引入约束条件，建立整体平衡方程组 $[\boldsymbol{K}]\{\boldsymbol{\Delta}\} = \{\boldsymbol{F}\}$，解方程求得位移$\{\boldsymbol{\Delta}\}$，进而求出单元应力。上述步骤和方法与三节点三角形单元的类同，故从略。

1.5.7　小结

下面通过与三节点三角形单元的对比分析，总结一下四节点矩形单元的优点及其应用范围。

(1)四节点矩形单元的位移模式是双线性的，与三节点三角形单元的位移模式相比较，具有更高的次数。在四节点矩形单元的边界上，由于 $x = \pm a$，$y = \pm b$，使得形函数 $N_i(i, j, m, p)$ 成为 y 或 x 的线性函数，也就是说，在四节点矩形单元的边界上，位移分量仍是按线性变化的。因此，两个矩形单元在相邻的公共边上任意点都有相同的位移，从而保证了相邻单元之间的连续协调性，这一点与三节点三角形单元的特性是相同的。

(2)比较三节点三角形单元与四节点矩形单元的应变矩阵$[\boldsymbol{B}]$可以看出，三节点三角形单元的应变矩阵$[\boldsymbol{B}]$中的各元素都是常量，而四节点矩形单元的应变矩阵$[\boldsymbol{B}]$中的各元素却是坐标的一次函数。因此，三节点三角形单元是常应变单元，而四节点矩形单元的应变在单元内部是呈线性变化的；同理，比较两者的应力矩阵$[\boldsymbol{S}]$亦可以看到，三节点三角形单元是常应力单元，而四节点矩形单元的应力在单元内部呈线性变化。显然，这更能正确地反映弹性连续体实际应力的变化情况。因此，在弹性体中采用同样数目的节点时，四节点矩形单元计算结果的精度高于三节点三角形单元计算结果的精度。虽然相邻矩形单元在公共边界处的应力也有差异，但差异是较小的。

(3)关于应力计算和成果的整理。由于四节点矩形单元的应力在单元内是线性分布的，单元内各点的应力均不相同(参看式(1-52)或式(1-58))，所以计算应力时应计算其

节点的应力。在整理应力成果时，可以采用绕节点平均法，即将环绕某一节点的各单元在该节点处的应力加以平均，用来代表该节点处的应力，其表征性是较好的。对于边界节点处的应力，除了对于浅梁的挤压应力以外，一般都无需从内节点处的应力推算得来。

(4)应用。对于具有正交边界的规则结构，例如，对于普通钢筋混凝土梁、钢筋混凝土深梁、钢筋混凝土剪力墙以及带有矩形孔口的大体积混凝土结构，由于这些结构具有矩形的边界，并且其钢筋布置又是与边界平行的，因此，选用四节点矩形单元就具有明显的优点。四节点矩形单元既能适应这些结构的边界条件，又能获得比三节点三角形单元更高的精度。但是如果梁以及其他结构布置了斜钢筋，或边界不规则的结构中，矩形单元就可能难以适应，这种情况，或者全部采用三角形单元，或者把矩形单元与三角形单元混合使用，即在不同部位采用不同类型和大小的单元，在规则部位采用矩形单元，在非正交边界处采用三角形单元；在应力集中处采用较小的矩形单元，应力缓和处采用较大的矩形单元，中间地段采用三角形单元过渡。这样处理既可改善计算精度，又能适应各种复杂的边界条件，如图 1-20 所示。当然，这难免要增加程序设计及人工填写数据的麻烦。

(5)采用四节点矩形单元时，还有一点值得注意的是，由于四节点矩形单元的位移模式为双线性的位移模式，若使用不当将产生不应有的“寄生”剪切应力。关于这个问题将在§1.7 中详细讨论。

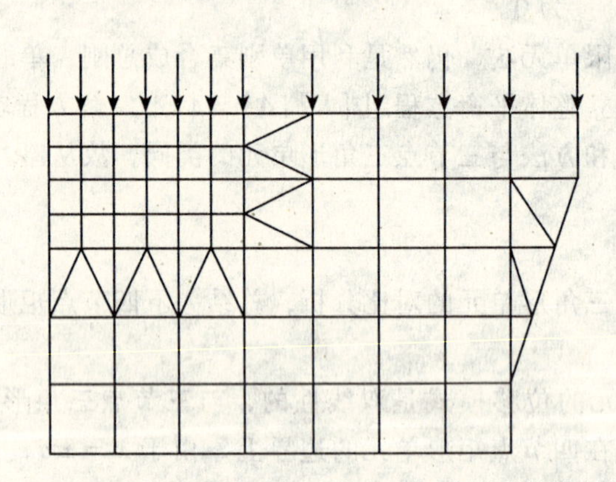

图 1-20　四节点矩形单元与三节点三角形单元的联合应用

§1.6　六节点三角形单元的单元分析

1.6.1　面积坐标

前面两节所述的三节点三角形单元和四节点矩形单元，形函数 N 是用直角坐标表示的。本节讨论的六节点三角形单元，如果仍然采用直角坐标，则计算将是很麻烦的。但若采用与单元本身联系在一起的坐标系统——面积坐标，则计算将简单得多。

如图 1-21 所示，设三角形单元 i、j、m，单元内某点 P(直角坐标为 x、y)的位置可以由该点与三角形顶点的连线所划分的三个三角形的面积 A_i、A_j、A_m 来描述，令

$$L_i = \frac{A_i}{A}, \qquad L_j = \frac{A_j}{A}, \qquad L_m = \frac{A_m}{A} \tag{1-72}$$

其中：L_i、L_j、L_m 称为 P 点的面积坐标，A 为三角形 ijm 的面积，A_i、A_j、A_m 分别为三角形 Pjm、Pmi、Pij 的面积。由于 A_i、A_j、A_m 并不是相互独立的，$A_i + A_j + A_m = A$，所以有关系式

$$L_i + L_j + L_m = 1 \tag{1-73}$$

且 P 点限定在单元内有意义。

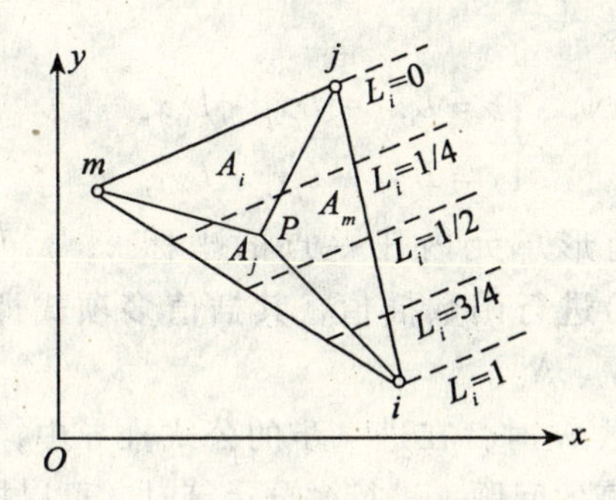

图 1-21　三角形单元的面积坐标

根据面积坐标的定义，由图 1-21 中不难看出，在平行于 jm 边的一根直线上的各点，都具有相同的 L_i 坐标，而且这个坐标就等于"该直线至 jm 边的距离"与"节点 i 至 jm 边的距离"的比值。图 1-21 中示出的为 L_i 的一些等值线。同时也极易看出三个节点的面积坐标是：

i 点：　$L_i = 1$，　$L_j = 0$，　$L_m = 0$

j 点：　$L_i = 0$，　$L_j = 1$，　$L_m = 0$

m 点：　$L_i = 0$，　$L_j = 0$，　$L_m = 1$

现在来导出面积坐标与直角坐标之间的关系。三角形 Pjm、Pmi、Pij 的面积是

$$A_i = \frac{1}{2}\begin{vmatrix} 1 & x & y \\ 1 & x_j & y_j \\ 1 & x_m & y_m \end{vmatrix} = \frac{1}{2}[(x_j y_m - x_m y_j) + (y_j - y_m)x + (x_m - x_j)y] \ (i, j, m)$$

采用 §1.4 中同样的记号

$$a_i = x_j x_m - x_m y_j, \quad b_i = y_j - y_m, \quad c_i = -x_j + x_m \ (i, j, m)$$

则

$$A_i = \frac{1}{2}(a_i + b_i x + c_i y) \ (i, j, m) \tag{1-74}$$

代入式(1-72)，即得用直角坐标表示面积坐标的关系式

$$L_i = \frac{a_i + b_i x + c_i y}{2A} \ (i, j, m) \tag{1-75}$$

将上式与式(1-13)相比较，可见，三节点三角形单元中的形函数 N_i、N_j、N_m 就是面积坐标 L_i、L_j、L_m。上式还可以用矩阵表示为

$$\begin{Bmatrix} L_i \\ L_j \\ L_m \end{Bmatrix} = \frac{1}{2A}\begin{bmatrix} a_i & b_i & c_i \\ a_j & b_j & c_j \\ a_m & b_m & c_m \end{bmatrix}\begin{Bmatrix} 1 \\ x \\ y \end{Bmatrix} \tag{1-75a}$$

由上式解得

$$\begin{Bmatrix} 1 \\ x \\ y \end{Bmatrix} = \begin{bmatrix} 1 & 1 & 1 \\ x_i & x_j & x_m \\ y_i & y_j & y_m \end{bmatrix}\begin{Bmatrix} L_i \\ L_j \\ L_m \end{Bmatrix}$$

展开上式有

$$\begin{cases} x = L_i x_i + L_j x_j + L_m x_m \\ y = L_i y_i + L_j y_j + L_m y_m \end{cases} \tag{1-76}$$

上式的数学意义是：在三角形单元内任一点的坐标 x、y 可以用三角形顶点的坐标 $(x_i、y_i)$、$(x_j、y_j)$、$(x_m、y_m)$进行函数插值，其插值多项式即是三角形的面积坐标 L_i、L_j、L_m，也就是形函数 N_i、N_j、N_m。

当用面积坐标表示形函数 N 时，在进一步的公式推导中，还会遇到用面积坐标表示的函数作微分运算和积分运算的问题。进行微分运算时，可以按复合函数微分法进行。在进行积分运算时，可以直接利用已经导出的积分公式

$$\iint_A L_i^a L_j^b L_m^c \mathrm{d}x\mathrm{d}y = \frac{a!\ b!\ c!}{(a+b+c+2)!}2A \tag{1-77}$$

$$\int_l L_i^a L_j^b \mathrm{d}s = \frac{a!\ b!}{(a+b+1)!}l\,(i,\ j,\ m) \tag{1-78}$$

其中：a、b、c 为面积坐标的指数；l 为该边的长度。

1.6.2 位移模式

在六节点三角形单元中，除把三角形的三个顶点作为节点外，还把每边的中点也作为节点，如图 1-22 所示，因此，每个单元有 6 个节点，12 个自由度。对于单元中任一点的位移分量，可以取如下的多项式

$$\begin{cases} u = \alpha_1 + \alpha_2 x + \alpha_3 y + \alpha_4 x^2 + \alpha_5 xy + \alpha_6 y^2 \\ v = \alpha_7 + \alpha_8 x + \alpha_9 y + \alpha_{10} x^2 + \alpha_{11} xy + \alpha_{12} y^2 \end{cases} \tag{1-79}$$

式中 12 个系数 α_i 可以由单元节点的 12 个位移分量来确定。推导单元形函数 N 的步骤和方法与三节点三角形单元的推导方法完全相同，只是计算过程较繁琐，故这里只给出最终结果。

在单元的边界上，位移是呈二次抛物线分布的。由于每边都有三个节点。可以唯一地确定一条抛物线，这样就保证了相邻单元变形的协调性。在单元内部，因为位移分量是二次的，所以应变和应力的分布都是线性的，这样就能比三节点三角形单元更好地反映应力的变化。因而计算时采用六节点三角形单元，可以取用较少的单元而获得比三节点三角形单元高得多的精度。

用面积坐标表示单元的形函数 N，可以获得简单的表达形式(图 1-22 中括号内的数值为相应节点的面积坐标)

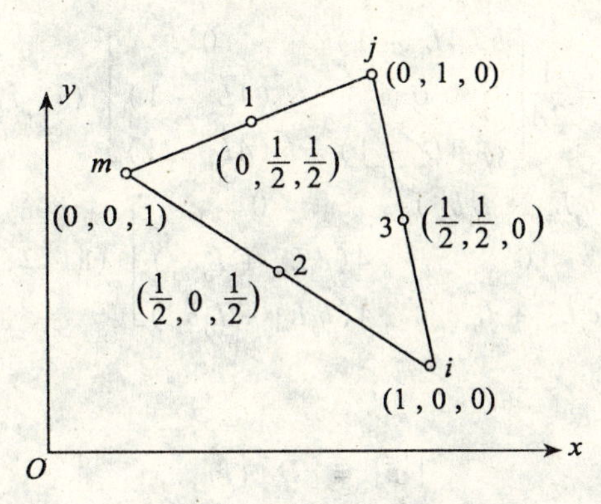

图 1-22 六节点三角形单元

$$\begin{cases} N_i = L_i(2L_i - 1) & (i,\ j,\ m) \\ N_1 = 4L_jL_m & (1,\ 2,\ 3,\ i,\ j,\ m) \end{cases} \tag{1-80}$$

与三节点三角形单元类似，单元中任一点的位移与单元节点位移之间的关系仍具有下述形式

$$\begin{aligned} \{\boldsymbol{f}\} &= [\boldsymbol{N}]\{\boldsymbol{\delta}\}^e \\ \{\boldsymbol{f}\} &= [u \quad v]^T \end{aligned} \tag{1-81}$$

其中

$$[\boldsymbol{N}] = \begin{bmatrix} N_i & 0 & N_j & 0 & N_m & 0 & N_1 & 0 & N_2 & 0 & N_3 & 0 \\ 0 & N_i & 0 & N_j & 0 & N_m & 0 & N_1 & 0 & N_2 & 0 & N_3 \end{bmatrix} \tag{1-82}$$

$$\{\boldsymbol{\delta}\}^e = [u_i,\ v_i,\ u_j,\ v_j,\ u_m,\ v_m,\ u_1,\ v_1,\ u_2,\ v_2,\ u_3,\ v_3]^T$$

1.6.3 应变矩阵[$\boldsymbol{B}$]

由矩阵[$\boldsymbol{B}$]的定义知

$$\{\boldsymbol{\varepsilon}\} = [\boldsymbol{B}]\{\boldsymbol{\delta}\}^e \tag{1-83}$$

考虑到公式(1-1)以及

$$\frac{\partial u}{\partial x} = \frac{\partial N_i}{\partial x}u_i + \frac{\partial N_j}{\partial x}u_j + \frac{\partial N_m}{\partial x}u_m + \frac{\partial N_1}{\partial x}u_1 + \frac{\partial N_2}{\partial x}u_2 + \frac{\partial N_3}{\partial x}u_3 \tag{1-84}$$

其中：N_i、N_j、N_m、N_1、N_2、N_3 均用面积坐标表示，如式(1-80)所示。按复合函数微分法计算得

$$\frac{\partial N_i}{\partial x} = \frac{b_i(4L_i - 1)}{2A}\ (i,\ j,\ m)$$

$$\frac{\partial N_1}{\partial x} = \frac{4(b_jL_m + L_jb_m)}{2A}\ (1,\ 2,\ 3,\ i,\ j,\ m)$$

其他各项可以轮换脚标得到。以此代入公式(1-83)，就可得到 $\frac{\partial u}{\partial x}$，同理可得 $\frac{\partial v}{\partial y}$ 等。将这些偏导数值代入公式(1-83)以及公式(1-84)，就可以得应变矩阵[$\boldsymbol{B}$]

$$[\boldsymbol{B}] = [\boldsymbol{B}_i,\ \boldsymbol{B}_j,\ \boldsymbol{B}_m,\ \boldsymbol{B}_1,\ \boldsymbol{B}_2,\ \boldsymbol{B}_3] \tag{1-85}$$

其中

$$[B_i] = \frac{1}{2A}\begin{bmatrix} b_i(4L_i - 1) & 0 \\ 0 & c_i(4L_i - 1) \\ c_i(4L_i - 1) & b_i(4L_i - 1) \end{bmatrix} \quad (i,\ j,\ m) \tag{1-85a}$$

$$[B_1] = \frac{1}{2A}\begin{bmatrix} 4(b_jL_m + L_jb_m) & 0 \\ 0 & 4(c_jL_m + L_jc_m) \\ 4(c_jL_m + L_mc_m) & 4(b_jL_m + L_jb_m) \end{bmatrix} \quad (1,\ 2,\ 3,\ i,\ j,\ m) \tag{1-85b}$$

1.6.4 应力矩阵[S]

由
$$\{\boldsymbol{\sigma}\} = [\boldsymbol{D}]\{\boldsymbol{\varepsilon}\}$$
而
$$\{\boldsymbol{\varepsilon}\} = [\boldsymbol{B}]\{\boldsymbol{\delta}\}^e \tag{1-86}$$
故
$$\{\boldsymbol{\sigma}\} = [\boldsymbol{D}][\boldsymbol{B}]\{\boldsymbol{\delta}\}^e \tag{1-87}$$
令
$$[\boldsymbol{S}] = [\boldsymbol{D}][\boldsymbol{B}]$$
则
$$\{\boldsymbol{\sigma}\} = [\boldsymbol{S}]\{\boldsymbol{\delta}\}^e \tag{1-88}$$
将式(1-3)和式(1-85)代入式(1-87)则得
$$[\boldsymbol{S}] = [\boldsymbol{S}_i,\ \boldsymbol{S}_j,\ \boldsymbol{S}_m,\ \boldsymbol{S}_1,\ \boldsymbol{S}_2,\ \boldsymbol{S}_3] \tag{1-89}$$
其中
$$[\boldsymbol{S}_i] = \frac{E}{4(1-\mu^2)A}(4L_i - 1)\begin{bmatrix} 2b_i & 2\mu c_i \\ 2\mu b_i & 2c_i \\ (1-\mu)c_i & (1-\mu)b_i \end{bmatrix} \quad (i,\ j,\ m) \tag{1-89a}$$

$$[\boldsymbol{S}_1] = \frac{E}{4(1-\mu^2)A}\begin{bmatrix} 8(b_jL_m + L_jb_m) & 8\mu(c_jL_m + L_jc_m) \\ 8\mu(b_jL_m + L_jb_m) & 8(c_jL_m + L_jc_m) \\ 4(1-\mu)(c_jL_m + L_jc_m) & 4(1-\mu)(b_jL_m + L_jb_m) \end{bmatrix}$$
$$(1,\ 2,\ 3,\ i,\ j,\ m) \tag{1-89b}$$

由式(1-85)和式(1-89)可见，单元中的应变和应力都是面积坐标或直角坐标的一次式。所以单元中的应变和应力沿任何方向都是线性变化的。

1.6.5 单元刚度矩阵[k]^e

节点力与节点位移之间的关系仍然是
$$[\boldsymbol{k}]^e\{\boldsymbol{\delta}\}^e = \{\boldsymbol{F}\}^e$$
其中[$\boldsymbol{k}$]^{e}是单元刚度矩阵，为12阶方阵，按下式确定
$$[\boldsymbol{k}]^e = \iint_A [\boldsymbol{B}]^T[\boldsymbol{D}][\boldsymbol{B}]\mathrm{d}x\mathrm{d}yt = \iint_A [\boldsymbol{B}]^T[\boldsymbol{S}]\mathrm{d}x\mathrm{d}yt$$
将式(1-85)和式(1-89)代入上式中并积分，且利用关系式 $b_i + b_j + b_m = 0$ 及 $c_i + c_j + c_m = 0$ 加以简化，最后得到

$$[\boldsymbol{k}]^e = \frac{Et}{24(1-\mu^2)A}\begin{bmatrix} F_i & & & & & \\ P_{ji} & F_j & & & \text{对称} & \\ P_{mi} & P_{mj} & F_m & & & \\ 0 & -4P_{mj} & -4P_{jm} & G_i & & \\ -4P_{mi} & 0 & -P_{im} & Q_{ji} & G_j & \\ -4P_{ji} & -4P_{ij} & 0 & Q_{mi} & Q_{mj} & G_m \end{bmatrix} \tag{1-90}$$

其中

$$[\boldsymbol{F}_i] = \begin{bmatrix} 6b_i^2 + 3(1-\mu)c_i^2 & 对称 \\ 3(1+\mu)b_ic_i & 6c_i^2 + 3(1-\mu)b_i^2 \end{bmatrix} \quad (i,\ j,\ m) \tag{1-90a}$$

$$[\boldsymbol{G}_i] = \begin{bmatrix} 16(b_i^2 - b_jb_m) + 8(1-\mu)(c_i^2 - c_jc_m) & 对称 \\ 4(1+\mu)(b_ic_i + b_jc_j + b_mc_m) & 16(c_i^2 - c_jc_m) + 8(1-\mu)(b_i^2 - b_jb_m) \end{bmatrix}$$

$$(i,\ j,\ m) \tag{1-90b}$$

$$[\boldsymbol{P}_{rs}] = \begin{bmatrix} -2b_rb_s - (1-\mu)c_rc_s & -2\mu b_rc_s - (1-\mu)c_rb_s \\ -2\mu c_rb_s - (1-\mu)b_rc_s & -2c_rc_s - (1-\mu)b_rb_s \end{bmatrix}$$

$$(r=i,\ j,\ m;\ s=i,\ j,\ m) \tag{1-90c}$$

$$[\boldsymbol{Q}_{rs}] = \begin{bmatrix} 16b_rb_s + 8(1-\mu)c_rc_s & 对称 \\ 4(1+\mu)(c_rb_s + b_rc_s) & 16c_rc_s + 8(1-\mu)b_rb_s \end{bmatrix}$$

$$(r=i,\ j,\ m;\ s=i,\ j,\ m) \tag{1-90d}$$

形成单元刚度矩阵时，可以用赋值语句直接赋值，利用脚标轮换关系可以使计算简化。

1.6.6 荷载移置

在这里，由于位移模式是非线性的，在推导荷载列阵时，必须用外加荷载向节点转化的普遍公式(1-28)等求得等效节点荷载。

例如，对于单元的自重 W，体力列阵将为

$$\{\boldsymbol{g}\} = \begin{Bmatrix} x \\ y \end{Bmatrix} = \begin{Bmatrix} 0 \\ -\dfrac{W}{tA} \end{Bmatrix}$$

所以

$$\{\boldsymbol{R}\}^e = \iint_A [\boldsymbol{N}] \begin{Bmatrix} 0 \\ -\dfrac{W}{tA} \end{Bmatrix} t\mathrm{d}x\mathrm{d}y$$

由公式(1-77)可知

$$\iint_A N_i \mathrm{d}x\mathrm{d}y = \iint_A L_i(2L_i - 1)\mathrm{d}x\mathrm{d}y = 0 \quad (i,\ j,\ m)$$

$$\iint_A N_1 \mathrm{d}x\mathrm{d}y = \iint_A 4L_iL_m \mathrm{d}x\mathrm{d}y = \frac{A}{3} \quad (1,\ 2,\ 3,\ i,\ j,\ m)$$

所以

$$\{\boldsymbol{R}\}^e = -\frac{W}{3}[0 \quad 0 \quad 0 \quad 0 \quad 0 \quad 0 \quad 0 \quad 1 \quad 0 \quad 1 \quad 0 \quad 1]^{\mathrm{T}} \tag{1-91}$$

这就是说，只需向节点1、2、3分别移置 $\dfrac{1}{3}$ 自重，而不是向节点 i，j，m 移置。

又如，设单元 ij 边上受有沿 x 方向按线性变化的面力，如图1-23所示。面力列阵为

$$\{\boldsymbol{q}\} = \begin{Bmatrix} x \\ y \end{Bmatrix} = \begin{Bmatrix} qL_i \\ 0 \end{Bmatrix}$$

所以

$$\{\boldsymbol{R}\}^e = \int_l [\boldsymbol{N}]^T \begin{Bmatrix} qL_i \\ 0 \end{Bmatrix} t\mathrm{d}s = \frac{qlt}{2}\left[\frac{1}{3} \quad 0 \quad 0 \quad 0 \quad 0 \quad 0 \quad 0 \quad 0 \quad 0 \quad \frac{2}{3} \quad 0\right]^T \tag{1-92}$$

这就是说，只需把总面力$\frac{qlt}{2}$的$\frac{1}{3}$移置到节点i，总面力$\frac{\mathrm{q}lt}{2}$的$\frac{2}{3}$移置到节点3，如图1-23所示。据此，可以用叠加法求得边界上受任意线性分布面力时的荷载列阵。

例如，设单元的ij边受有法向和切向的分布荷载如图1-24所示。由上述公式(1-92)，应用叠加法，可以求得等效节点荷载列阵为

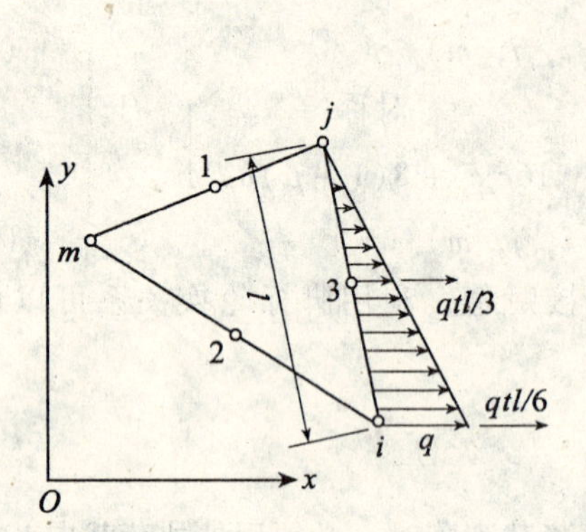

图1-23 六节点三角形单元分布面力的移置

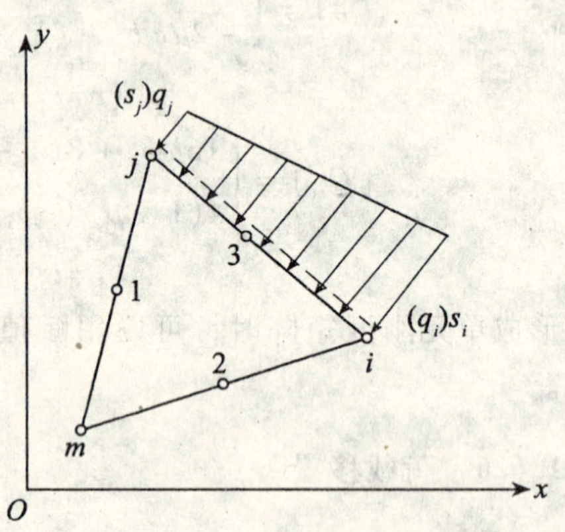

图1-24 六节点三角形单元法向和切向分布荷载的移置

$$\{\boldsymbol{R}\}^e = \begin{Bmatrix} -\frac{1}{6}[q_i(y_j - y_i) + s_i(x_i - x_j)] \\ \frac{1}{6}[-q_i(x_i - x_j) + s_i(y_j - y_i)] \\ -\frac{1}{6}[q_j(y_j - y_i) + s_j(x_i - x_j)] \\ \frac{1}{6}[-q_j(x_i - x_j) + s_j(y_j - y_i)] \\ 0 \\ 0 \\ 0 \\ 0 \\ 0 \\ 0 \\ -\frac{1}{3}[(q_i + q_j)(y_j - y_i) + (s_i + s_j)(x_i - x_j)] \\ \frac{1}{3}[-(q_i + q_j)(x_i - x_j) + (s_i + s_j)(y_j - y_i)] \end{Bmatrix} \tag{1-93}$$

1.6.7 小结

对于六节点三角形单元，由于单元中的应变和应力沿任何方向都是线性变化的，较好

地反映了实际的应变、应力的变化规律。因此，在节点数目大致相同的情况下，用六节点三角形单元进行计算时，计算结果的精度不但远高于简单三角形单元计算结果的精度，而且也高于矩形单元计算结果的精度。为了达到大致相同的精度，用六节点三角形单元进行计算时，单元可以取得很少。另一方面，整理应力成果也非常简单——用绕节点平均法整理应力时，对边界节点处的应力无需进行推算，表征性就很好。但是，六节点三角形单元对于非均匀性及曲线边界的适应性虽然比四节点矩形单元好得多，但却比不上简单三角形单元。此外，由于一个节点的平衡方程牵涉到较多的节点位移，所以总刚度矩阵的带宽较大，程序编写也较复杂。

§1.7　等参单元的单元分析

1.7.1　等参单元的概念

在平面问题的有限单元法中，最简单因而最常用的是具有三个节点的简单三角形单元，其次是具有四个节点的矩形单元。矩形单元能够较好地反映实际应力的变化情况，但是矩形单元不能适应曲线边界和非正交的直线边界，也不便随意改变其大小，如果改用任意四边形单元，如图 1-25(a)所示，而仍采用矩形单元的位移模式，则在相邻两单元的公共边界上，位移将不是线性变化，公共边上位移的连续性将得不到保证。利用等参变换，则可以解决这个矛盾。所谓等参变换是指单元的位移模式与坐标变换的表达式中具有完全相同的插值函数的变换。采用等参变换的单元即称为等参单元。

对于如图 1-25(a)所示的任意四边形单元，参照前面关于矩形单元的位移模式，可以取

$$\begin{cases} u = N_1u_1 + N_2u_2 + N_3u_3 + N_4u_4 \\ v = N_1v_1 + N_2v_2 + N_3v_3 + N_4v_4 \end{cases} \tag{1-94}$$

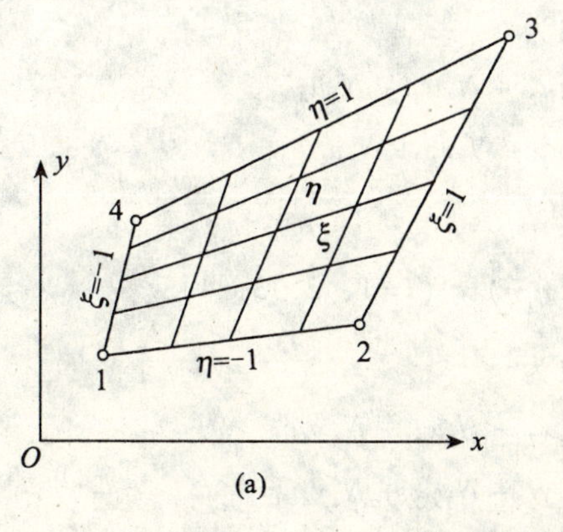

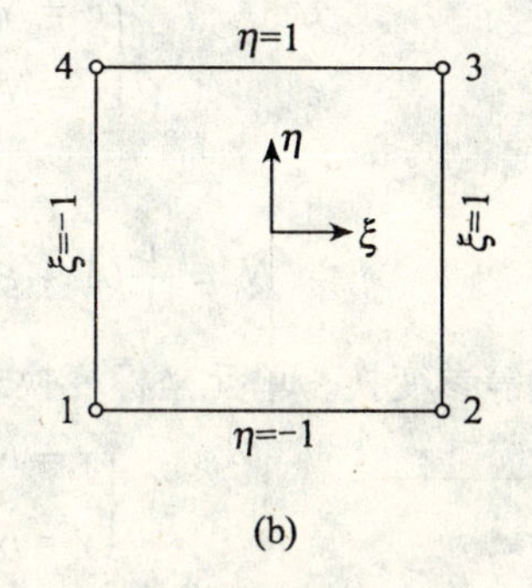

图 1-25　等参单元

而其中的形函数为

$$N_i = \frac{1}{4}(1 + \xi_i \xi)(1 + \eta_i \eta) \quad (i=1, 2, 3, 4) \tag{1-95}$$

式中：ξ、η 为该四边形单元的局部坐标，ξ_i、η_i 为四个角节点的局部坐标值，其值为

$$\begin{bmatrix} \xi_1 & \eta_1 \\ \xi_2 & \eta_2 \\ \xi_3 & \eta_3 \\ \xi_4 & \eta_4 \end{bmatrix} = \begin{bmatrix} -1 & -1 \\ 1 & -1 \\ 1 & 1 \\ -1 & 1 \end{bmatrix} \tag{1-96}$$

由公式(1-94)可以看出，该位移模式在四个节点处给出节点位移。而且，在单元的四边上，位移是线性变化的，从而保证了位移的连续性，因此式(1-94)就是所需的正确的位移模式。同时，如果仿照位移模式式(1-94)，把坐标变换式取为

$$\begin{cases} x = N_1 x_1 + N_2 x_2 + N_3 x_3 + N_4 x_4 \\ y = N_1 y_1 + N_2 y_2 + N_3 y_3 + N_4 y_4 \end{cases} \tag{1-97}$$

也显然可见，该换变式在四个节点处给出节点的整体坐标；而且，在单元的四边上，一个局部坐标等于±1，而另一个局部坐标是线性变化的，从而可见，整体坐标也是线性变化的。因此，式(1-97)就是所需的正确的坐标变换式。

在这里，图1-25(b)中的正方形单元称为基本单元或母单元，而图1-25(a)中的任意四边形单元，是由该基本单元通过变换而得来的实际单元。由于对于位移模式和坐标变换式采用等同的形函数，所以这个实际单元就称为等参数单元，简称等参单元。

上面介绍的变换方法可以类似地推广到具有更多节点的单元(如八节点、九节点等参单元等)。使用等参单元的计算精度是很高的，其网格划分不受边界形状的限制，单元大小可以不等。下面对四节点、八节点、九节点等参单元分别予以介绍。

1.7.2 四节点等参单元

1. 位移模式

由前面所述可知，单元位移模式可以取为

$$\begin{cases} u = N_1 u_1 + N_2 u_2 + N_3 u_3 + N_4 u_4 \\ v = N_1 v_1 + N_2 v_2 + N_3 v_3 + N_4 v_4 \end{cases} \tag{1-98}$$

式中

$$N_i = \frac{1}{4}(1 + \xi_i \xi)(1 + \eta_i \eta) \quad (i=1, 2, 3, 4) \tag{1-99}$$

采用等参变换，单元坐标变换式可以取为

$$\begin{cases} x = N_1 x_1 + N_2 x_2 + N_3 x_3 + N_4 x_4 \\ y = N_1 y_1 + N_2 y_2 + N_3 y_3 + N_4 y_4 \end{cases} \tag{1-100}$$

2. 应变矩阵

由弹性力学平面问题的几何方程，得

$$\{\boldsymbol{\varepsilon}\} = \begin{bmatrix} \dfrac{\partial u}{\partial x} \\ \dfrac{\partial v}{\partial y} \\ \dfrac{\partial u}{\partial y} + \dfrac{\partial v}{\partial x} \end{bmatrix} = [\boldsymbol{B}]\{\boldsymbol{\delta}\}^e$$

式中

$$[\boldsymbol{B}] = [\boldsymbol{B}_1 \quad \boldsymbol{B}_2 \quad \boldsymbol{B}_3 \quad \boldsymbol{B}_4]$$

而

$$[\boldsymbol{B}_i] = \begin{bmatrix} \dfrac{\partial N_i}{\partial x} & 0 \\ 0 & \dfrac{\partial N_i}{\partial y} \\ \dfrac{\partial N_i}{\partial y} & \dfrac{\partial N_i}{\partial x} \end{bmatrix} \quad (i=1,\ 2,\ 3,\ 4)$$

由于 N_i 是 ξ、η 的函数，在 $[\boldsymbol{B}_i]$ 中对 x、y 求导需用复合函数求导法则。由复合函数求导法则知

$$\begin{Bmatrix} \dfrac{\partial N_i}{\partial \xi} \\ \dfrac{\partial N_i}{\partial \eta} \end{Bmatrix} = \begin{bmatrix} \dfrac{\partial x}{\partial \xi} & \dfrac{\partial y}{\partial \xi} \\ \dfrac{\partial x}{\partial \eta} & \dfrac{\partial y}{\partial \eta} \end{bmatrix} \begin{Bmatrix} \dfrac{\partial N_i}{\partial x} \\ \dfrac{\partial N_i}{\partial y} \end{Bmatrix} = [\boldsymbol{J}] \begin{Bmatrix} \dfrac{\partial N_i}{\partial x} \\ \dfrac{\partial N_i}{\partial y} \end{Bmatrix} \tag{1-101}$$

从而有

$$\begin{Bmatrix} \dfrac{\partial N_i}{\partial x} \\ \dfrac{\partial N_i}{\partial y} \end{Bmatrix} = [\boldsymbol{J}]^{-1} \begin{Bmatrix} \dfrac{\partial N_i}{\partial \xi} \\ \dfrac{\partial N_i}{\partial \eta} \end{Bmatrix} \tag{1-102}$$

这里的

$$[\boldsymbol{J}] = \begin{bmatrix} \dfrac{\partial x}{\partial \xi} & \dfrac{\partial y}{\partial \xi} \\ \dfrac{\partial x}{\partial \eta} & \dfrac{\partial y}{\partial \eta} \end{bmatrix} \tag{1-103}$$

称为雅可比矩阵。为了求得这个矩阵，只需将式(1-100)代入，于是得

$$[\boldsymbol{J}] = \begin{bmatrix} \sum\limits_{i=1}^{4} \dfrac{\partial N_i}{\partial \xi} x_i & \sum\limits_{i=1}^{4} \dfrac{\partial N_i}{\partial \xi} y_i \\ \sum\limits_{i=1}^{4} \dfrac{\partial N_i}{\partial \eta} x_i & \sum\limits_{i=1}^{4} \dfrac{\partial N_i}{\partial \eta} y_i \end{bmatrix} \tag{1-104}$$

求出雅可比矩阵后，再求其逆矩阵并无困难。这里 $[\boldsymbol{J}]^{-1}$ 为

$$[\boldsymbol{J}]^{-1} = \frac{1}{|\boldsymbol{J}|} \begin{bmatrix} \dfrac{\partial y}{\partial \eta} & -\dfrac{\partial y}{\partial \xi} \\ -\dfrac{\partial x}{\partial \eta} & \dfrac{\partial x}{\partial \xi} \end{bmatrix} \tag{1-105}$$

于是，最后可以求得应变矩阵 $[\boldsymbol{B}]$ 关于 ξ、η 的表达式。

3. 应力矩阵[S]

与前述一样，单元内的应力可以表示成为

$$\{\boldsymbol{\sigma}\} = [\boldsymbol{D}][\boldsymbol{B}]\{\boldsymbol{\delta}\}^e$$

将应力矩阵[S]写成分块的形式

$$[\boldsymbol{S}] = [\boldsymbol{S}_1 \quad \boldsymbol{S}_2 \quad \boldsymbol{S}_3 \quad \boldsymbol{S}_4] \tag{1-106}$$

则有

$$[\boldsymbol{S}_i] = [\boldsymbol{D}][\boldsymbol{B}_i] \quad (i=1,\ 2,\ 3,\ 4) \tag{1-106a}$$

4. 单元刚度矩阵$[\boldsymbol{k}]^e$

与前述一样，节点力与节点位移之间的关系式仍然是

$$[\boldsymbol{k}]^e\{\boldsymbol{\delta}\}^e = \{\boldsymbol{F}\}^e$$

其中 $[\boldsymbol{k}]^e$ 为单元刚度矩阵，为 8 阶方阵，其计算公式为

$$[\boldsymbol{k}]^e = \iint_A [\boldsymbol{B}]^T[\boldsymbol{D}][\boldsymbol{B}]t\mathrm{d}x\mathrm{d}y = \int_{-1}^{1}\int_{-1}^{1}[\boldsymbol{B}]^T[\boldsymbol{D}][\boldsymbol{B}]t\,|\boldsymbol{J}|\,\mathrm{d}\xi\mathrm{d}\eta \tag{1-107}$$

在作上式的积分时，由于在被积函数中出现了 $[\boldsymbol{J}]^{-1}$，使之很难表示为 ξ、η 的显式。即使能得出其显式，求其积分也是很繁琐的。因此，一般用数值积分来代替函数积分，即在单元内选出某些点，称为积分点，求出被积函数在这些积分点处的数值。然后由这些数值求出积分式的数值。利用高斯求积法，可以用较少的积分点达到较高的精度。

二维高斯求积公式为

$$\int_{-1}^{1}\int_{-1}^{1} f(\xi,\ \eta)\mathrm{d}\xi\mathrm{d}\eta = \sum_{i=1}^{n}\sum_{j=1}^{n} W_i W_j f(\xi_i,\ \eta_j) \tag{1-108}$$

其中的 $f(\xi_i,\ \eta_j)$ 是函数 f 在积分点$(\xi_i,\ \eta_j)$的数值，W_i、W_j是加权系数，n 是所取积分点的数目。n 个积分点 ξ_i 及相应的权系数 W_i如表 1-8 所示。

表 1-8 高斯积分的积分点坐标和权系数

积分点数 n	积分点坐标 $\xi_i(\pm\eta_j)$			积分权系数 $W_i(W_j)$		
1	0. 00000	00000	00000	2. 00000	00000	00000
2	±0. 57735	02691	89626	1. 00000	00000	00000
3	±0. 77450	66692	41483	0. 55555	55555	55556
	0. 00000	00000	00000	0. 88888	88888	88889
4	±0. 86113	63115	94053	0. 34785	48451	37454
	±0. 33998	10435	84856	0. 65214	51548	62546
5	±0. 90617	98459	38664	0. 23692	68850	56189
	±0. 53846	93101	05683	0. 47862	86704	99366
	0. 00000	00000	00000	0. 568888	88888	88889

图 1-26(a)、(b)分别表示正方形单元内两点($n=2$)及三点($n=3$)高斯积分点的布置，两点高斯积分意味着有四个积分点，三点高斯积分则有九个积分点。

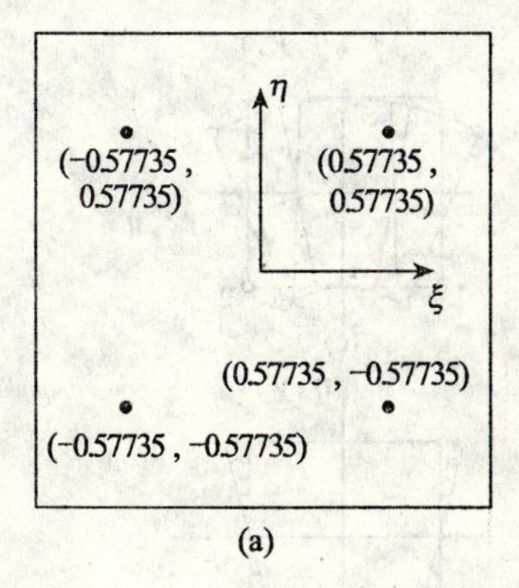

(a)

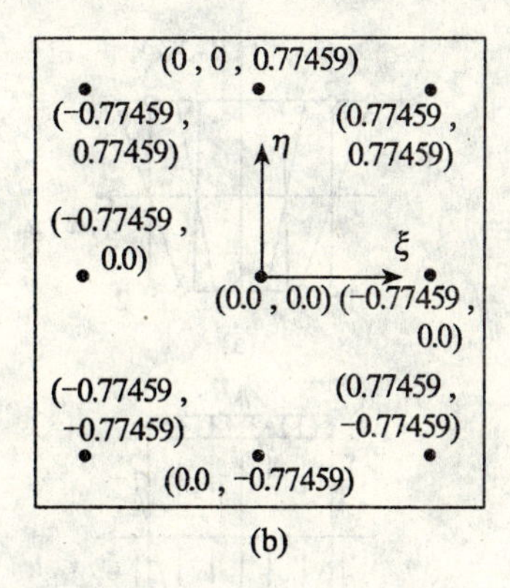

(b)

图 1-26　高斯积分点的分布

利用高斯积分，四节点等参单元的刚度矩阵公式(1-107)可以写为

$$[\boldsymbol{K}]^e=\sum_{i=1}^{n}\sum_{j=1}^{n}W_iW_j[\boldsymbol{B}_i][\boldsymbol{D}][\boldsymbol{B}_j]\mid\boldsymbol{J}\mid t \tag{1-109}$$

式中 n 为高斯积分点数。关于最优积分点数的选择详见后述。

5. 四节点等参单元的优缺点

四边形四节点等参单元应用非常广泛，但它有一个严重的缺点，与四节点矩形单元一样，使用不当将产生“寄生”剪切，其原因在于它仍是线性单元。弹性体受力变形过程中，单元边界不能弯曲，直边只能变成直边，在需要弯曲的时候，就显得刚硬挺直。下面以一个受纯弯曲的四边形单元为例来说明这一问题。如图 1-27 所示。

为简化讨论，假定 x 轴、y 轴分别与 ξ 轴、η 轴重合，并设纯弯曲时角节点位移为

$$u_1=-u_2=u_3=-u_4,\qquad v_i=v_j=v_m=v_p$$

单元内的位移为

$$\begin{aligned}u&=N_1u_1+N_2u_2+N_3u_3+N_4u_4\\&=\frac{1}{4}[(1-\xi)(1-\eta)u_1-(1+\xi)(1-\eta)u_1+(1+\xi)(1+\eta)u_1-(1-\xi)(1+\eta)u_1]\\&=\xi\eta u_1\\v&=0\end{aligned}$$

所以

$$\varepsilon_x=\frac{\partial u}{\partial x}=\frac{\partial u}{\partial \xi}=\eta u_1$$

$$\varepsilon_y=0$$

$$\sigma_x=\frac{E}{1-\mu^2}(\varepsilon_x+\mu\varepsilon_y)=\frac{E}{1-\mu^2}\mu u_2$$

$$\sigma_y=0$$

$$\tau_{xy}=G\xi u_2\neq 0$$

这就说明产生了剪切变形。式中 G 为剪切模量，C 与弹性模量 E、泊松比 μ 有下列关系

$$G=\frac{E}{2(1+\mu)}$$

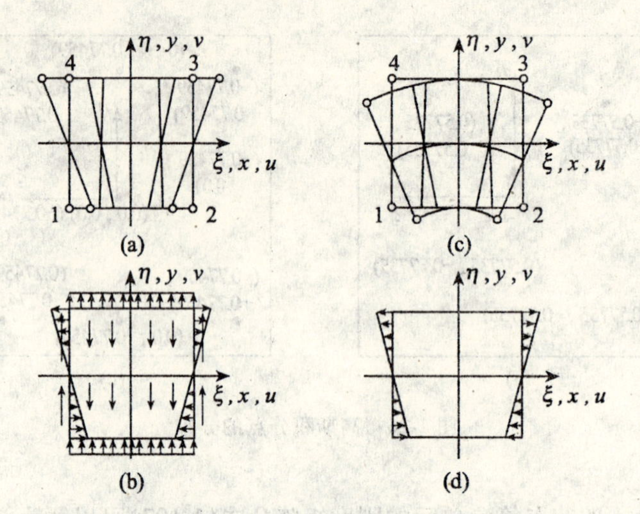

图 1-27 受纯弯的四边形单元的“寄生”剪切问题

图 1-27(a)为位移 $u=\xi\eta u_1$ 的变形图。与这种变形模式相对应的加载方式如图 1-27(b)所示。图 1-27(a)的变形模式意味着图 1-27(b)在单元各边上都作用有剪切应力，以及为了保持平衡的分布体力，并不意味着纯弯曲的加载方式，纯弯曲的加载方式如图 1-27(d)所示，与之对应的变形模式如图 1-27(c)所示，这种变形模式是由解析解得来的，对比图 1-27(a)与图 1-27(c)及图 1-27(b)与图 1-27(d)，可知图 1-27(a)、图 1-27(b)与图 1-27(c)、图 1-27(d)完全不同，纯弯曲下的解析解没有剪切变形和剪切应力，而有限元解则出现了“寄生”剪切，其计算结果严重失真。

Wilson 构造了一种非协调元来处理“寄生”剪切问题，有兴趣的读者可以参阅文献[32]。

虽然任一四边形四节点单元有这个缺点，但由于单元之间是协调的，所以该单元是收敛的单元，当网格精密化时，计算精度会逐步提高，因此，该单元仍是一种通用单元。

1.7.3 四边形八节点、九节点等参单元

1. 四边形八节点等参单元

四边形八节点单元有八个节点，除四个角节点外，每边中间增加一个节点，节点号顺序如图 1-28 所示。二维单元八个节点共有 16 个自由度，采用的等参变换位移模式和坐标变换式如下。

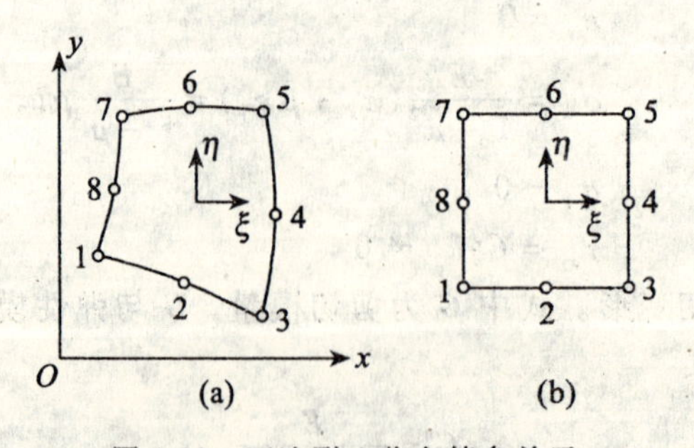

图 1-28 四边形八节点等参单元

(1)位移模式

$$\begin{cases} u = \sum_{i=1}^{8} N_i u_i \\ v = \sum_{i=1}^{8} N_i v_i \end{cases} \tag{1-110}$$

(2)坐标变换式

$$\begin{cases} x = \sum_{i=1}^{8} N_i x_i \\ y = \sum_{i=1}^{8} N_i y_i \end{cases} \tag{1-111}$$

(3)形函数

$$\begin{cases} N_i = \frac{1}{4}(1+\xi_i\xi)(1+\eta_i\eta)(\xi_i\xi+\eta\eta_i-1) \quad (i=1,3,5,7) \\ N_i = \frac{1}{2}(1-\xi^2)(1+\eta_i\eta) \quad (i=2,6) \\ N_i = \frac{1}{2}(1-\eta^2)(1+\xi_i\xi) \quad (i=4,8) \end{cases} \tag{1-112}$$

(4)各节点的局部坐标

$$\begin{bmatrix} \xi_1 & \eta_1 \\ \xi_2 & \eta_2 \\ \xi_3 & \eta_3 \\ \xi_4 & \eta_4 \\ \xi_5 & \eta_5 \\ \xi_6 & \eta_6 \\ \xi_7 & \eta_7 \\ \xi_8 & \eta_8 \end{bmatrix} = \begin{bmatrix} -1 & -1 \\ 0 & -1 \\ 1 & -1 \\ 1 & 0 \\ 1 & 1 \\ 0 & 1 \\ -1 & 1 \\ -1 & 0 \end{bmatrix} \tag{1-113}$$

在单元边界上，形函数的值不呈线性变化，通过形函数的值进行插值得到的位移也不是线性的，这种单元有时称为非线性单元。

有了形函数和位移模式，应变矩阵[$\boldsymbol{B}$]、应力矩阵[$\boldsymbol{S}$]、单元刚度矩阵[$\boldsymbol{k}$]^{e}和荷载移置等都可以依据四节点等参单元的公式计算，只需把四节点等参单元的位移插值扩大成八节点的位移插值，其他矩阵相应扩大即可。

四边形八节点等参单元是一种性能良好的单元，该单元能以少量单元代替许多线性单元；能模拟曲线边界；克服了线性单元产生“寄生”剪切的缺点；对于不可压缩材料也具有适应性。但这种单元有一点值得注意，即边中节点的位置与角节点之间的距离必须大于四分之一边长。在小于四分之一边长处，雅可比行列式 $|\boldsymbol{J}|$ 等于零，单元将产生奇异性，有学者利用这种奇异性构造了一种断裂单元，这已超出了本书的范围，不再讨论。有兴趣的读者可以参阅文献[32]。

2. 四边形九节点等参单元

在四边形八节点等参单元的中心处增加一个节点，即得四边形九节点等参单元，其母单元如图 1-29 所示。

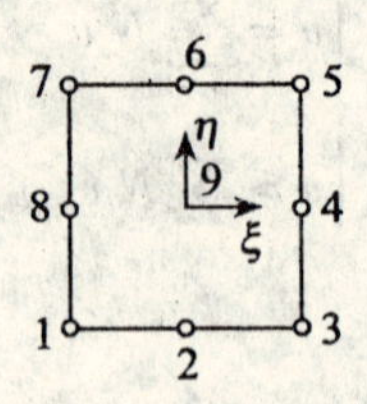

图 1-29 四边形九节点等参单元

由于在单元内部增加了一个节点，使得平行于坐标轴各条节点连线上都有三个节点，这不仅可以利用幂函数的性质来构造九个形函数，而且可以利用拉格朗日插值函数构造形函数。现将位移模式和坐标变换式及相应的形函数列出如下。

(1)位移模式

$$\begin{cases} u = \sum_{i=1}^{9} N_i u_i \\ v = \sum_{i=1}^{9} N_i v_i \end{cases} \tag{1-114}$$

(2)坐标变换式

$$\begin{cases} x = \sum_{i=1}^{9} N_i x_i \\ y = \sum_{i=1}^{9} N_i y_i \end{cases} \tag{1-115}$$

(3)形函数

$$\begin{cases} N_1 = \frac{1}{4}\xi(1-\xi)\eta(1-\eta) \\ N_2 = -\frac{1}{2}(1-\xi^2)\eta(1-\eta) \\ N_3 = -\frac{1}{4}\xi(1+\xi)\eta(1-\eta) \\ N_4 = \frac{1}{2}\xi(1+\xi)(1-\eta^2) \\ N_5 = \frac{1}{4}\xi(1+\xi)\eta(1+\eta) \\ N_6 = \frac{1}{2}(1-\xi^2)\eta(1+\eta) \\ N_7 = -\frac{1}{4}\xi(1-\xi)\eta(1+\eta) \\ N_8 = -\frac{1}{4}\xi(1-\xi)\eta(1-\eta^2) \\ N_9 = (1-\xi^2)(1-\eta^2) \end{cases} \tag{1-116}$$

由上式可以看出 N_i 都是由每个方向的二次拉格朗日插值函数所构成的。

(4)各节点的局部坐标值

$$\begin{bmatrix} \xi_1 & \eta_1 \\ \xi_2 & \eta_2 \\ \xi_3 & \eta_3 \\ \xi_4 & \eta_4 \\ \xi_5 & \eta_5 \\ \xi_6 & \eta_6 \\ \xi_7 & \eta_7 \\ \xi_8 & \eta_8 \\ \xi_9 & \eta_9 \end{bmatrix} = \begin{bmatrix} -1 & -1 \\ 0 & -1 \\ 1 & -1 \\ 1 & 0 \\ 1 & 1 \\ 0 & 1 \\ -1 & 1 \\ -1 & 0 \\ 0 & 0 \end{bmatrix} \tag{1-117}$$

根据上述位移模式和形函数，即可仿照四节点等参单元的分析步骤形成应变矩阵 $[\boldsymbol{B}]$、应力矩阵 $[\boldsymbol{S}]$ 和单元刚度矩阵等，这里不再重复。

1.7.4 等参单元的荷载移置

等参单元的荷载移置公式必须应用外荷载向节点移置的普遍公式(1-28)等，且要用到数值积分。

1. 体力 $\{g\}=[g_x,\ g_y]^{\mathrm{T}}$ 的等效节点力 $\{\boldsymbol{R}\}^e$

由式(1-29)，可得

$$\{\boldsymbol{R}\}^e = \iint_A [\boldsymbol{N}]^{\mathrm{T}}\{\boldsymbol{g}\}t\mathrm{d}x\mathrm{d}y = \int_{-1}^{1}\int_{-1}^{1}[\boldsymbol{N}]^{\mathrm{T}}\{\boldsymbol{g}\}t\,|\boldsymbol{J}|\,\mathrm{d}\xi\mathrm{d}\eta = \sum_{i=1}^{n}\sum_{j=1}^{n}[\boldsymbol{N}]^{\mathrm{T}}\{\boldsymbol{g}\}\boldsymbol{W}_i\boldsymbol{W}_j\,|\boldsymbol{J}|\,t \tag{1-118}$$

2. 分布面力产生的等效节点力 $\{\boldsymbol{R}\}^e$

如图 1-30 所示，以八节点等参元为例，设单元某边分别作用有法向和切向分布面力 p_n、p_t，在三个节点处的荷载值分别为 $(p_n)_i$ 和 $(p_t)_i$，这里 $\boldsymbol{i}=1\sim3$。为计算方便起见，将上述分布荷载用该边上三个节点的形函数 $\boldsymbol{N}_i$ $(\boldsymbol{i}=1\sim3)$ 表示为节点荷载的插值形式，即

$$\begin{Bmatrix} p_n \\ p_t \end{Bmatrix} = \sum_{i=1}^{3} N_i \begin{Bmatrix} (p_n)_i \\ (p_t)_i \end{Bmatrix} \tag{1-119}$$

利用虚功原理可以求得相应的等效节点力。其主要步骤为：

(1)确定分布荷载在 x 方向及 y 方向的分量。在荷载作用边任取一微段 $\mathrm{d}s$，作用在 $\mathrm{d}s$ 上的 x 方向及 y 方向的分布面力为

$$\begin{cases} \mathrm{d}P_x = (p_t\mathrm{d}s\cos\alpha - p_n\mathrm{d}s\sin\alpha) = p_t\mathrm{d}x - p_n\mathrm{d}y \\ \mathrm{d}P_y = (p_n\mathrm{d}s\cos\alpha + p_t\mathrm{d}s\sin\alpha) = p_n\mathrm{d}x + p_n\mathrm{d}y \end{cases} \tag{1-120}$$

(2)引用单元的局部坐标 ξ，代入式(1-120)得

$$\begin{cases} \mathrm{d}P_x = \left(p_t\dfrac{\partial x}{\partial \xi} - p_n\dfrac{\partial y}{\partial \xi}\right)\mathrm{d}\xi \\ \mathrm{d}P_y = \left(p_n\dfrac{\partial x}{\partial \xi} + p_t\dfrac{\partial y}{\partial \xi}\right)\mathrm{d}\xi \end{cases} \tag{1-121}$$

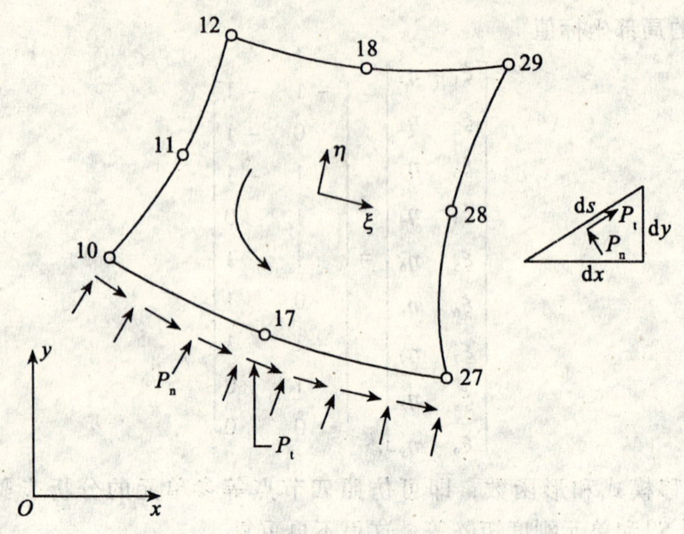

图 1-30 八节点等参单元分布面力的移置

(3)利用虚功原理，由式(1-31)可得

$$\begin{cases} P_{xi} = \int_s N_i\left(p_t \dfrac{\partial x}{\partial \xi} - p_n \dfrac{\partial y}{\partial \xi}\right) \mathrm{d}\xi \\ P_{yi} = \int_s N_i\left(p_n \dfrac{\partial x}{\partial \xi} + p_t \dfrac{\partial y}{\partial \xi}\right) \mathrm{d}\xi \end{cases} \tag{1-122}$$

$$(i=1,\ 2,\ 3)$$

上式即为等参单元在分布面力下的等效节点荷载计算公式。利用高斯积分即可求得上式的数值。

1.7.5 等参单元计算中数值积分阶次的选择

当在计算中必须进行数值积分时，如何选择数值积分的阶次(即积分点数的选取)，将直接影响计算的精度、计算工作量，如果选择不当，甚至会导致计算的失败。选择积分阶次的原则如下。

1. 保证积分的精度

按保证积分精度的原则来确定积分阶次时，对于三角形的线性单元(三节点三角形单元)，刚度矩阵的被积函数是常数，因此只需一个积分点；对于二维双线性单元，由于插值函数中含有 $\xi\eta$ 项，如果单元的 $|\boldsymbol{J}|$ 是常数，刚度矩阵的被积函数将包含 ξ^2、$\xi\eta$、η^2 项，所以要达到精确积分，则应采用 2×2 阶的高斯积分；对于二次矩形单元或二次曲边单元则可以分别取 3 点和 4 点的高斯积分。

但在许多情况下，如果高斯积分点的数目低于精确积分的要求，常常可以得到比精确积分更好的计算结果。选取高斯积分点的数目少于精确积分要求的积分点数，这种积分方案称为降阶积分。采用降阶积分往往可以取得较精确积分更好的精度，这是由于：

(1)精确积分常常是由插值函数中非完全项的最高次要求，而决定有限元精度的是完全多项式的方次。这些非完全的最高方次往往不能提高其精度，反而带来不利的影响。取较低阶的高斯积分，使积分精度正好保证完全多项式方次的要求，而不包括更高次的非完全多项式的要求，其实质是相当于用一种新的插值函数代替原来的插值函数，从而改善了单元的精度。这种积分方案称为优化积分方案，是降阶积分的一种。

在二维问题中，优化积分方案对于线性单元是 1×1 的 1 点积分方案，对于二次单元是 2×2 的 4 点积分方案。这便是保证不损失精度的最优积分点数。

(2)基于最小势能原理基础上建立的有限元位移法，其解答具有下限性质，即有限元的计算模型具有较实际结构稍大的整体刚度，选取降阶积分方案将使有限元计算模型的刚度有所降低，因此，有助于提高计算精度。

2. 保证结构刚度矩阵[**K**]是非奇异的

求解结构整体平衡方程$[\boldsymbol{K}]\{\boldsymbol{\Delta}\}=\{\boldsymbol{F}\}$，要求方程有解则必须要求系数矩阵的逆矩阵$[\boldsymbol{K}]^{-1}$是存在的，即在引入强迫边界条件后[**K**]必须是非奇异的。系数矩阵[**K**]非奇异的条件是$|\boldsymbol{K}|\neq 0$，或称[**K**]是满秩的。如果[**K**]是 N 阶方阵，则要求[**K**]的秩为 N。数值积分应保证[**K**]的满秩，否则将使求解失败。

关于矩阵的秩，有下面两个基本规则：

(1)矩阵相乘的秩规则。

若
$$[\boldsymbol{B}]=[\boldsymbol{U}][\boldsymbol{A}][\boldsymbol{V}] \tag{1-123}$$
则
$$\text{秩}[\boldsymbol{B}]\leqslant\min(\text{秩}[\boldsymbol{U}],\ \text{秩}[\boldsymbol{A}],\ \text{秩}[\boldsymbol{V}])$$
秩[**B**]就是矩阵[**B**]的秩，秩[**B**]必然小于最多等于相乘矩阵中秩最小者。

(2)矩阵相加的秩规则。

若
$$[\boldsymbol{C}]=[\boldsymbol{A}]+[\boldsymbol{B}] \tag{1-124}$$
则
$$\text{秩}[\boldsymbol{C}]\leqslant\text{秩}[\boldsymbol{A}]+\text{秩}[\boldsymbol{B}]$$
即矩阵和的秩必然小于最多等于矩阵秩的和。

现在再来考察单元刚度矩阵的计算公式

$$[\boldsymbol{k}]^{e}=\int_{-1}^{1}\int_{-1}^{1}[\boldsymbol{B}_i]^{T}[\boldsymbol{D}][\boldsymbol{B}_j]t\,|\boldsymbol{J}|\,\mathrm{d}\xi\mathrm{d}\eta=\sum_{i=1}^{n}\sum_{j=1}^{n}W_iW_j[\boldsymbol{B}_i]^{T}[\boldsymbol{D}][\boldsymbol{B}_j]\,|\boldsymbol{J}|\,t \tag{1-125}$$

其中弹性矩阵[**D**]是 $d\times d$ 方阵，秩$[\boldsymbol{D}]=d$。d 是应变分量数(或独立关系数)。对于二维平面问题 $d=3$。应变矩阵[**B**]是 $d\times n_f$ 矩阵，n_f 是单元的节点自由度数。在一般情况下 $d<n_f$，所以秩$[\boldsymbol{B}]=d$。根据矩阵秩的基本规则式(1-123)及式(1-124)，可以得到结论：秩$[\boldsymbol{K}]^{e}\leqslant nd$，$n$ 是高斯积分点数，如果结构的单元数为 M，再一次利用式(1-124)可得

$$\text{秩}[\boldsymbol{K}]\leqslant Mnd \tag{1-126}$$

因此系数矩阵[**K**]非奇异的必要条件是

$$Mnd\geqslant N \tag{1-127}$$

N 是结构的独立自由度数，也就是系数矩阵[**K**]的阶数。

式(1-127)表明，假如结构的节点位移列阵{**Δ**}的元素数目超过全部积分点能提供的独立关系数，则矩阵[**K**]必然是奇异的。

由此可得如下结论：如果所有积分点提供的独立应变分量数目少于没有约束的节点位移分量数目，则刚度矩阵将出现奇异性。

在图 1-31(a)和(b)中表示的结构只具有一个单元及两个单元的情况。它们都具有起

码的约束数——3 个约束，以限制刚体位移。简单计算表明，仅在二次单元的情况下才可能不出现刚度矩阵的奇异性，而所有其他情况肯定出现奇异，如表 1-9 所示。

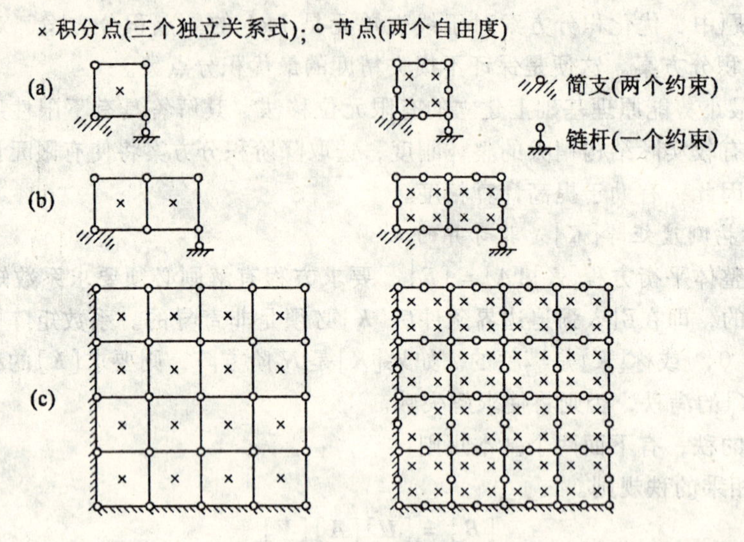

图 1-31　数值积分阶次的选择

表 1-9　　**图 1-31 所示结构数值积分阶次的选择**

单元类型	线性单元		二次单元	
情况	自由度数	独立关系数	自由度数	独立关系数
(a)	$4\times2-3=5>1\times3=3$ 奇异		$2\times8-3=13>4\times3=12$ 奇异	
(b)	$6\times2-3=9>2\times3=6$ 奇异		$13\times2-3=23<8\times3=24$ 非奇异	
(c)	$25\times2-18=32<16\times3=48$ 非奇异		$48\times2=96<64\times3=192$ 非奇异	

图 1-31(c)表示的是具有较多单元的结构，这些结构在两条边界上的节点被完全约束，这两种单元系统在图示选取的积分方案(优化方案)情况下都不出现奇异性。但是如果采用线性单元系统，仅给以限制刚体位移的约束，并且仍采用一点积分的优化积分方案，则其系数矩阵将是奇异的。由此可以看出，对于双线性单元，优化积分方案(1×1)和保证结构刚度矩阵非奇异的最低积分方案并不一致，这也是较少采用这种单元的原因之一。对于二次单元，优化积分方案和保证非奇异的最低阶积分方案是一致的，都是 2×2 的 4 点积分，这是这种单元能得到普遍应用的原因之一。

综合以上关于选择数值积分阶次的讨论，在表 1-10 中给出了二维等参单元的高斯数值积分的推荐阶次。

表 1-10　二维等参单元推荐采用的积分阶数

单　元	通常最优积分阶数	最高积分阶数
四节点矩形单元 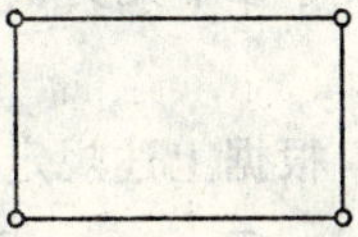	2×2	2×2
四节点任意四边形单元 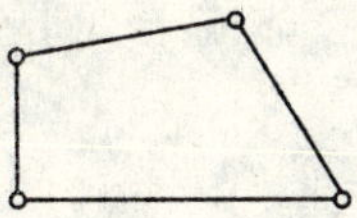	2×2	3×3
八节点矩形单元 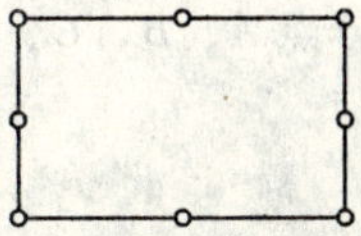	2×2	3×3
八节点曲边单元 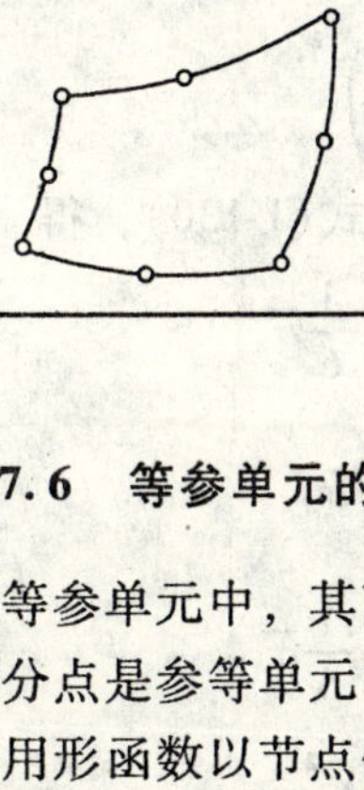	3×3	4×4

1.7.6　等参单元的应力计算及成果整理

在等参单元中，其高斯积分点上的应变或应力较其他部位的精度要高，因此，人们称高斯积分点是参等单元中的最佳应力点。在单元其他点处求得的应力值误差却比较大，这是由于用形函数以节点位移插值得出单元内部位移，再通过微分以求得应变、计算应力时产生的误差。单元内的位移场是假定的，不一定符合单元的实际变形，其导数的误差就更大了。这种误差在积分点处比较小，在节点处最大。因此等参单元一般都不直接计算节点处的应力，而是计算出各单元积分点处的应力值，绘制出结构的应力分布曲线。当需要求单元边缘或节点处的应力时，为了得到较高精度的节点应力，则应由积分点处的应力推算得来，怎样妥善地从高斯积分点处的已知应力值推定各节点上的应力呢？最常用的方法是插值法。设插值应力 $\sigma(\xi, \eta)$ 可以表示为

$$\overline{\sigma}(\xi, \eta) = \sum_{i=1}^{n} \overline{N}_i \overline{\sigma}_i \tag{1-128}$$

式中，$\overline{\sigma}_i$ 表示各节点上的插值应力值，n 为节点数目，$\overline{N}_i$ 为插值函数，插值函数可以与位移模式的形函数相同，也可以与位移模式的形函数不同，取更低阶次。对于四节点任意四

边形单元和八节点曲边单元，若采用 2×2 高斯积分点，$\overline{N}_i$ 可以采用线性插值函数

$$\overline{N}_i = \frac{1}{4}(1 + \xi_i\xi)(1 + \eta_i\eta)\ (i=1 \sim 4) \tag{1-129}$$

$\overline{\sigma}(\xi,\ \eta)$ 在单元高斯积分点上应等于计算的应力值，下面以四节点等参单元为例，说明插值公式(1-128)的应用。

设单元四个高斯积分点上的应力值分别为 σ_A、σ_B、σ_C、σ_D，根据上述规定，其应力值应等于插值应力在高斯积分点上的值，即 $\sigma_A = \overline{\sigma}_A$，$\sigma_B = \overline{\sigma}_B$，$\sigma_C = \overline{\sigma}_C$，$\sigma_D = \overline{\sigma}_D$。由式(1-128)展开后，得

$$\begin{cases} \sigma_A = \overline{\sigma}_A = \overline{N}_{1A}\overline{\sigma}_1 + \overline{N}_{2A}\overline{\sigma}_2 + \overline{N}_{3A}\overline{\sigma}_3 + \overline{N}_{4A}\overline{\sigma}_4 \\ \sigma_B = \overline{\sigma}_B = \overline{N}_{1B}\overline{\sigma}_1 + \overline{N}_{2B}\overline{\sigma}_2 + \overline{N}_{3B}\overline{\sigma}_3 + \overline{N}_{4B}\overline{\sigma}_4 \\ \sigma_C = \overline{\sigma}_C = \overline{N}_{1C}\overline{\sigma}_1 + \overline{N}_{2C}\overline{\sigma}_2 + \overline{N}_{3C}\overline{\sigma}_3 + \overline{N}_{4C}\overline{\sigma}_4 \\ \sigma_D = \overline{\sigma}_D = \overline{N}_{1D}\overline{\sigma}_1 + \overline{N}_{2D}\overline{\sigma}_2 + \overline{N}_{3D}\overline{\sigma}_3 + \overline{N}_{4D}\overline{\sigma}_4 \end{cases} \tag{1-130}$$

式中，$\overline{\sigma}_1 \sim \overline{\sigma}_4$ 为单元节点上的插值应力值，$\overline{N}$ 是插值函数在高斯积分点 A、B、C、D 上的值。例如 A 点的坐标为 $\left(-\frac{\sqrt{3}}{3},\ \frac{\sqrt{3}}{3}\right)$，$A$ 点的插值函数值为

$$\overline{N}_{1A} = \frac{1}{4}\left(1 + \frac{\sqrt{3}}{3}\right)^2,\quad \overline{N}_{2A} = \frac{1}{4}\left(1 - \frac{\sqrt{3}}{3}\right)\left(1 + \frac{\sqrt{3}}{3}\right)$$

$$\overline{N}_{2A} = \frac{1}{4}\left(1 - \frac{\sqrt{3}}{3}\right)\left(1 + \frac{\sqrt{3}}{3}\right),\quad \overline{N}_{3A} = \frac{1}{4}\left(1 - \frac{\sqrt{3}}{3}\right)^2$$

同理可得到 B 点、C 点、D 点的插值函数值，将各插值函数值代入式(1-130)，得

$$\begin{cases} \sigma_A = \frac{1}{4}\left(1 + \frac{\sqrt{3}}{3}\right)^2 \overline{\sigma}_1 + \frac{1}{6}\overline{\sigma}_2 + \frac{1}{4}\left(1 - \frac{\sqrt{3}}{3}\right)^2 \overline{\sigma}_3 + \frac{1}{6}\overline{\sigma}_4 \\ \sigma_B = \frac{1}{6}\overline{\sigma}_1\ \frac{1}{4}\left(1 + \frac{\sqrt{3}}{3}\right)^2 \overline{\sigma}_2 + \frac{1}{6}\overline{\sigma}_3 + \frac{1}{4}\left(1 - \frac{\sqrt{3}}{3}\right)^2 \overline{\sigma}_4 \\ \sigma_C = \frac{1}{4}\left(1 - \frac{\sqrt{3}}{3}\right)^2 \overline{\sigma}_1 + \frac{1}{6}\overline{\sigma}_2 + \frac{1}{4}\left(1 + \frac{\sqrt{3}}{3}\right)^2 \overline{\sigma}_3 + \frac{1}{6}\overline{\sigma}_4 \\ \sigma_D = \frac{1}{6}\overline{\sigma}_1 + \frac{1}{4}\left(1 - \frac{\sqrt{3}}{3}\right)^2 \overline{\sigma}_2 + \frac{1}{6}\overline{\sigma}_3 + \frac{1}{4}\left(1 + \frac{\sqrt{3}}{3}\right)^2 \overline{\sigma}_4 \end{cases} \tag{1-131}$$

由式(1-131)可解得单元各节点的插值应力

$$\begin{cases} \overline{\sigma}_1 = \left(1 + \frac{\sqrt{3}}{2}\right)\sigma_A - \frac{1}{2}\sigma_B + \left(1 - \frac{\sqrt{3}}{2}\right)\sigma_C - \frac{1}{2}\sigma_D \\ \overline{\sigma}_2 = -\frac{1}{2}\sigma_A + \left(1 + \frac{\sqrt{3}}{2}\right)\sigma_B - \frac{1}{2}\sigma_C + \left(1 - \frac{\sqrt{3}}{2}\right)\sigma_D \\ \overline{\sigma}_3 = \left(1 - \frac{\sqrt{3}}{2}\right)\sigma_A - \frac{1}{2}\sigma_B + \left(1 + \frac{\sqrt{3}}{2}\right)\sigma_C - \frac{1}{2}\sigma_D \\ \overline{\sigma}_1 = -\frac{1}{2}\sigma_A + \left(1 - \frac{\sqrt{3}}{2}\right)\sigma_B - \frac{1}{2}\sigma_C + \left(1 + \frac{\sqrt{3}}{2}\right)\sigma_D \end{cases} \tag{1-132}$$

对于八节点等参单元，其角节点的插值应力也可以按式(1-132)计算，而其中间节点的应力为相邻角节点插值应力的平均值。更精确的方法是选用较高阶的插值函数，通过上述方法直接求得角节点和中间节点的插值应力。每一个单元求得节点应力后，再用绕节点平均法得到最终的节点应力。上述方法虽较为麻烦，但可以得到精度较高的应力成果。

当然，有时为了计算简便起见，也有直接计算节点处的应力的。在等参单元中计算节点应力，只需把节点的局部坐标代入应力矩阵即可，而节点的局部坐标都非常简单，母单元的节点与实际单元的节点又是相对应的。因此，计算节点处的应力非常方便。这样做的缺点是应力的精度有时较差，整理应力成果时也需采用绕节点平均法，但仍不能从根本上改善应力的精度。

还有一些其他改善等参单元应力成果的方法，如局部子域磨平和应力分布光滑处理等，有兴趣的读者可以参阅文献[16]、[33]。

1.7.7　小结

(1)等参单元在单元的位移模式与坐标变换的表达式中具有完全相同的插值函数，这类插值函数包括了相当大量的单元类型，可以根据实际需要选用。

(2)在局部坐标系统中分析等参单元，建立相应的位移模式、单元刚度矩阵，但节点位移方向取决于整体坐标。

(3)使用等参单元，通常要用高斯求积法求得单元刚度矩阵和荷载列阵，因而程序编制较复杂，上机时间较长。但是，等参单元的计算精度比较高，能用较少的单元来解决结构分析问题，能满足复杂的边界条件，而且需要的输入信息也较少，这些优点远远弥补了等参单元的缺点。目前，等参单元是有限元计算中应用得最广泛的一种单元。

(4)高斯求积时的最优积分点数可以参照表1-10选取。

(5)为了保证等参单元方法切实可行，并具有足够的计算精度，必须保证单元内任一内角不应大于或等于180°，否则该方法就会失效(坐标变换的雅可比矩阵$[\boldsymbol{J}]$的行列式$|\boldsymbol{J}|$会出现负值或等于零)。一般要求单元的内角大致相同以保证计算精度。

(6)在计算等参单元的应力时，一般应取单元中高斯积分点处的应力；当要求节点处的应力时则应根据实际工程的精度要求来确定计算方案。在实际工程精度允许的条件下，可以采用直接计算节点处应力的计算方案。如果应力的精度要求较高，则应由高斯积分点处的应力来推算节点应力。

§1.8　杆单元的单元分析

在钢筋混凝土结构或结构构件的有限元分析中，钢筋部分通常采用轴力杆单元。本节简要介绍轴力杆单元的单元分析。

1.8.1　轴力杆单元的刚度矩阵

如图1-32(a)所示，先建立局部坐标系(或称单元坐标系)$\overline{O}\,\overline{x}\,\overline{y}$中杆端力与杆端位移之间的关系。当杆单元的两端$i$、$j$分别产生$\overline{u}_i$、$\overline{v}_i$、$\overline{u}_j$、$\overline{v}_j$等杆端位移时，根据结构力学的一般知识，不难得到其杆端力分别为

$$\begin{cases} \overline{X}_i = \dfrac{EA}{l}(\overline{u}_i - \overline{u}_j) \\ \overline{Y}_i = 0 \\ \overline{X}_j = -\dfrac{EA}{l}(\overline{u}_i - \overline{u}_j) \\ \overline{Y}_j = 0 \end{cases}$$

式中，E、A、l分别为杆单元的弹性模量、截面面积及杆长。上式可以写成矩阵形式

$$\begin{Bmatrix} \overline{X}_i \\ \overline{Y}_i \\ \overline{X}_j \\ \overline{Y}_j \end{Bmatrix} = \begin{bmatrix} \dfrac{EA}{l} & 0 & -\dfrac{EA}{l} & 0 \\ 0 & 0 & 0 & 0 \\ -\dfrac{EA}{l} & 0 & \dfrac{EA}{l} & 0 \\ 0 & 0 & 0 & 0 \end{bmatrix} \begin{Bmatrix} \overline{u}_i \\ \overline{v}_i \\ \overline{u}_j \\ \overline{v}_j \end{Bmatrix} \tag{1-133}$$

缩写为

$$\{\overline{N}\} = [\overline{k}]\{\overline{\delta}\} \tag{1-133a}$$

式中，$\{\overline{N}\}$、$\{\overline{\delta}\}$ 分别为局部坐标系中杆单元的杆端力列阵和杆端位移列阵，$[\overline{k}]$ 即为杆单元在局部坐标系中的单元刚度矩阵。一般写成

$$[\overline{k}] = \frac{EA}{l}\begin{bmatrix} 1 & 0 & -1 & 0 \\ 0 & 0 & 0 & 0 \\ -1 & 0 & 1 & 0 \\ 0 & 0 & 0 & 0 \end{bmatrix} \tag{1-134}$$

1.8.2 轴力杆单元的坐标转换阵

一般说来，轴力杆单元并不一定都与杆件的轴线平行，比如钢筋混凝土梁中的斜钢筋与梁的轴线就是斜交的，在作结构的整体分析时，必须对结构建立整体坐标系，整体坐标系与局部坐标系不一定一致，如图 1-32(b)所示，因此，必须把局部坐标系中的量转换到整体坐标系，其转换关系为

$$\begin{cases} \{\overline{N}\} = [T]\{N\} \\ \{\overline{\delta}\} = [T]\{\delta\} \end{cases} \text{或} \begin{cases} \{N\} = [T]^{-1}\{\overline{N}\} = [T]^T\{\overline{N}\} \\ \{\delta\} = [T]^{-1}\{\overline{\delta}\} = [T]^T\{\overline{\delta}\} \end{cases} \tag{1-135}$$

于是整体坐标系中，杆端力与杆端位移的关系可以表示成为

$$\{N\} = [T]^{\mathrm{T}}[\overline{k}][T]\{\delta\} \tag{1-136}$$

式中，$\{N\}$、$\{\delta\}$ 为整体坐标系中杆端力列阵和杆端位移列阵，分别表示为

$$\{N\} = \begin{Bmatrix} X_i \\ X_i \\ Y_i \\ Y_j \end{Bmatrix}, \qquad \{\delta\} = \begin{Bmatrix} u_i \\ v_i \\ u_j \\ v_j \end{Bmatrix}$$

$[T]$为坐标转换阵

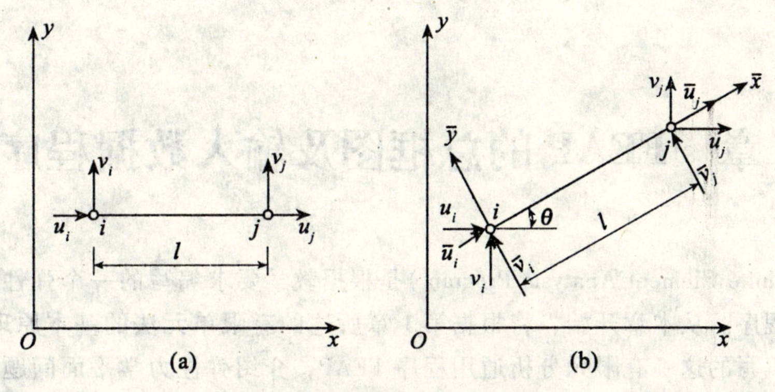

图 1-32　杆单元的坐标变换

$$[\boldsymbol{T}]=\begin{bmatrix} C & S & 0 & 0 \\ -S & C & 0 & 0 \\ 0 & 0 & C & S \\ 0 & 0 & -S & C \end{bmatrix} \tag{1-137}$$

其中 C 代表 $\cos\theta$，S 代表 $\sin\theta$，θ 为局部坐标与整体坐标的夹角。若令

$$[\boldsymbol{k}]=[\boldsymbol{T}]^{\mathrm{T}}[\bar{\boldsymbol{k}}][\boldsymbol{T}] \tag{1-138}$$

则式(1-136)可以写成

$$\{\boldsymbol{N}\}=[\boldsymbol{k}]\{\boldsymbol{\delta}\} \tag{1-139}$$

这就是整体坐标系中轴力杆单元的刚度方程式。$[\boldsymbol{k}]$即为整体坐标系中的单元刚度矩阵。该矩阵是 4×4 的方阵，为了使式子简单明确，且便于程序设计，常常把该矩阵写成分块形式

$$[\boldsymbol{k}]=\begin{bmatrix} \boldsymbol{k}_{ii} & \boldsymbol{k}_{ij} \\ \boldsymbol{k}_{ji} & \boldsymbol{k}_{jj} \end{bmatrix} \tag{1-140}$$

分块矩阵 $\boldsymbol{k}_{ii}$、$\boldsymbol{k}_{ij}$、$\boldsymbol{k}_{ji}$、$\boldsymbol{k}_{jj}$ 皆为 2×2 的子块。

第2章 FEAP的总框图及输入数据程序设计

FEAP(Finite Element Analysis Program)是根据教学要求编写的一个弹性力学平面问题有限元通用程序。从本章开始，将根据第1章所述的有限单元法的基本原理和求解步骤，围绕作者所编写的这一有限元分析通用程序FEAP，介绍弹性力学平面问题有限元程序设计的基本方法与编制技巧，重点介绍总框图设计和输入数据、约束处理、形成单刚、组合总刚、组装整体荷载列向量、解方程及单元应力计算等关键性模块的程序设计方法。

本章介绍总框图设计及输入数据程序设计。

§2.1 有限元程序设计的基本步骤和总框图设计

有限单元法是结构分析的有效工具，但其大量的计算只有应用电子计算机才能有效地完成。如何在计算机上实现这种方法，这就是通常所说的编制计算机程序，或简称为程序设计。

2.1.1 有限元程序的基本内容

任何一个有限元程序，一般都包括三个基本内容，如图2-1所示。下面针对弹性力学平面问题有限元程序作一简要介绍。

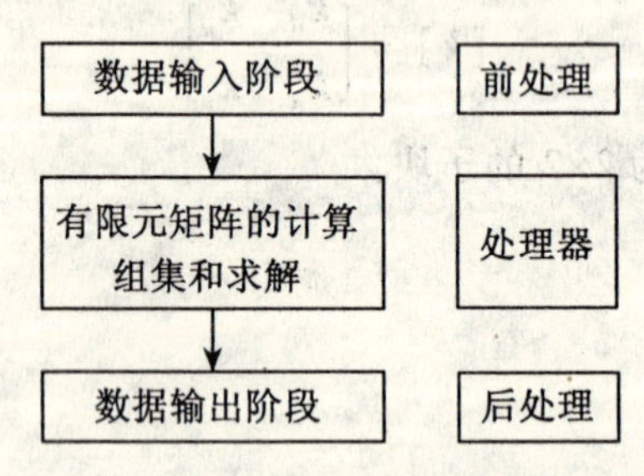

图2-1 有限元程序的基本内容

1. 数据输入阶段——前处理

数据输入阶段主要是读入数据和生成数据，以便形成有限元网格，为有限元矩阵的计算作好准备。

对于弹性力学平面问题有限元程序，其输入数据可以归纳如下。

(1)控制信息。

控制信息包括节点总数、单元总数、问题类型、材料组数、荷载工况数等。控制信息用来控制解题规模和求解进程。一般说来，程序的通用性越大，这类数据就越多。

(2)单元信息(即输入单元类型、节点编号等)。

(3)节点坐标。

(4)约束信息。

(5)材料信息。

(6)荷载信息。

大型通用程序的前处理是很复杂的，常常含有对各种单元、材料、荷载和约束信息及其相互关系的输入，以便适应广泛的要求。例如，一个有限元网格可能使用了不同类型的单元，各类单元或同一类单元内部可能使用了不同类型的材料；荷载也有不同，哪一种荷载加在哪一个单元的点、线、面上；哪些节点自由度有零位移约束或非零位移约束，以及某些节点自由度之间有某种固定的约束关系等，常常含有网格自动生成、绘制网格图、打印输入信息和错误诊断等。

2. 有限元矩阵的计算、组集和求解——处理器

有限元矩阵的计算、组集和求解阶段主要是计算插值函数(即形函数)矩阵[$\boldsymbol{N}$]、插值函数的导数矩阵(即应变矩阵)[$\boldsymbol{B}$]、计算单刚、单载，再组装成总刚、总载，然后进行求解，最后求得单元的应力和主应力等。

3. 数据输出阶段——后处理

数据输出主要是指节点位移、单元应变、单元应力、节点应力等。

目前，后处理的发展很快，主要增加了图形输出，如网格图、变形图、向量图、等值线、主应力轨迹线等。

进行实际工程的有限元计算，其输入数据的准备、输出数据的整理和解释，工作量是很大的。在计算机上运行只需几分钟、几小时的题目，数据准备、整理和解释却往往需要花费数天、数十天甚至几个月。自动处理输入、输出数据是很有意义的。因此，一个好的有限元通用程序，都配备有完善的前处理器、后处理器。

2.1.2　有限元程序设计的基本步骤

设计一个有限元分析程序，一般需要经历下述几个基本步骤：

(1)提出问题，确定计算模型。根据实际结构问题归结为某种结构计算问题，如杆系问题、弹性平面问题、空间问题等。

(2)提出有关数学公式和力学公式。确定了问题类型后，还要选择适当的计算方法，把数学公式、力学公式化成适合于计算机解题的形式。

(3)规定变量符号及其意义，确定数据输入方式。变量名应尽量采用数学、力学中或实际问题中相同或相近的名称。

(4)绘制粗框图，亦称总框图。按照解决问题的流程，用方框图形或菱形图形表明解决问题的运行方向，原则性地指出计算过程中的若干大的步骤。

(5)绘制细框图。根据粗框图的每一框，具体编写实现这一框的详细算法的框图。这里只考虑本框中的问题，与其他框的关系只是一些变量间的传递。由于是框图，不考虑用何种语言编写，所以只要有了框图，无论是什么机器，何种语言，都很容易写成程序。

当然，对于程序设计和计算过程与内容都很熟悉的工程技术人员，不具体地画出细框

图，直接编写程序也是完全可以的。

(6)用算法语言写成程序。常用语言有 BASIC、FORTRAN、PASCAL、C 语言等。

(7)上机调试。首先是编译，即通过语法检查，并生成机器指令代码；然后链接，生成目标模块，即生成运行程序，最后试算。

程序的调试一般采用自底向顶的策略，即先调试各子块，重点放在一些影响大而复杂的关键模块上，如数据前处理、计算单刚、组合总刚、处理荷载及约束等。首先对上述模块作相对独立的调试，然后再联调，当调试到顶(即调试到主程序)时，整个调试也就完成了。

试算时一般用有精确解的小题目，最好每一步都有结果核对；有时还要进行手算，以检查程序计算的正确与否。当简单问题试算通过后，再用中型考题、大型考题检验，各种类型的考题都通过了，才能投入使用。

(8)程序维护。一个程序投入使用后，还有许多维护工作。例如，继续考题，因编制一个程序，常常不可能把所有问题都弄清楚，难免有考虑不周之处，程序越大，这个问题就越突出，故程序的维护是一项十分重要的工作。再就是扩充功能，改进方法等。

对于程序设计工作者，首先是弄清数学、力学原理；其次是做好上述(3)、(4)、(5)、(6)几项工作，这几项工作一定要耐心、细致；最后在程序调试过程中，还需要有一套检查问题的方法，逐步缩小查找问题的范围。往往是语法很快通过，而结果不对，这多半是程序中变量字符有错或逻辑思路有问题，对于后者，常常需花费很大气力才能解决，这也是程序能否调试成功的关键。

2.1.3 有限元程序设计的基本要求

编制一个有限元程序，特别是对于较大型的程序系统，应该达到以下几项基本要求：

(1)要保证程序的正确性。即程序应能如实地反映计算模型的要求。通常采用各种各样的考题来检验程序。

(2)要使程序具有高效率，以节省运算时间。作者在近几年编制和调试程序的过程中，总结了几条加快运算速度的技巧，现列出如下，供读者编程时参考：

①能用加法解决的不用乘法，能用乘法解决的不用除法，能用乘法解决的不用乘方。

②消除重复运算，必要时设工作单元存放中间结果；能放在循环体外计算的尽量提到循环体外做。

③能用一维数组的尽量不用二维数组，因为一维数组的存取比二维数组快得多。

④根据 FORTRAN 语言数组元素按列存放的特点，最左边的下标变化最快，因此有关数组的运算，最内层的循环均设计成从第一个下标开始，最外层的循环为最末一个下标，这样就可大大节省数组元素的存取时间。

⑤目前的微机内存容量均较大，因此，各程序块之间的数据传递宜采用开辟有名公用区(即 COMMON 语句)的方式。因为不同程序块之间利用公用区交换数据的速度要比虚实结合的方式快得多。

对于在微机上运行的程序，有时为了充分利用计算机内存，也可以采用在主程序中开辟两个很大的公用数组(一个整型、一个实型)，而将其他子程序中的数组则设计成动态数组，然后以数组元素作为实在变元，将主程序中的两个公用常界数组分段提供给各动态数组作为实元。

(3)要使程序便于调试和维护。国外曾对一些大型程序的研制和使用周期所花的费用作了调查，结果表明大约有 75% 的费用花在维护与调试上。根据相关经验知道，大多数程序在交付使用后，总是在不断地进行修改与完善。因此，在程序设计中应很好地注意一个程序要便于调试和维护。这就要求在编制程序时，最好采用模块化结构，体现结构化程序设计思想，各模块之间尽可能相对独立，每一个子程序只完成某一特定的功能，总体程序作为一个主程序和若干个子程序的集合体，子程序执行该程序的全部功能，主程序只是控制解题路径和求解进程。这样就可以避免“牵一发而动全身”的弊端。例如，当要修改程序的某一部分时，由于采用了模块化结构，只需修改那一部分内容的相应程序段即可，其他模块则无需改动。

2.1.4　有限元分析程序总框图设计

编制程序是一件相当细致的工作，这项工作不仅要保证语法结构完全符合算法语言的规定，而且还必须保证计算结果的正确性。为了能有条不紊地进行程序设计，初学者在编写程序之前，首先应编好程序总框图，把想编写程序的内容分成若干个程序模块，每一个程序模块完成一项或几项功能。对于共同要用到的某些程序段则用子程序形式来表达，便于随时调用。比较大的程序模块还可以进一步细分为若干个小块，每一小块只完成一项内容。把各程序模块用框图符号串起来即构成总框图。根据第 1 章 §1.2 中所述的有限元法的计算步骤和上述有限元程序的基本内容，一般弹性力学有限元分析程序大致可以分为以下几个程序模块：输入原始数据→引入约束条件→计算单刚组合总刚→形成荷载列向量→解线性方程组→计算单元应力并输出等。典型的线弹性静力问题有限元程序设计的总框图如图 2-2 所示。

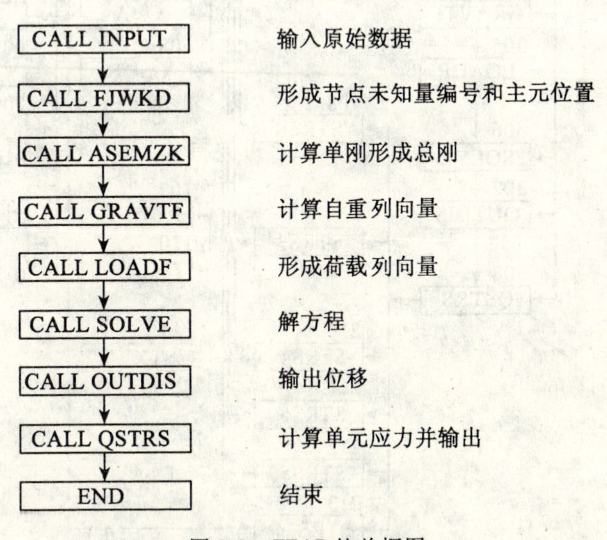

图 2-2　FEAP 的总框图

有了总框图后，就可以进行各程序模块的设计了。根据总框图的思路写出每一程序模块的语句，比较复杂的程序模块尚需先绘制出相应的细框图，再写成程序。

§2.2 有限元分析程序 FEAP 简介

2.2.1 FEAP 的结构和特点

FEAP 是一个弹性力平面问题有限元分析通用程序，采用 FORTRAN77 写成，既可以供师生上机实习之用，亦可以用来解决工程实际问题。整个程序由一个主程序和 44 个子程序所构成，共有 FORTRAN 语句 2600 余条。FEAP 的总框图如图 2-2 所示，程序结构树如图 2-3 所示，各子程序的功能如表 2-1 所示。

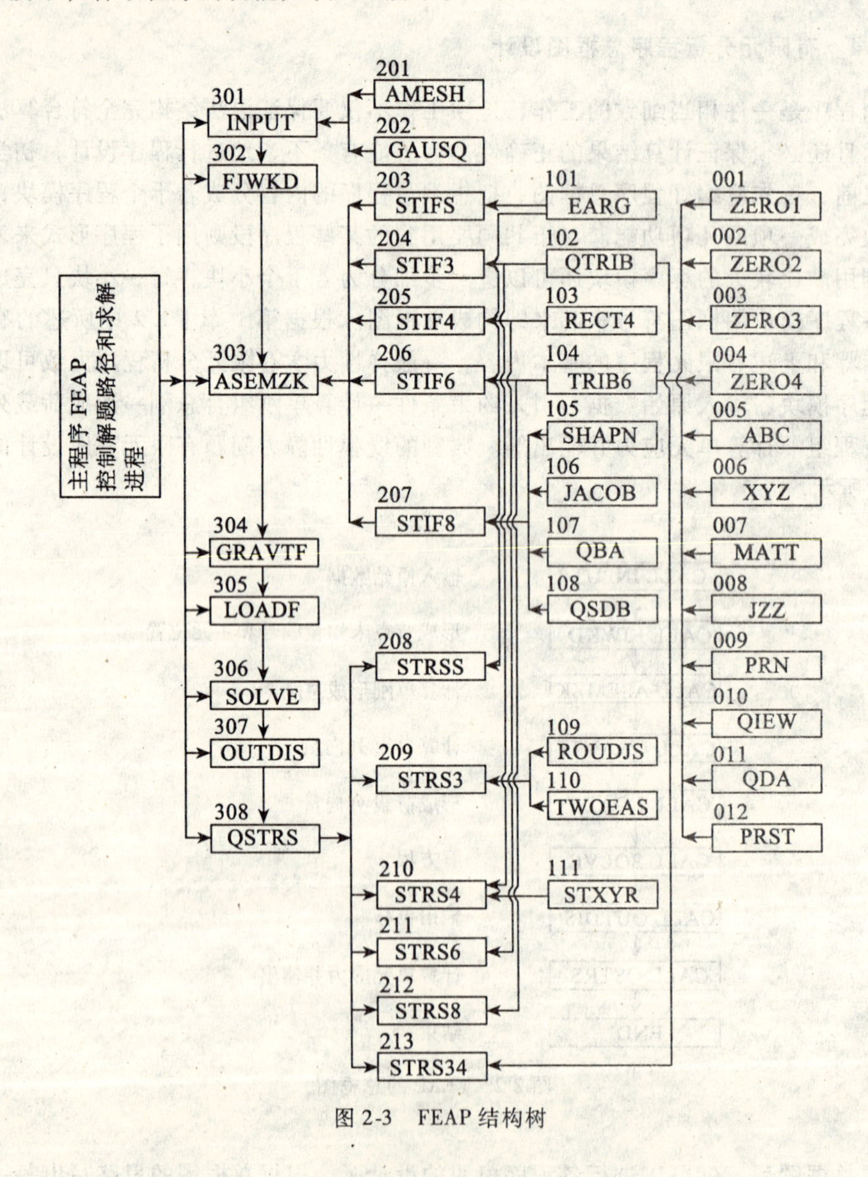

图 2-3 FEAP 结构树

图 2-3 清楚地表明了各程序块之间的调用关系。在各框的左上角还注明了子程序的编

号，在百位上有 0、1、2、3 四级，0 级表示各级子程序均可调用的子程序，这些子程序不再调用其他程序，其功能比较单纯，相当于程序结构树的树叶模块；1 级仅由 2 级调用，相当于程序结构树的树枝；2 级仅由 3 级调用，相当于程序结构树的几个支干；而 3 级则由主程序调用，这些子程序是程序的核心模块，相当于程序结构树的树干，3 级子程序的先后次序决定了整个程序的解题规模和求解进程。主程序为程序结构树的树根，主要用来控制解题路径和求解进程。这种积木式的模块化程序结构给程序的编写、修改调试或增加新的功能都带来了很大的方便，这种化繁为简、化整为零、各个击破的编程方法是一种行之有效的好方法。

表 2-1　**FEAP 子程序名及其功能一览表**

编号 SUB. NO	子程序名称 SUBROUTINE	功　能	所在章节
301	INPUT	输入原始数据	2.3
302	FJWKD	形成节点未知量编号 JWH 和总刚主对角元位置 KAD	3.1，5.2
303	ASEMZK	计算单刚形成总刚	5.3
304	GRAVTF	计算自重	6.1
305	LOADF	形成荷载列向量	6.2
306	SOLVE	解方程	7.2
307	OUTDIS	输出位移	7.3
308	QSTRS	计算单元应力	8.1
201	AMESH	网格自动剖分	2.4
202	GAUSQ	形成等参元高斯积分点坐标和权系数	4.4
203	STIFS	形成杆单元单刚	4.5
204	STIF3	形成三节点三角形单元单刚	4.1
205	STIF4	形成矩形单元单刚	4.2
206	STIF6	形成六节点三角形单元单刚	4.3
207	STIF8	形成等参单元单刚	4.4
208	STRSS	计算杆单元应力	8.7
209	STRS3	计算三节点三角形单元应力	8.2
210	STRS4	计算矩形单元应力	8.3
211	STRS6	计算六节点三角形单元应力	8.4
212	STRS8	计算等参单元应力	8.5
213	STRS34	计算组合单元应力	8.6
101	EARG	形成杆单元有关参数	4.5
102	QTRIB	形成三节点三角形单元有关参数	4.1

续表

编号 SUB. NO	子程序名称 SUBROUTINE	功 能	所在章节
103	RECT4	形成矩形单元有关参数	4.2
104	TRIB6	形成六节点三角形单元有关参数	4.3
105	SHAPN	形成等参元形函数矩阵[N]	4.4
106	JACOB	形成等参元雅可比矩阵[J]	4.4
107	QBA	形成等参元应变矩阵[B]	4.4
108	QSDB	形成等参元应力矩阵[S]	4.4
110	ROUDJS	计算三节点三角形单元绕节点平均应力	8.2
111	TWOEAS	计算三节点三角形单元二单元平均应力	8.2
112	STXYR	计算矩形单元指定点的应力	8.3
001	ZERO1	双精度型向量送零	附录一
002	ZERO2	双精度型二维数组送零	附录一
003	ZERO3	整型向量送零	附录一
004	ZERO4	整型二维数组送零	附录一
005	ABC	矩阵乘法	附录一
006	XYZ	矩阵乘向量	附录一
007	JZZ	方阵转置	附录一
008	MATT	矩阵转置	附录一
009	PRN	打印字符串	附录一
010	QIEW	形成单元定位向量	3.2
011	QDA	形成弹性矩阵[D]	4.1
012	PRST	计算主应力	3.2

FEAP具有如下特点：

(1)整个程序采用模块化结构，既便于编写和调试，又便于改进和扩充新的功能。

(2)采用控制参数控制一些中间结果的输出，如节点未知量编号、主元位置、单刚、总刚、荷载列向量等，便于教学使用。

(3)各模块之间的数据传递主要采用了开辟有名公用区的方式(即COMMON语句方式)，加快了运算速度。

(4)单元类型包括轴力杆单元，三节点三角形单元、六节点三角形单元，四节点矩形单元和四节点、八节点、九节点等参单元，并可以根据实际问题的需要采用不同类型的组合单元进行有限元分析。例如，分析钢筋混凝土结构时，允许模拟钢筋的杆单元与模拟混凝土的平面应力单元混合使用。

(5)总刚度矩阵采用一维变带宽只存下三角的压缩存贮方式；采用改进平方根法解方程。

(6)本程序备有网格自动剖分功能，大大减少了输入原始数据的工作量和出错的可能性。

(7)根据应力分析整理成果的需要，本程序对于三节点三角形单元除给出形心应力外，还可以给出绕节点平均应力和二单元平均应力；对于等参单元除给出每一高斯积分点的应力外，还给出绕节点平均应力；对于其他单元均给出相应的绕节点平均应力。

2.2.2　FEAP 的主程序

为了使读者对整个程序的概貌有所了解，这里先给出 FEAP 的主程序，其他子程序则在后续章节中陆续给出。由于采用了模块化程序结构，主程序只是用来控制解题路径和求解进程，简单明了。根据图 2-1 所示总框图所编写的主程序如下。

```
 1 C
 2 C  * * * * * * * * * * * * * * * * * * * * * * * * * * * * * * * * * *
 3 C  *                                                                  *
 4 C  *                                                                  *
 5 C  *   PROGRAM        FEAP                                            *
 6 C  *                                                                  *
 7 C  *   EDITOR:HOUJIAN-GUO AND AN XU-WEN                               *
 8 C  *   VERSION:V6.0                          FEBERURY 2005,WUHAN      *
 9 C  *                                                                  *
10 C  *   ABSTRACT:                                                      *
11 C  *                                                                  *
12 C  *     THE  FEAP  LLUSTRATES  THE  USE  OF  THE  3-NODE             *
13 C  *   TRIANGULAR  ELEMENT,4-NODE  RECTANGULAR  ELE MENT,             *
14 C  *   6-NODE  TRIANGULAR  ELEMENT  AND  4,8,9--                      *
15 C  *   NODE QUADRATIC  ISOPARAMETERIC  QUADRILATERAL  ELE-            *
16 C  *   MENT  FOR  THE  SOLUTION  OF  PLANE  ELASTICITY  PR-           *
17 C  *   OBLEMS.                                                        *
18 C  *                                                                  *
19 C  * * * * * * * * * * * * * * * * * * * * * * * * * * * * * * * * * *
20 C
21 C
22      PROGRAM FEAP                  FEAP 主程序
23      REAL*8 TL(4,4),PROPC(5,7,6),X(500),Y(500),SN(4,200)
24      REAL*8 SIGMS(200),ST(6,800),ZK(15000),FF(1000),DK6(12,12)
25      REAL*8 DKS(4,4),ES,AS,GMS,LL,FY,EX,PO,DK8(18,18),TIJ(2,2)
26      REAL*8 DK(6,6),BT,AC,GM,BB(3,6),DD(3,3),AVS(6),DK4(8,8)
```

```
27      REAL*8 PROPS(5,6,5),POSGP(3),WEIGP(3),ECOD(2,9),GCOD(2,9)
28      REAL*8 SHAP(9),DER(2,9),CAR(2,9),BMAT(3,18),DB(3,18),BI(3),CI(3)
29      REAL*8 AI(3),PJ(250),QNT(2,100),QNT1(6,100),AVST(6,500),FE(18)
30      COMMON/CK1/KC1,KC2/CK3/KC4,KC5/CK4/NGRA/CK5/KPRNT
31      COMMON/EM/NJ,NES,NE/NR/NJR,NR(2,30)/TLA/KC3,TL/XY1/X,Y
32      COMMON/MT2/MATC(800),PROPC/EJH/NOD(9,800),JH(9)/AVS2/AVST
33      COMMON/JP1/NJP,NPJ(2,250),PJ,NEP,NEQJ,NQEH(100),NQJH(100),QNT
34      COMMON/JDWSC/KOUTD,NJD,JDWH(90)/FE/FE
35      COMMON/SFOC/SN,SIGMS/DYL/ST/AKK/ZK/FU/FF/NETP/NETP(800),JNH(6)
36      COMMON/CDK/DK/DK4/DK4/DK6/DK6/DK8/DK8/BA/BB/DA/DD/EU/EX,PO
37      COMMON/SDK/DKS/TIJ/TIJ/JN/JN,JN2/CAR/CAR/SHAP/SHAP,DER/B8/BMAT
38      COMMON/KIET/KIET/SMATL/ES,AS,GMS,LL,FY/NGAS/NGAS/DB/DB
39      COMMON/CMATL/BT,AC,GM/AVS1/AVS/PWGS/POSGP,WEIGP/BCA/BI,CI,AI
40      COMMON/MT1/MATS(200),PROPS/ENN/NN,ME/JP2/NQIJ(3,100),QNT1
41      COMMON/ECOD/ECOD,GCOD/EWH/JWH(2,500),KAD(1000),IEW(18)
42      CALL INPUT                               输入原始数据
43      CALL FJWKD                               形成 JWH 和 KAD
44      CALL ASEMZK                              计算单刚组合总刚
45      CALL ZERO1(FF,NN)                        整体荷载列向量 FF 送 0
46      IF(NGRA.GT.0)CALL GRAVTF                 计算自重
47      CALL LOADF                               形成荷载列向量
48      CALL SOLVE                               解方程
49      CALL OUTDIS                              输出位移
50      CALL QSTRS                               求单元应力
51      WRITE(9,900)                             打印计算结束标志
52      WRITE(*,900)
53      STOP
54 900  FORMAT(//10X,'CALCULATION COMPLETED'//1X,'* * * WELCOME',
       #'YOU TO USE THIS PROGRAM NEXT TIME!  * * *')
55      END
```

§2.3 输入数据程序设计

任何一个有限元程序，都必须输入计算课题所必需的原始数据。由§2.1可知，对于弹性力学平面问题有限元程序，其输入数据可以归纳为控制信息、单元信息、节点坐标信息、约束信息、材料信息和荷载信息六类。下面结合 FEAP 的输入数据要求，说明上述数据的具体内容和输入格式，然后给出相应的源程序。

2.3.1　输入数据的具体内容和输入格式

1. 控制信息

(1)控制参数。

控制参数由 9 个整型量组成，即：

KC1——计算方法控制参数。KC1 填 0 仅作线性分析，填 1 作非线性分析。

KC2——问题类型控制参数。KC2 填 0 为平面应力问题，填 1 为平面应变问题。

KC3——杆单元类型控制参数。KC3 填 0 表示仅有水平杆单元，填 1 表示有与 x 轴成任意夹角的杆单元。

KC4——三节点三角形单元绕节点平均应力控制参数。KC4 填 0 不作绕节点平均，填 1 则要作绕节点平均。

KC5——三节点三角形单元二单元平均应力控制参数。KC5 填 0 不作二单元平均，填 1 则要作二单元平均。

KMESH——自动剖分控制参数，KMESH 填 0 表示单元信息由人工输入，填 1 则表示网格自动剖分。

KPRNT——中间结果输出控制参数。KPRNT 填 0 不输出中间结果，填 1 输出所有中间结果。

KOUTD——位移输出控制参数。KOUTD 填 0 输出所有节点的位移，填 1 仅输出指定节点的位移。

KIET——单元类型控制参数。KIET=0～6，其意义如下：

KIET=0 三节点三角形单元+矩形单元的组合单元；

KIET=1 三节点三角形单元；

KIET=2 四点节矩形单元；

KIET=3 六节点三角形单元；

KIET=4 四节点等参单元；

KIET=5 八节点等参单元；

KIET=6 九节点等参单元。

(2)总信息。

总信息由 10 个整型量组成，即

NJ——节点总数。

NES——杆单元数。

NE——单元总数。

NJR——约束个数，即被约束了的自由度数。

NSTP——杆单元材料组数。

NCTP——其他单元材料组数。

NGRV——自重信息。NGRV 填 0 表示不计自重，NGRV 填 1 则由计算机计算自重。

NJP——节点荷载个数。

NEP——分布荷载所分段数或作用边数。

NGAS——等参单元高斯积分点数，对于非等参单元填 0。

2. 单元信息

若 KMESH＝0，表示单元信息由人工直接输入。此时应按下述要求填写单元信息(整型量)：IE，NETP(IE)，MATC(IE)，NOD(9，IE)

其中各符号的意义为：

IE——单元序号；

NETP(IE)——单元类型号 1～6，单元类型号的意义见前述；

MATC(IE)——单元材料组号；

NOD(9，IE)——单元节点序号。单元类型号及节点编号顺序如图 2-4 所示。根据不同的单元类型，按单元编号顺序依逆时针方向依次输入各单元的节点编号。

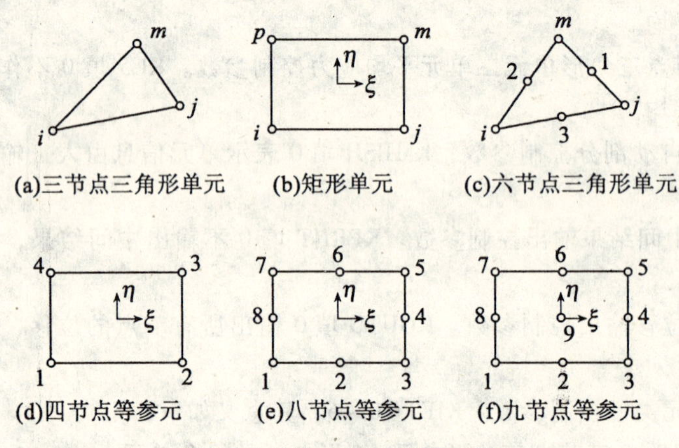

(a)三节点三角形单元　(b)矩形单元　(c)六节点三角形单元

(d)四节点等参元　(e)八节点等参元　(f)九节点等参元

图 2-4　单元的节点编号顺序图

若 KMESH＝1 则表示网格由计算机自动生成。此时应按下述要求输入网格自动剖分所需的相关信息：

(1)自动剖分参数 NPS，NXY，NE5，JZ5(整型量)。

NPS：自动剖分规则图形的分区数。对于不规则图形，可以将其划分为若干个规则区域，由计算机自动生成有限元网格，余下少量不规则部分则由人工输入相关信息；

NXY：各区边界坐标的总个数；

NE5：区外单元数；

JZ5：区外节点数。

(2)各区具体信息 NK(7，NPS)：(整型量)。

按区号顺序，每区填 7 个数。数组 NK(7，NPS)各分量的意义如下：

NK(1，IPS)——起始节点号；

NK(2，IPS)——起始单元号；

NK(3，IPS)——x 方向生成线总数；

NK(4，IPS)——y 方向生成线总数；

NK(5，IPS)——编号方向控制参数。NK(5，IPS)＝0 表示沿 x 方向编号，NK(5，IPS)＝1 表示沿 y 方向编号。一般说来，节点编号方向以横过结构的短向为宜。对于三角形单元，由于还牵涉到三角形的剖分方向，故 NK(5，IPS)分别填为：

NK(5, IPS) = 10　沿 x 向编号且

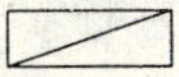

NK(5, IPS) = 11　沿 x 向编号且

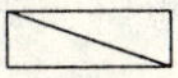

NK(5, IPS) = 20　沿 y 向编号且

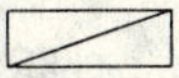

NK(5, IPS) = 21　沿 y 向编号且

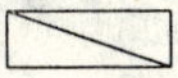

NK(6, IPS)——单元类型号 1 ~ 6;

NK(7, IPS)——单元材料组号。

其中 IPS 为规则图形的分区号 IPS = 1 ~ NPS。

(3)各区边界坐标 BXY(NXY):(实型量)。

按区号顺序，依次输入各区边界坐标，先输入 x，后输入 y。

(4)区外单元信息:(整型量)。

每一个区外单元，依次输入下述数据:

NE5H(IE5)——区外单元号;

NETP(IE5)——单元类型号;

MATC(IE5)——单元材料组号;

NOD(J, IE5)——单元节点序号，其中 J = 1 ~ JN，对于单元类型 1 ~ 6，JN 分别为 3、4、6、4、8、9。

当 NE5 = 0 时不填此项。

(5)区外节点坐标。

每一个区外节点依次输入下述信息:

JZH(IZ5)——区外节点序号(整型量);

x(IZ5)—— 区外节点坐标 x　(实型量);

y(IZ5)—— 区外节点坐标 y

当 JZ5 = 0 时不填此项。

3. 节点坐标信息 IJ, X(IJ), Y(IJ)

IJ——节点序号(整型量);

X(IJ)、Y(IJ)——分别为节点的 x、y 坐标(实型量)，按节点编号顺序依次填写。

当 KMESH = 1 时不填此项，节点坐标由计算机自动生成。

4. 约束信息 NR(2, NJR)(整型量)

每个约束填两个数:

NR(1, IJR): 节点号;

NR(2, IJR): 方向号 = 1　表示 X 方向约束;

方向号 = 2　表示 Y 方向约束。

5. 材料信息

(1)杆元材料信息 ISTP, PROPS(NSTP, 1, 3)(NES = 0 时不填此项):

ISTP　　　　　　: 材料组号　　　(整型量)

PROPS(ISTP, 1, 1): 弹性模量 E

PROPS(ISTP, 1, 2): 截面积 A　　　(实型量)

PROPS(ISTP, 1, 3): 材料重度 γ

(2)非杆元材料信息 ICTP, PROPC(NCTP, 1, 4):

ICTP： 材料组号 （整型量）

PROPC(ICTP，1，1)：弹性模量 E
PROPC(ICTP，1，2)：泊松比 μ
PROPC(ICTP，1，3)：单元厚度 t
PROPC(ICTP，1，4)：材料重度 γ
（实型量）

6. 荷载信息

(1)节点荷载信息 NPJ(2，NJP)，PJ(NJP)。

每个节点荷载依次填写三个数：(NJP=0 时不填此项)

①NPJ(1，IJP)：节点荷载作用节点号；

②NPJ(2，IJP)：节点荷载作用方向号，填 1 为 X 方向节点力，填 2 为 Y 方向节点力；

③PJ(IJP)：节点荷载值。作用方向与整体坐标方向一致者为正。

注：①、②为整型量，③为实型量。

(2)分布荷载信息(NEP=0 时不填此项)。

根据不同的单元类型，分别按下述要求填写：

1)线性单元。

对于三节点三角形单元和四节点矩形单元，依次输入下述信息：

①NEQJ：各段分布荷载作用点数，当两段分布荷载交于一点时，该点应算两点；

②NQEH(1：NEQ)：每段分布荷载作用的节点个数；

③NQJH(1：NEQJ)：分布荷载作用的节点序号，各段节点对物体内部按逆时针顺序填写；

④QNT(1：2，1：NEQJ)：每点的分布荷载值。每点填 2 个数，QNT(1，IEQJ)填该点的法向强度，QNT(2，IEQJ)填该点的切向强度。法向强度以沿外法线方向者为正，切向强度以外法线逆时针方向旋转 90°的切向者为正。

2)二次单元或等参单元。

对于六节点三角形单元或等参单元，则依次填写下述信息：

①NQEH(NEQ)：分布荷载作用边的单元号；

②NQIJ(3，NEQ)：分布荷载每边的作用节点号，作用节点号对物体内部按逆时针顺序填写；

③QNT1(6，NEQ)：每点的分布荷载值。每点填 2 个数，每条荷载作用边填 6 个数，其意义为：

NQT1(1，IEQ)：分布荷载在该边第 1 点的法向强度；

NQT1(2，IEQ)：分布荷载在该边第 1 点的切向强度；

NQT1(3，IEQ)：分布荷载在该边第 2 点的法向强度；

NQT1(4，IEQ)：分布荷载在该边第 2 点的切向强度；

NQT1(5，IEQ)：分布荷载在该边第 3 点的法向强度；

NQT1(6，IEQ)：分布荷载在该边第 3 点的切向强度。

7. 指定节点的节点位移输出信息 NJD、JDWH(NJD)：(整型量)

当 KOUDT>0 时，填写指定节点位移输出信息：

(1)NJD：需要输出位移的节点个数；

(2) JDWH(NJH)：需要输出位移的节点号。

当 KOUTD=0 时不填此项。

以上就是有限元程序算题所必需的原始数据。

2.3.2　输入数据的子程序 INPUT

搞清楚了有限元程序算题所必需的原始数据后，即可着手编写输入数据的子程序了。在 FEAP 中，输入数据的子程序为 INPUT。在 INPUT 子程序中，共安排了若干个 READ 语句来输入上述 7 种信息，全部数据均采用自由格式输入。在每一个 READ 语句后，均安排了相应的输出语句 WRITE，输出所读入的信息，以便校核。程序中还安排了条件语句，判别 KMESH(自动剖分控制参数)是否大于 0，若 KMESH=0 则表示单元信息和节点坐标由人工直接输入，否则调用自动剖分子程序 AMESH(见 §2.4)，由计算机自动生成有限元网格和节点坐标。

现将输入数据的子程序 INPUT 列出如下。

```
1          SUBROUTINE INPUT                     输入原始数据
2          REAL*8 X(500),Y(500),PROPS(5,6,5),PROPC(5,7,6),WEIGP(3)
3          REAL*8 PJ(250),QNT(2,100),QNT1(6,100),TL(4,4),POSGP(3)
4          COMMON/CK1/KC1,KC2/CK3/KC4,KC5/CK5/KPRNT
5          COMMON/EM/NJ,NES,NE/KIET/KIET/PWGS/POSGP,WEIGP
6          COMMON/EJH/NOD(9,800),JH(9)/CK4/NGRA
7          COMMON/NR/NJR,NR(2,30)/XY1/X,Y/NGAS/NGAS
8          COMMON/JDWSC/KOUTD,NJD,JDWH(90)
9          COMMON/MT1/MATS(200),PROPS/MT2/MATC(800),PROPC
10         COMMON/JP1/NJP,NPJ(2,250),PJ,NEP,NEQJ,NQEH(100),
        #  NQJH(100),QNT/JP2/NQIJ(3,100),QNT1/TLA/KC3,TL
11         COMMON/NETP/NETP(800),JNH(6)
12         CHARACTER*12   FILE1,FILE2
13         WRITE(*,800)
14         READ(*,801)FILE1
15         OPEN(8,FILE=FILE1)
16         WRITE(*,802)
17         READ(*,801)FILE2
18         OPEN(9,FILE=FILE2,STATUS='NEW')
19 800     FORMAT(1X,'DATA INPUT FILE NAME='\)
20 801     FORMAT(A)
21 802     FORMAT(1X,'OUTPUT FILE NAME='\)
22         CALL PRN('****')
23         WRITE(9,900)                                      打印表头
24         CALL PRN('****')
```

```
25      CALL PRN('----')
26      WRITE(9,905)
27      CALL PRN('----')
28      WRITE(9,910)
29      READ(8,*) KC1,KC2,KC3,KC4,KC5,KMESH,              输入控制参数
      # KPRNT,KOUTD,KIET
30      WRITE(9,915)  KC1,KC2,KC3,KC4,KC5,KMESH,          输出控制参数
      # KPRNT,KOUTD,KIET
31      WRITE(9,920)                                      打印表头
32      IF(KC1.EQ.0)THEN
33      WRITE(9,925)
34      ELSE
35      WRITE(9,930)
36      ENDIF
37      IF(KC2.EQ.0)THEN
38      WRITE(9,935)
39      ELSE
40      WRITE(9,940)
41      ENDIF
42      IF(KIET.EQ.0)THEN
43      WRITE(9,950)
44      ELSE IF(KIET.EQ.1) THEN
45      WRITE(9,951)
46      ELSE IF(KIET.EQ.2)THEN
47      WRITE(9,952)
48      ELSE IF(KIET.EQ.3)THEN
49      WRITE(9,953)
50      ELSE IF(KIET.EQ.4)THEN
51      WRITE(9,954)
52      ELSE IF(KIET.EQ.5)THEN
53      WRITE(9,955)
54      ELSE
55      WRITE(9,956)
56      ENDIF
57      WRITE(9,958)
58      READ(8,*)NJ,NES,NE,NJR,NSTP,NCTP,                 输入总信息
      # NGRA,NJP,NEP,NGAS
59      WRITE(9,960)NJ,NES,NE,NJR,NSTP,NCTP,              输出总信息
```

```
      #  NGRA,NJP,NEP,NGAS
60       JNH(1)=3                                              单元节点个数
61       JNH(2)=4                                              存入 JNH 数组
62       JNH(3)=6
63       JNH(4)=4
64       JNH(5)=8
65       JNH(6)=9
66       IF(KMESH.EQ.0)THEN                                    KMESH=0 时
67       WRITE(9,965)                                          人工输入单元信息
68       IF(NES.GT.0)THEN                                      NES>0 时
69       DO 10 IE=1,NES
70  10   READ(8,*)NUMEL,NETP(NUMEL),MATS(NUMEL),               输入杆元信息
      #  (NOD(J,NUMEL),J=1,2)
71       WRITE(9,966)
72       CALL PRN('----')
73       WRITE(9,967)(IE,NETP(IE),MATS(IE),                    输出杆元信息
      #  (NOD(J,IE),J=1,2),IE=1,NES)
74       ENDIF
75       KE=NES+1
76       DO 20 IE=KE,NE
77  20   READ(8,*)NUMEL,NETP(NUMEL),MATC(NUMEL),               输入非杆元信息
78    #  (NOD(J,NUMEL),J=1,JNH(NETP(NUMEL)))
79       IF(KIET.EQ.0)THEN                                     输出组合单元信息
80       WRITE(9,970)
81       CALL PRN('----')
82       DO 30 IE=KE,NE
83  30   WRITE(9,971) IE,NETP(IE),MATC(IE),
      #  (NOD(J,IE),J=1,JNH(NETP(IE)))
84       ELSE IF(KIET.EQ.1)  THEN
85       WRITE(9,975)
86       CALL PRN('----')
87       WRITE(9,976)(IE,NETP(IE),MATC(IE),                    输出三节点三角形
      #  (NOD(J,IE),J=1,3),IE=KE,NE)                           单元信息
88       ELSE IF(KIET.EQ.2)  THEN
89       WRITE(9,977)
90       CALL PRN('----')
91       WRITE(9,978)(IE,NETP(IE),MATC(IE),                    输出矩形单元信息
      #  (NOD(J,IE),J=1,4),IE=KE,NE)
```

```
92          ELSE IF(KIET.EQ.3)   THEN
93          WRITE(9,979)
94          CALL PRN('----')
95          WRITE(9,980)(IE,NETP(IE),MATC(IE),                 输出六节点三角形
         #  (NOD(J,IE),J=1,6),IE=KE,NE)                        单元信息
96          ELSE IF(KIET.EQ.4)   THEN
97          WRITE(9,977)
98          CALL PRN('----')
99          WRITE(9,978)(IE,NETP(IE),MATC(IE),                 输出四节点等参元
         #  (NOD(J,IE),J=1,4),IE=KE,NE)                        信息
100         ELSE
101         WRITE(9,970)
103         CALL PRN('----')
104         DO 35 IE=KE,NE
105  35     WRITE(9,971) IE,NETP(IE),MATC(IE),                 输出八、九节点等参
         #  (NOD(J,IE),J=1,JNH(NETP(IE)))                      元信息
106         ENDIF
107         CALL PRN('----')
108         WRITE(9,985)
109         CALL PRN('----')
110         DO 40 I=1,NJ
111  40     READ(8,*)INODE,X(INODE),Y(INODE)                   输入节点坐标
112         WRITE(9,986)(I,X(I),Y(I),I=1,NJ)                   并输出
113         ELSE                                               KMESH>0 时
114         CALL AMESH                                         网格自动剖分
115         ENDIF
116         WRITE(9,987)
117         READ(8,*)((NR(J,I),J=1,2),I=1,NJR)                 输入约束信息
118         WRITE(9,988)((NR(J,I),J=1,2),I=1,NJR)              并输出
119         WRITE(9,990)
120         IF(NES.GT.0)THEN                                   NES>0 时
121         DO 50 IS=1,NSTP
122  50     READ(8,*)ISTP,(PROPS(ISTP,1,K),K=1,3)              输入杆元材料信息
123         WRITE(9,995)(I,(PROPS(I,1,K),K=1,3),I=1,NSTP)      并输出
124         ENDIF
125         DO 60 IC=1,NCTP
126  60     READ(8,*)ICTP,(PROPC(ICTP,1,K),K=1,4)              输入非杆元材料
127         WRITE(9,996)(I,(PROPC(I,1,K),K=1,4),I=1,NCTP)      信息并输出
```

```
128        WRITE(9,1000)
129        IF(NJP.GT.0)THEN                                        NJP>0 时
130        WRITE(9,1010)                                           打印节点荷载表头
131        READ(8,*)((NPJ(J,I),J=1,2),PJ(I),I=1,NJP)               输入节点荷载信息
133        WRITE(9,1015)((NPJ(J,I),J=1,2),PJ(I),I=1,NJP)           并输出
134        ENDIF
135        IF(NEP.GT.0)THEN                                        NEP>0 时
136        WRITE(9,1020)                                           打印分布荷载表头
137        IF(KIET.LE.2)THEN                                       对于线性单元,输
138        READ(8,*)NEQJ                                           入每段作用点数
139        READ(8,*)(NQEH(IQ),IQ=1,NEP)                            每段作用边数
140        READ(8,*)(NQJH(IH),IH=1,NEQJ)                           每边作用点号
141        READ(8,*)((QNT(J,IH),J=1,2),IH=1,NEQJ)                  每点荷载值
142        WRITE(9,1021)NEQJ                                       输出线性单元的分
143        WRITE(9,1022)(NQEH(IQ),IQ=1,NEP)                        布荷载信息
144        WRITE(9,1023)(NQJH(IH),IH=1,NEQJ)
145        WRITE(9,1024)((QNT(J,IH),J=1,2),IH=1,NEQJ)
146        ELSE                                                    对于二次单元
147        WRITE(9,1025)
148        READ(8,*)(NQEH(IQ),IQ=1,NEP)                            输入荷载作用边的
149        READ(8,*)((NQIJ(J,IQ),J=1,3),IQ=1,NEP)                  单元号,该边节点号,
150        READ(8,*)((QNT1(J,IQ),J=1,6),IQ=1,NEP)                  每点的荷载值并输出
151        WRITE(9,1026)(NQEH(IQ),(NQIJ(J,IQ),J=1,3),
      #    (QNT1(J,IQ),J=1,6),IQ=1,NEP)
152        ENDIF
153        ENDIF
154        IF(KOUTD.GT.0)THEN                                      KOUTD>0 时
155        WRITE(9,1030)
156        READ(8,*)NJD                                            输入指定节点
157        READ(8,*)(JDWH(J),J=1,NJD)                              位移输出信息
158        WRITE(9,1034)NJD                                        并输出
159        WRITE(9,1035)(JDWH(J),J=1,NJD)
160        ENDIF
161        IF(KIET.GT.3)  CALL GAUSQ
162        CALL PRN('----')
163        WRITE(9,1040)
164        CALL PRN('----')
165        WRITE(*,2000)
```

```
166          RETURN
167 900      FORMAT(//6X,'FEAP IS A FINITE',
         #  'ELEMENT ANALYSIS PROGRAM FOR PLAN',
         #  'ELASTICITY PROBLEMS'//)
168 905      FORMAT(//10X,'ORIGINAL DATA FOR CHACK'//)
169 910      FORMAT(//1X,'1. ',7X,'* * * * * CONTROL',
         #  'PARMETERS * * * * *')
170 915      FORMAT(//1X,'KC1 =    ',I4,4X,'KC2   =',I4,4X,
         #  'KC3   =',I4,4X,'KC4   =',I4,4X,'KC5   =',I4//1X,
         #  'KMESH =',I4,4X,'KPRNT =',I4,4X,'KOUTD =',
         #  I4,4X,'KIET =',I4)
171 920      FORMAT(/10X,'SUMMARY FOR THE PROBLEM:')
172 925      FORMAT(/10X,'. LINEAR ANALYSIS ONLY')
173 930      FORMAT(/10X,'. NONLINEAR ANALYSIS')
174 935      FORMAT(/10X,'. PLAIN STRESS PROBLEM')
175 940      FORMAT(/10X,'. PLAIN STRAIN PROBLEM')
176 950      FORMAT(/10X,'. COMPOSITE ELEMENTS')
177 951      FORMAT(/10X,'. 3-NODE TRIANGLE ELEMENTS')
178 952      FORMAT(/10X,'.  4-NODE RECTANGULAR ELEMENTS')
179 953      FORMAT(/10X,'.  6-NODE TRIANGLE ELEMENTS')
180 954      FORMAT(/10X,'.  4-NODE ISOPARAMETRIC ELEMENTS')
181 955      FORMAT(/10X,'.  8-NODE ISOPARAMETRIC ELEMENTS')
182 956      FORMAT(/10X,'.  9-NODE ISOPARAMETRIC ELEMENTS')
183 958      FORMAT(//10X,'* * *  TOTAL INFORMATION  * * *'//)
184 960      FORMAT(1X,'NJ   =',I4,4X,'NES =',I4,4X,'NE   =',
         #  I4,4X,'NJR =',I4,4X,'NSTP =',I4,4X,'NCTP =',
         #  I4//1X,'NGRA =',I4,4X,'NJP =',I4,4X,'NEP =',I4,4X,
         #  'NGAS =',I4)
185 965      FORMAT(//1X,'2. ',7X,'* * * * * ELEMENT',
         #  'INFORMATION * * * * *'//)
186 966      FORMAT(10X,'ELEMENT',2X,'EL. TYPE',3X,
         #  'PROPERTY',3X,'NODE NUMBERS',7X)
187 967      FORMAT(10X,I4,5X,I4,6X,I4,9X,2I5,7X)
188 970      FORMAT(1X,'ELEMENT',2X,'EL. TYPE',3X,
         #  'PROPERTY',3X,'NODE NUMBERS')
189 971      FORMAT(1X,I4,5X,I4,6X,I4,4X,9I5)
190 975      FORMAT(10X,'ELEMENT',2X,'EL. TYPE',3X,
         #  'PROPERTY',3X,'NODE NUMBERS',7X)
```

```
191 976      FORMAT(10X,I4,5X,I4,6X,I4,4X,3I5,7X)
192 977      FORMAT(10X,'ELEMENT',2X,'EL. TYPE',3X,
          #  #'PROPERTY',8X,'NODE NUMBERS',7X)
193 978      FORMAT(10X,I4,5X,I4,6X,I4,4X,4I5,7X)
194 979      FORMAT(10X,'ELEMENT',2X,'EL. TYPE',3X,
          #  'PRORERTY',10X,'NODE NUMBERS')
195 980      FORMAT(10X,I4,5X,I4,6X,I4,4X,6I5)
196 985      FORMAT(//1X,'3. ',7X,'* * * * * NODAL',
          #  'COORDINATES * * * * *'//(2(1X,'NODE',
          #  10X,'X',9X,'Y',11X)))
197 986      FORMAT(2(1X,I4,6X,2F10.4,7X))
198 987      FORMAT(//1X,'4. ',7X,'* * * * * RESTRINED',
          #  'INFORMATION * * * * *'//(3(4X,'NODE',2X,
          #  'DIRECTION',5X)))
199 988      988  FORMAT(3(4X,I4,2X,I5,9X))
200 990      FORMAT(//1X,'5. ','* * * * * MATERIAL',
          #  'PROPERTIES * * * * *'//1X,'NUMBE',9X,
          #  'PROPERTIES')
201 995      FORMAT(1X,I3,8X,3E13.6)
202 996      FORMAT(1X,I3,8X,4E13.6)
203 1000     FORMAT(//1X,'6. ',7X,'* * * * * LOAD',
          #  'INFORMATION * * * * *')
204 1010     FORMAT(//1X,'(1)',6X,'NODAL LOADS',//2(
          #  1X,'NODE',2X,'DIRECTION',2X,'LOAD',
          #  'VALUE',5X))
205 1015     FORMAT(2(1X,I4,2X,I5,6X,E10.4,5X))
206 1020     FORMAT(//1X,'(2)',6X,'ELEMENT LOADS'//)
207 1021     FORMAT(//1X,'NEQJ=',I4)
208 1022     FORMAT(//1X,'NQEH='/(10(1X,I4)))
209 1023     FORMAT(/1X,'NQJH='/(10(1X,I4)))
210 1024     FORMAT(/1X,'QNT='/(3(1X,2E10.4)))
211 1025     FORMAT(1X,'ELEMENT',1X,'NODE NUMBERS'
          #  ,25X,'LOAD','VALUE')
212 1026     FORMAT(1X,I4,4X,3I4,6E10.4)
213 1030     FORMAT(//1X,'7. ',7X,'* * * * * NODAL',
          #  'DISPLACEMENTS OUTPUT INFORMATION',
          #  '* * * * *')
214 1034     FORMAT(/1X,'NJD=',I5)
```

```
215 1035    FORMAT(1X,'JDH=',12I5)
216 1040    FORMAT(//10X,'RESULTS OF',
       #    'CALCULATION'//)
217 2000    FORMAT(1X,'*****DATA INPUT',
       #    COMPLETED*****')
218         END
```

§2.4 网格自动剖分程序设计

从本章§2.3原始数据的准备中可知,用有限元法算题,必须输入单元编号、单元定义(即单元节点序号)、节点坐标值等。对于实际工程问题,为求得必需的精度,就要把结构划分成为数众多的单元和节点,因此,输入的数据量很多,而且准备工作十分繁琐,既容易发生错误,造成返工,也令人厌烦。采用网格自动剖分的方法,就是只要输入少量的描述区域几何形状和网格划分细度等数据,而由程序自动计算出节点坐标和单元定义等,从而大大减少输入数据。

在实际工程分析中,当选定一种收敛的单元后,所得到的结果将随网格的加密而趋于精确。为了获得适当的精度,往往要对不同的网格细度作多次计算,此时,网格自动生成就显得更为重要了。对于有些问题,需要在前一次分析的结果上进行新的网格划分,如一些非线性问题等,也应该有网格自动生成的功能。

最后,对于一个结构分析的有限元通用程序,即使程序功能齐全,解题方法先进,计算速度快,但是如果要求用户输入大量数据,这个程序就不是一个好程序,也将不受人们的欢迎。增加一段信息自动生成的前处理程序,把要求用户提供的数据量压缩到最低限度,这对于通用程序的推广应用无疑是十分必要的。

2.4.1 基本原理

本节所述的网格自动剖分是指网格和节点由人工事先编排好,然后根据其一定规律填写少量信息,由计算机自动形成单元和节点编号及节点坐标。

由人工编排节点及单元信息后,一般有两种情况:

(1)有一部分单元节点序号(节点坐标)随着单元顺序的增加而有规律地变化,本书把连在一起的有规律变化的单元,称为规则图形部分。

(2)有一部分单元节点序号(节点坐标)无规律变化,即不规则图形部分,本书称为区外单元和区外节点。

针对上述这两种情况,在填写自动剖分信息时,遇到第(1)种情况,就填写反映其规律的少量信息,使其自动形成;遇到第(2)种情况,就逐个单元(节点)填写单元信息和节点坐标信息。这样就可以大大减少填写和输入数据的工作量,也可以避免许多错误。

下面以图2-5所示结构为例,具体说明三节点三角形单元网格自动生成的原理和应用。对于其他各种网格(如六节点三角形单元、四边形等参单元)的自动剖分,其基本原理是一样的。

根据§2.3中所述网格自动剖分信息的填写要求,图2-5所示结构只要输入下列信息:

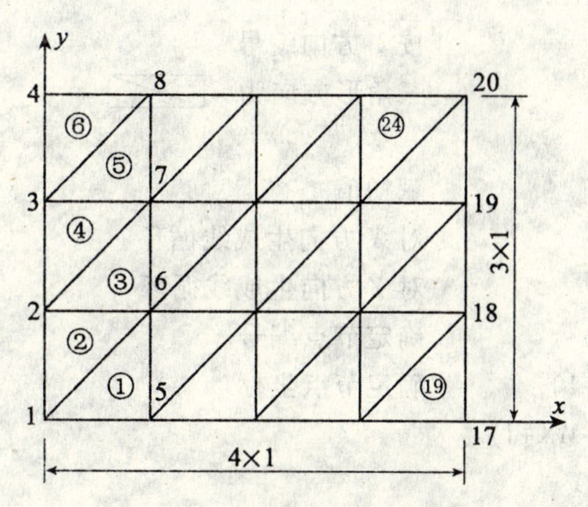

图 2-5　网格自动剖分示例图

(1)描述该块规则图形特征的控制参数 NK(7,NPS):

本例 NPS=1,故 NK 数组为

[NK] =	1	… 起始节点号 ISJ
	1	… 起始单元号 ISE
	5	…X 方向生成线总数 MX
	4	…Y 方向生成线总数 MY
	20	… 编号方向控制参数 MDIR 和 KCT
	1	… 单元类型号 IET
	1	… 材料组号 IM

(2)边界坐标 BXY(NXY)。

本例 NXY=MX+MY=9,故 BXY 数组为

BXY(9)=[0. ,1. 0,2. ,3. ,4. ,0. ,1. ,2. ,3.]^T

（前五项：X 方向边界坐标 x；后四项：Y 方向边界坐标 y）

网格自动剖分子程序 AMESH 即可以根据上述信息生成节点编号和相应的节点坐标、单元编号和相应的单元节点编号。在程序中是分成两步来实现的。

第一步:根据起始节点号 ISJ 及边界坐标 BXY,确定节点编号和相应的节点坐标。程序语句是:

```
MXY=0                     赋初值
DO 800 IPS=1,NPS          对分区数循环
ISJ=NK(1,IPS)             起始节点号
MX=NK(3,IPS)              X 方向生成线数
MY=NK(4,IPS)              Y 方向生成线数
KDIR=NK(5,IPS)            编号方向控制参数
```

```
      IF(KDIR.EQ.20)THEN
      KDIR=1                     按 Y 方向编号
      KCT=0                      三角形方向为 [／]
      ENDIF
      N=ISJ-1                    赋初值
      DO 10 I=1,MX               对 X 方向生成线循环
      DO 10 J=1,XY               对 Y 方向生成线循环
      N=N+1                      确定节点编号
      X(N)=BXY(MXY+I)            确定节点坐标
10    Y(N)=BXY(MXY+MX+J)
      MXY=MXY+MX+MY
800   CONTINUE
```

显然，执行上述程序段后，即得图 2-5 所示结构的节点编号及相应的节点坐标。

第二步：根据起始单元号和已确定的节点编号，确定单元编号和相应的单元节点编号。程序语句是：

```
          ISE=NK(2,IPS)              起始单元号
          L1=ISJ
          L2=ISJ+MY                  ⎫
          L3=MX-1                    ⎬ 赋初值
          L4=MY-1                    ⎭
          NEH=ISE
          DO 20 I=1,L3               对 X 方向分段数循环
          DO 30 I=1,L4               对 Y 方向分段数循环
          NOD(1,NEH)=L1              四边形内第一个三角形
          NOD(2,NEH)=L2              单元的节点号 i、j
          NOD(2,NEH+1)=L2+1          四边形内第二个三角形
          NOD(3,NEH+1)=L1+1          单元的节点号 j、m
          IF(KCT.EQ.0)THEN           按 KCT 确定余下的一个节点号
          NOD(3,NEH)=L2+1
          NOD(1,NEH+1)=L1
          ELSE
          NOD(3,NEH)=L1+1
          NOD(1,NEH+1)=L2
          ENDIF
          L1=L1+1
          L2=L2+1
          NEH=NEH+2
     30   CONTINUE
          L1=L1+1
```

```
      L2=L2+1
   20 CONTINUE
```

执行上述程序段后，即得图 2-5 所示结构的单元编号和相应的单元节点编号。

需要说明的是，图 2-5 中每一条生成线上各段距离都相等，当然也可以不相等，具体由边界坐标控制。

实际问题往往比较复杂，不可能像图 2-5 那样规则，此时可以将不规则的图形划分为若干个规则的小块，每个规则小块内单元及节点编号是连续的，可以利用自动剖分程序段由计算机自动生成有限元网格，而在两块之间用一些单元(节点)作过渡，对于过渡单元(节点)，不用自动剖分，而是直接由人工输入单元节点编号和节点坐标。这样，在整个信息填写中，有一部分是自动剖分信息填写，有一部分是人工信息填写，这种混合法使填写信息十分灵活、好用。

当需在同一结构内划分不同细度的单元时，可以通过增加自动剖分图形的分区数来达到这一目的。

网格自动剖分还有其他方法。例如，全自动剖分法，所有单元信息全部由计算机自动生成，而无需划分规则区域。此时可以将上述程序段改造，在生成线上引入比例因子 k 即可以达到这一目的，读者可以参阅其他相关书籍，例如文献[31]、[36]等，这里就不多述了。

2.4.2 网格自动剖分子程序 AMESH

```
1        SUBROUTINE AMESH                                        网格自动剖分
2        REAL*8 BXY(200),X(500),Y(500),PROPC(5,7,6),PROPS(5,6,5)
3        DIMENSION NK(7,5),NE5H(200),JZH(100)
4        COMMON/EJH/NOD(9,800),JH(9)/XY1/X,Y/MT1/MATS(200),PROPS
5        COMMON/MT2/MATC(800),PROPC/EM/NJ,NES,NE
6        COMMON/KIET/KIET/NETP/NETP(800),JNH(6)
7        READ(8,*)NPS,NXY,NE5,JZ5                                输入自动剖分控制参数
8        WRITE(9,900)NPS,NXY,NE5,JZ5                             并输出
9        READ(8,*)((NK(J,I),J=1,7),I=1,NPS)                      输入各区具体信息
10       WRITE(9,905)((NK(J,I),J=1,7),I=1,NPS)                   并输出
11       READ(8,*)(BXY(I),I=1,NXY)                               输入各区边界坐标
12       WRITE(9,910)(BXY(I),I=1,NXY)                            并输出
13       IF(NES.GT.0)THEN
14       DO 3 IE=1,NES
15  3    READ(8,*)NUMEL,NETP(NUMEL),MATS(NUMEL),
       # (NOD(J,NUMEL),J=1,2)
16       ENDIF
17       IF(NE5.GT.0)THEN                                        NE5>0 时
18       DO 2 IE=1,NE5
19  2    READ(8,*)NE5H(IE),NETP(NE5H(IE)),                       输入区外单元信息
```

```
    #  MATC(NE5H(IE)),(NOD(J,NE5H(IE)),J=1,
    #  JNH(NETP(NE5H(IE))))
20     ENDIF
21     IF(JZ5.GT.0)THEN                                JZ5>0 时
22     READ(8,*)(JZH(I),X(JZH(I)),Y(JZH(I)),I=1,       输入区外节点坐标
    #  JZ5)
23     ENDIF
24     MXY=0
25     DO 800 IPS=1,NPS                      对分区数循环
26     ISJ=NK(1,IPS)                         起始节点号
27     ISE=NK(2,IPS)                         起始单元号
28     MX=NK(3,IPS)                          X 方向生成线总数
29     MY=NK(4,IPS)                          Y 方向生成线总数
30     KDIR=NK(5,IPS)                        编号方向参数
31     IET=NK(6,IPS)                         单元类型
32     JT=NK(7,IPS)                          材料组号
33     IF(KIET.EQ.1.OR.KIET.EQ.3)THEN        确定三角形单元的编号
34     IF(KDIR.EQ.10)THEN                    及剖分方向
35     KDIR=0
36     KCT=0
37     ELSE IF(KDIR.EQ.11)   THEN
38     KDIR=0
39     KCT=1
40     ELSE IF(KDIR.EQ.20)THEN
41     KDIR=1
42     KCT=0
43     ELSE
44     KDIR=1
45     KCT=1
46     ENDIF
47     ENDIF
48     IF(KIET.EQ.3.OR.KIET.GT.4)THEN        确定 2 次单元 X、Y
49     MXC=2*MX-1                            方向的坐标个数
50     MYC=2*MY-1
51     ENDIF
52     N=ISJ-1                               赋初值
53     NEH=ISE
54     L1=ISJ
```

```
55          L3 = MX-1
56          L4 = MY-1
57          IF(IET. EQ. 1)THEN                        IET=1 为三角形单元
58          IF(KDIR)100,100,110                       KDIR=0 时
59  100     L2 = ISJ+MX                               按 X 方向编号
60          DO 10 I=1,MY                              对 Y 方向生成线循环
61          DO 10 J=1,MX                              对 X 方向生成线循环
62          N = N+1                                   确定节点编号
63          X(N)= BXY(MXY+J)                          和节点坐标
64          Y(N)= BXY(MXY+MX+I)
65   10     CONTINUE
66          MXY = MXY+MX+MY
67          DO 20 I=1,L4                              确定单元编号
68          DO 30 J=1,L3                              和单元节点号
69          NETP(NEH)= IET
70          NETP(NEH+1)= IET
71          MATC(NEH)= JT
72          MATC(NEH+1)= JT
73          NOD(1,NEH)= L1
74          NOD(2,NEH)= L1+1
75          NOD(2,NEH+1)= L2+1
76          NOD(3,NEH+1)= L2
77          IF(KCT. EQ. 0)THEN
78          NOD(3,NEH)= L2+1
79          NOD(1,NEH+1)= L1
80          ELSE
81          NOD(3,NEH)= L2
82          NOD(1,NEH+1)= L1+1
83          ENDIF
84          L1 = L1+1
85          L2 = L2+1
86          NEH = NEH+2
87   30     CONTINUE
88          L1 = L1+1
89          L2 = L2+1
90   20     CONTINUE
91          GO TO 800                                 本块做完转走
92  110     L2 = ISJ+MY                               KDIR>0 时
```

```
93          DO 40 I=1,MX                              按 Y 方向编号
94          DO 40 J=1,MY
95          N=N+1
96          X(N)=BXY(MXY+I)
97          Y(N)=BXY(MXY+MX+J)
98   40     CONTINUE
99          MXY=MXY+MX+MY
100         DO 50 I=1,L3
101         DO 60 J=1,L4
102         NETP(NEH)=IET
103         NETP(NEH+1)=IET
104         MATC(NEH)=JT
105         MATC(NEH+1)=JT
106         NOD(1,NEH)=L1
107         NOD(2,NEH)=L2
108         NOD(2,NEH+1)=L2+1
109         NOD(3,NEH+1)=L1+1
110         IF(KCT.EQ.0)THEN
111         NOD(3,NEH)=L2+1
112         NOD(1,NEH+1)=L1
113         ELSE
114         NOD(3,NEH)=L1+1
115         NOD(1,NEH+1)=L2
116         ENDIF
117         L1=L1+1
118         L2=L2+1
119         NEH=NEH+2
120  60     CONTINUE
121         L1=L1+1
122  50     L2=L2+1
123         GO TO 800                                 本块做完转走
124         ELSE IF(IET.EQ.2.OR.IET.EQ.4)THEN         四节点单元剖分
125         IF(KDIR)200,200,210                       KDIR=0 时
126 200     L2=ISJ+MX                                 按 X 方向编号
127         DO 220 I=1,MY                             确定节点编号和节点坐标
128         DO 220 J=1,MX
129         N=N+1
130         X(N)=BXY(MXY+J)
```

```
131          Y(N)=BXY(MXY+MX+I)
132 220      CONTINUE
133          MXY=MXY+MX+MY
134          DO 230 I=1,L4                    确定单元编号和单元节点号
135          DO 240 J=1,L3
136          NETP(NEH)=IET
137          MATC(NEH)=JT
138          NOD(1,NEH)=L1
139          NOD(2,NEH)=L1+1
140          NOD(3,NEH)=L2+1
141          NOD(4,NEH)=L2
142          L1=L1+1
143          L2=L2+1
144          NEH=NEH+1
145 240      CONTINUE
146          L1=L1+1
147          L2=L2+1
148 230      CONTINUE
149          GO TO 800                        本块做完转走
150 210      L2=ISJ+MY                        KDIR>0,按 Y 方向编号
151          DO 250 I=1,MX                    确定节点编号和节点坐标
152          DO 250 J=1,MY
153          N=N+1
154          X(N)=BXY(MXY+I)
155          Y(N)=BXY(MXY+MX+J)
156 250      CONTINUE
157          MXY=MXY+MX+MY
158          DO 260 I=1,L3                    确定单元编号
159          DO 270 J=1,L4                    和单元节点号
160          NETP(NEH)=IET
161          MATC(NEH)=JT
162          NOD(1,NEH)=L1
163          NOD(2,NEH)=L2
164          NOD(3,NEH)=L2+1
165          NOD(4,NEH)=L1+1
166          L1=L1+1
167          L2=L2+1
168          NEH=NEH+1
```

```
169 270    CONTINUE
170        L1=L1+1
171        L2=L2+1
172 260    CONTINUE
173        GO TO 800                          本块做完转走
174        ELSE IF(IET.EQ.3)THEN              六节点三角形单元
175        IF(KDIR)300,300,310                KDIR=0 时
176 300    L2=ISJ+MXC                         按 X 方向编号
177        L5=L2+MXC
178        DO 320 I=1,MYC                     确定节点编号
179        DO 320 J=1,MXC                     和节点坐标
180        N=N+1
181        X(N)=BXY(MXY+J)
182        Y(N)=BXY(MXY+MXC+I)
183 320    CONTINUE
184        MXY=MXY+MXC+MYC
185        DO 330 I=1,L4                      确定单元编号
186        DO 340 J=1,L3                      和单元节点号
187        NETP(NEH)=IET
188        NETP(NEH+1)=IET
189        MATC(NEH)=JT
190        MATC(NEH+1)=JT
191        NOD(1,NEH)=L1
192        NOD(2,NEH)=L1+2
193        NOD(2,NEH+1)=L5+2
194        NOD(3,NEH+1)=L5
195        IF(KCT.EQ.0)THEN
196        NOD(3,NEH)=L5+2
197        NOD(1,NEH+1)=L1
198        NOD(4,NEH)=L2+2
199        NOD(5,NEH)=L2+1
200        NOD(6,NEH)=L1+1
201        NOD(4,NEH+1)=L5+1
202        NOD(5,NEH+1)=L2
203        NOD(6,NEH+1)=L2+1
204        ELSE
205        NOD(3,NEH)=L5
206        NOD(1,NEH+1)=L1+2
```

```
207         NOD(4,NEH)=L2+1
208         NOD(5,NEH)=L2
209         NOD(6,NEH)=L1+1
210         NOD(4,NEH+1)=L5+1
211         NOD(5,NEH+1)=L2+1
212         NOD(6,NEH+1)=L2+2
213         ENDIF
214         L1=L1+2
215         L2=L2+2
216         L5=L5+2
217         NEH=NEH+2
218 340     CONTINUE
219         L1=L1+MXC+1
220         L2=L1+MXC
221         L5=L2+MXC
222 330     CONTINUE
223         GO TO 800                            本块做完转走
224 310     L2=ISJ+MYC                           KDIR>0 时
225         L5=L2+MYC                            按 Y 方向编号
226         DO 350 I=1,MXC                       确定节点编号和节点坐标
227         DO 350 J=1,MYC
228         N=N+1
229         X(N)=BXY(MXY+I)
230         Y(N)=BXY(MXY+MXC+J)
231 350     CONTINUE
232         MXY=MXY+MXC+MYC
233         DO 360 I=1,L3                        确定单元编号
234         DO 370 J=1,L4                        和单元节点号
235         NETP(NEH)=IET
236         NETP(NEH+1)=IET
237         MATC(NEH)=JT
238         MATC(NEH+1)=JT
239         NOD(1,NEH)=L1
240         NOD(2,NEH)=L5
241         NOD(2,NEH+1)=L5+2
242         NOD(3,NEH+1)=L1+2
243         IF(KCT.EQ.0)THEN
244         NOD(3,NEH)=L5+2
```

```
245            NOD(1,NEH+1)=L1
246            NOD(4,NEH)=L5+1
247            NOD(5,NEH)=L2+1
248            NOD(6,NEH)=L2
249            NOD(4,NEH+1)=L2+2
250            NOD(5,NEH+1)=L1+1
251            NOD(6,NEH+1)=L2+1
252            ELSE
253            NOD(3,NEH)=L1+2
254            NOD(1,NEH+1)=L5
255            NOD(4,NEH)=L2+1
256            NOD(5,NEH)=L1+1
257            NOD(6,NEH)=L2
258            NOD(4,NEH+1)=L2+2
259            NOD(5,NEH+1)=L2+1
260            NOD(6,NEH+1)=L5+1
261            ENDIF
262            L1=L1+2
263            L2=L2+2
264            L5=L5+2
265            NEH=NEH+2
266 370        CONTINUE
267            L1=L1+MYC+1
268            L2=L1+MYC
269            L5=L2+MYC
270 360        CONTINUE
271            GO TO 800                          本块做完转走
272            ELSE IF(IET.EQ.5)THEN              八节点等参元
273            IF(KDIR)400,400,410                KDIR=0时
274 400        L2=ISJ+MXC                         按X方向编号
275            L5=L2+MX
276            DO 420 I=1,MYC,2                   确定节点编号
277            DO 425 J=1,MXC                     和节点坐标
278            N=N+1
279            X(N)=BXY(MXY+J)
280            Y(N)=BXY(MXY+MXC+I)
281 425        CONTINUE
282            N=N+MX
```

```
283 420      CONTINUE
284          N1 = ISJ-1+MXC
285          DO 430 I = 2,MYC,2
286          DO 435 J = 1,MX
287          N1 = N1+1
288          X(N1) = BXY(MXY+2 * J-1)
289          Y(N1) = BXY(MXY+MXC+I)
290 435      CONTINUE
291          N1 = N1+MXC
292 430      CONTINUE
293          MXY = MXY+MXC+MYC
294          DO 440 I = 1,L4                    确定单元编号
295          DO 450 J = 1,L3                    和单元节点号
296          NETP(NEH) = IET
297          MATC(NEH) = JT
298          NOD(1,NEH) = L1
299          NOD(2,NEH) = L1+1
300          NOD(3,NEH) = L1+2
301          NOD(4,NEH) = L2+1
302          NOD(5,NEH) = L5+2
303          NOD(6,NEH) = L5+1
304          NOD(7,NEH) = L5
305          NOD(8,NEH) = L2
306          L1 = L1+2
307          L2 = L2+1
308          L5 = L5+2
309          NEH = NEH+1
310 450      CONTINUE
311          L1 = L1+MX+1
312          L2 = L2+2 * MX
313          L5 = L5+MX+1
314 440      CONTINUE
315          GO TO 800                          本块做完转走
316 410      L2 = ISJ+MYC                       KDIR>0 时
317          L5 = L2+MY                         按 Y 方向编号
318          DO 460 I = 1,MXC,2                 确定节点编号和节点坐标
319          DO 465 J = 1,MYC
320          N = N+1
```

```
321          X(N)=BXY(MXY+I)
322          Y(N)=BXY(MXY+MXC+J)
323 465      CONTINUE
324          N=N+MY
325 460      CONTINUE
326          N1=ISJ-1+MYC
327          DO 470 I=2,MXC,2
328          DO 475 J=1,MY
329          N1=N1+1
330          X(N1)=BXY(MXY+I)
331          Y(N1)=BXY(MXY+MXC+2*J-1)
332 475      CONTINUE
333          N1=N1+MYC
334 470      CONTINUE
335          MXY=MXY+MXC+MYC
336          DO 480 I=1,L3                                确定单元编号和单元节点号
337          DO 485 J=1,L4
338          NETP(NEH)=IET
339          MATC(NEH)=JT
340          NOD(1,NEH)=L1
341          NOD(2,NEH)=L2
342          NOD(3,NEH)=L5
343          NOD(4,NEH)=L5+1
344          NOD(5,NEH)=L5+2
345          NOD(6,NEH)=L2+1
346          NOD(7,NEH)=L1+2
347          NOD(8,NEH)=L1+1
348          L1=L1+2
349          L2=L2+1
350          L5=L5+2
351          NEH=NEH+1
352 485      CONTINUE
353          L1=L1+MY+1
354          L2=L2+2*MY
355          L5=L5+MY+1
356 480      CONTINUE
357          GO TO 800                                    本块做完转走
358          ELSE                                         九节点等参单元
```

```
359          IF(KDIR)500,500,510                      KDIR=0
360 500      L2=ISJ+MXC                               按 X 方向编号
361          L5=L2+MXC
362          DO 520 I=1,MYC                           确定节点编号和节点坐标
363          DO 520 J=1,MXC
364          N=N+1
365          X(N)=BXY(MXY+J)
366          Y(N)=BXY(MXY+MXC+I)
367 520      CONTINUE
368          MXY=MXY+MXC+MYC
369          DO 530 I=1,L4                            确定单元编号
370          DO 540 J=1,L3                            和单元节点号
371          NETP(NEH)=IET
372          MATC(NEH)=JT
373          NOD(1,NEH)=L1
374          NOD(2,NEH)=L1+1
375          NOD(3,NEH)=L1+2
376          NOD(4,NEH)=L2+2
377          NOD(5,NEH)=L5+2
378          NOD(6,NEH)=L5+1
379          NOD(7,NEH)=L5
380          NOD(8,NEH)=L2
381          NOD(9,NEH)=L2+1
382          L1=L1+2
383          L2=L2+2
384          L5=L5+2
385          NEH=NEH+1
386 540      CONTINUE
387          L1=L1+MXC+1
388          L2=L1+MXC
389          L5=L2+MXC
390 530      CONTINUE
391          GO TO 800                                本块做完转走
392 510      L2=ISJ+MYC                               KDIR>0
393          L5=L2+MYC                                按 Y 方向编号
394          DO 550 I=1,MXC                           确定节点编号
395          DO 550 J=1,MYC                           和节点坐标
396          N=N+1
```

```
397         X(N)=BXY(MXY+I)
398         Y(N)=BXY(MXY+MXC+J)
399 550     CONTINUE
400         MXY=MXY+MXC+MYC
401         DO 560 I=1,L3                         确定单元编号
402         DO 570 J=1,L4                         和单元节点号
403         NETP(NEH)=IET
404         MATC(NEH)=JT
405         NOD(1,NEH)=L1
406         NOD(2,NEH)=L2
407         NOD(3,NEH)=L5
408         NOD(4,NEH)=L5+1
409         NOD(5,NEH)=L5+2
410         NOD(6,NEH)=L2+2
411         NOD(7,NEH)=L1+2
412         NOD(8,NEH)=L1+1
413         NOD(9,NEH)=L2+1
414         L1=L1+2
415         L2=L2+2
416         L5=L5+2
417         NEH=NEH+1
418 570     CONTINUE
419         L1=L1+MYC+1
420         L2=L1+MYC
421         L5=L2+MYC
422 560     CONTINUE
423         ENDIF
424 800     CONTINUE
425         WRITE(9,920)
426         IF(NES.GT.0)THEN                      NES>0
427         WRITE(9,930)                          输出杆元信息
428         CALL PRN('----')
429         WRITE(9,935)(IE,NETP(IE),MATS(IE),
      #     (NOD(J,IE),J=1,2),IE=1,NES)
430         ENDIF
431         KE=NES+1
432         IF(KIET.EQ.0)THEN
433         WRITE(9,936)                          输出非杆元信息
```

```
434         CALL PRN('----')
435         DO 600 IE=KE,NE
436 600     WRITE(9,937)  IE,NETP(IE),MATC(IE),
        #   (NOD(J,IE),J=1,JNH(NETP(IE)))
437         ELSE IF(KIET.EQ.1)THEN
438         WRITE(9,940)
439         CALL PRN('----')
440         WRITE(9,941)(IE,NETP(IE),MATC(IE),
441         (NOD(J,IE),J=1,3),IE=KE,NE)
442         ELSE IF(KIET.EQ.2)THEN
443         WRITE(9,942)
444         CALL PRN('----')
445         WRITE(9,943)(IE,NETP(IE),MATC(IE),
        #   (NOD(J,IE),J=1,4),IE=KE,NE)
446         ELSE IF(KIET.EQ.3)THEN
447         WRITE(9,944)
448         CALL PRN('----')
449         WRITE(9,945)(IE,NETP(IE),MATC(IE),
450         (NOD(J,IE),J=1,6),IE=KE,NE)
451         ELSE IF(KIET.EQ.4)  THEN
452         WRITE(9,942)
453         CALL PRN('----')
454         WRITE(9,943)(IE,NETP(IE),MATC(IE),
        #   (NOD(J,IE),J=1,4),IE=KE,NE)
455         ELSE
456         WRITE(9,936)
457         CALL PRN('----')
458         DO 605 IE=KE,NE
459         JNN=JNH(NETP(IE))
460 605     WRITE(9,937)IE,NETP(IE),MATC(IE),
        #   (NOD(J,IE),J=1,JNN)
461         ENDIF
462         CALL PRN('----')
463         WRITE(9,960)
464         CALL PRN('----')
467         WRITE(9,965)(I,X(I),Y(I),I=1,NJ)
468         RETURN
469 900     FORMAT(//10X,'*****AUTOMATIC',
```

```
        #  'FORM MESH CONTROL PARMETERS * * * ',
        #  ' * * '//10X,'NPS=',I4,4X,'NXY=',I4,4X,
        #  'NE5=',I4,4X,'JZ5=',I4)
470 905    FORMAT(//10X,' * * * NK ARRAY * * * '/(6X,7I5))
471 910    FORMAT(//10X,' * * * BOUNDARY',
        #  'COORDINATES BXY * * * '/(7(1X,F10.4)))
472 920    FORMAT(//1X,'2. ',7X,' * * * * * ELEMENT',
        #  'INFORMATION * * * * * '//)
473 930    FORMAT(10X,'ELEMENT',2X,'EL. TYPE',3X,
        #  'PROPERTY',3X,'NODE NUMBERS',7X)
474 935    FORMAT(10X,I4,5X,I4,6X,I4,9X,2I5,7X)
475 936    FORMAT(1X,'ELEMENT',2X,'EL. TYPE',3X,
        #  'PROPERTY',3X,'NODE NUMBRES')
476 937    FORMAT(1X,I4,5X,I4,6X,I4,4X,9I5)
477 940    FORMAT(10X,'ELEMENT',2X,'EL. TYPE',3X,
        #  'PROPERTY',3X,'NODE NUMBERS',7X)
478 941    FORMAT(10X,I4,5X,I4,6X,I4,4X,3I5)
479 942    FORMAT(10X,'ELEMENT',2X,'EL. TYPE',3X,
        #  'PROPERTY',8X,'NODE NUMBERS')
480 943    FORMAT(10X,I4,5X,I4,6X,I4,4X,4I5)
481 944    FORMAT(10X,'ELEMENT',2X,'EL. TYPE',3X,
        #  'PROPERTY',18X,'NODE NUMBERS')
482 945    FORMAT(10X,I4,5X,I4,6X,I4,4X,6I5)
483 960    FORMAT(//1X,'3. ',7X,' * * * * * NODAL POINT',
        #  'COORDINATES * * * * * '//(2(1X,'NODE',10X,'X',
        #  9X,'Y',11X)))
484 965    FORMAT(2(1X,I4,6X,2F10.4,7X))
485        END
```

2.4.3 网格自动剖分实例

例 2-1 如图 2-6 所示结构，采用矩形与三角形的组合单元，根据图形形状划分为三个规则图形区域，每两块之间采用一些过渡单元或节点，由人工直接输入过渡单元或节点的相关信息，规则图形部分由程序自动生成网格，其数据填写如下(这里假定各区材料是一样的，因此只有一组材料，若材料不一样，则只需在各区信息中指出其材料所属组号即可)。

(1)自动剖分控制参数 NPS、NXY、NE5、JZ5。

3，19，11，2

(2)各区具体信息 NK(1：7，1：NPS)。

1，1，3，3，0，2，1

10，14，3，4，0，2，1

24，22，3，3，1，2，1

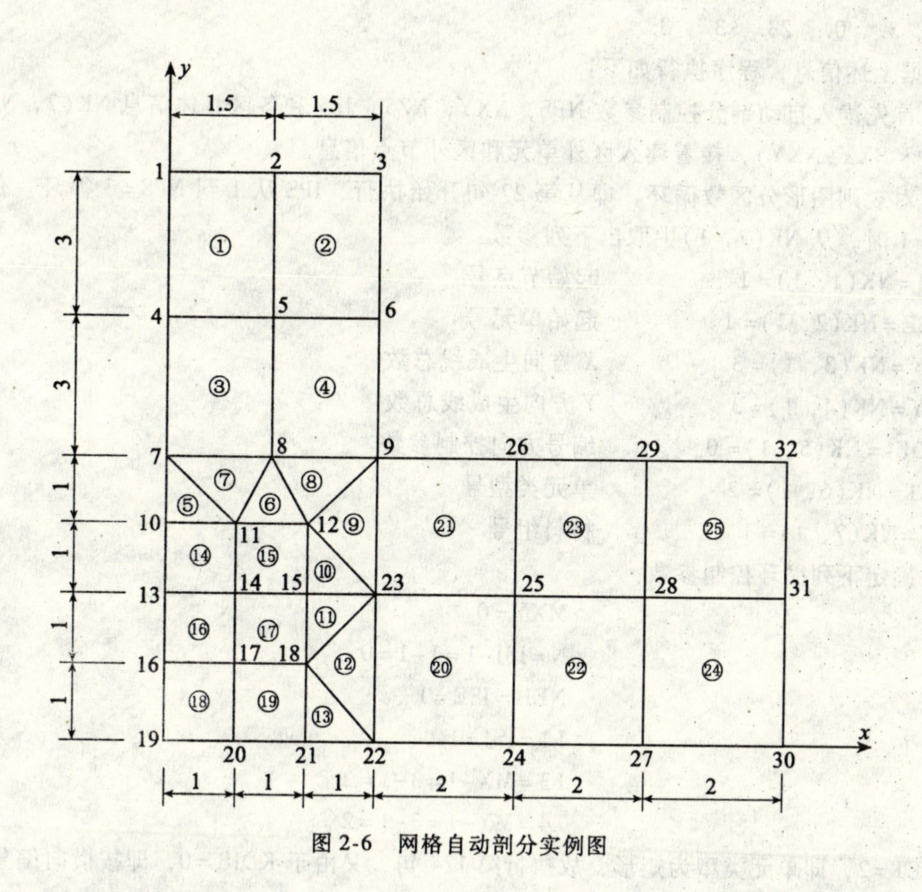

图 2-6　网格自动剖分实例图

(3)各区边界坐标 BXY(1：NXY)。

0.，1.5，3.，10.，7.，4.，0.，1.，2.，3.，2.，1.，0.，5.，7.，9.，0.，2.，4.

(4)区外单元信息 NE5H(1：NE5)，NETP(1：NE5)，MATC(1：NE5)，NOD(1：9，NE5)。

5，1，1，11，7，1，0

6，1，1，11，12，8

7，1，1，11，8，7

8，1，1，12，9，8

9，1，1，12，23，9

10，1，1，12，15，23

11，1，1，18，23，15

12，1，1，18，22，23

13，1，1，18，21，22

20，2，1，22，24，25，23

21，2，1，23，25，26，9

(5)区外节点信息 JZH(1：JZ5)，X(1：JZ5)，Y(1：YZ5)。

22，3.，0.，23.，3.，3.

根据上述信息，程序执行如下：

1. 首先读入自动剖分控制参数 NPS，NXY，NZ5，JZ5 和各区具体信息 NK(7，NPS)，边界坐标 BXY(NXY)，接着读入区外单元和区外节点信息。

2. 对规则图形分区数循环，即从第 27 句开始执行，IPS 从 1 到 NPS=3 循环。例如，当 IPS=1 时，从 NK(7，1)中取出下列参数：

ISJ=NK(1，1)=1　　起始节点号

NSE=NK(2，1)=1　　起始单元号

MX=NK(3，1)=3　　*X* 方向生成线总数

MY=NK(4，1)=3　　*Y* 方向生成线总数

KDIR=NK(5，1)=0　　编号方向控制参数

IET=NK(6，1)=2　　单元类型号

JT=NK(7，1)=1　　材料组号

并确定下列循环控制参数：

MXY=0

N=ISJ-1=1-1=0

NEH=ISE=1

L1=ISJ=1

L3=MX-1=3-1=2

L4=MY-1=3-1=2

由于 IET=2，即单元类型为矩形，故执行第 124 句，又由于 KDIR=0，即按横向编号，故从 126 句开始做起，得

L2=ISJ+MX=1+3=4

接着，确定本块的节点编号、节点坐标、单元编号和单元节点序号。

第一步　确定节点编号和节点坐标。

执行第 127 句～132 句

I 从 1 到 MY=3　　循环

J 从 1 到 MX=3　　循环

J=1 时，N=N+1=0+1=1

X(1)=BXY(MXY+J)=BXY(0+1)=BXY(1)=0.

Y(1)=BXY(MXY+MX+1)=BXY(0+3+1)=BXY(4)=10.

J=2 时，N=N+1=1+1=2

X(2)=BXY(MXY+J)=BXY(2)=1.5

Y(2)=BXY(MXY+MX+I)=BXY(4)=10.

J=3 时，N=N+1=3

X(3)=BXY(MXY+J)=BXY(3)=3.

Y(3)=BXY(MXY+MX+I)=BXY(4)=10.

J 循环做完，I 进入下一循环，此时 I=2，J 又从 1 到 3 循环，直到 I、J 均循环完毕，则第一块图形的 1 ~ 9 点的节点编号和相应的节点坐标就全部形成了。

第二步　确定单元编号和相应的单元节点序号。

根据已形成的节点编号，执行第 133 句 ~ 149 句，I 从 1 到 L4=2 循环，J 从 1 到 L3=2 循环：

当 I=1，J=1 时，此时 NEH=ISE=1，因此

NETP(NEH)=NETP(1)=IET=2

MATC(NEH)=MATC(1)=JT=1

NOD(1，1)=L1=1

NOD(2，1)=L1+1=2

NOD(3，1)=L2+1=4+1=5

NOD(4，1)=L2=4

L1=L1+1=1+1=2

L2=L2+1=4+1=5

NEH=NEH+1=1+1=2

J=2 时，有

NETP(2)=IET=2

MATC(2)=JT=1

NOD(1，2)=L1=2

NOD(2，2)=L1+1=3

NOD(3，2)=L2+1=5+1=6

NOD(4，2)=L2=5

L1+L1+1=2+1=3

L2=L2+1=5+1=0

NEH=NEH+1=2+1=3

L1=L1+1=3+1=4

L2=L2+1=6+1=7

J 循环做完，I 从 1 增加到 2，接着再进入 J 循环。

J=1 时，有

NETP(3)=IET=2

MATC(3)=JT=1

NOD(1，3)=L1=4

NOD(2，3)-L1+1=5

NOD(3，3)=L2+1=7+1=8

NOD(4，3)=L2=7

L1=L1+1=4+1=5

L2=L2+1=7+1=8

NEH = NEH+1 = 3+1 = 4

J = 2 时，得

NETP(4) = IEF = 2

MATC(4) = JT = 1

NOD(1，4) = L1 = 5

NOD(2，4) = L1+1 = 5+1 = 6

NOD(3，4) = L2+1 = 8+1 = 9

NOD(4，4) = L2 = 8

至此，I、J 均已循环完，第一块图形的单元编号和相应的单元节点序号即已全部形成，可以进入第二块图形的循环了，直到 3 块图形全部循环完，最后即得如图 2-6 所示结构的有限元网格图。

第 3 章　引入约束条件程序设计

§3.1　形成节点未知量编号数组 JWH(2, NJ)

3.1.1　基本原理

从有限元分析中知道，未引入约束条件的结构总刚度矩阵是一个对称的奇异矩阵，为了使方程 $[\boldsymbol{K}]\{\boldsymbol{\Delta}\}=\{\boldsymbol{F}\}$ 有确定解，必须将几何边界条件引入到结构总刚度矩阵中去，这就是通常所说的约束处理。引入约束条件后的总刚度矩阵是一个对称正定的非奇异矩阵，可以求逆。引入约束条件的几种方法在 §1.4 中已作了说明，在 FEAP 中采用的是前处理法，即重排方程号法，亦即在组合总刚前对总刚进行预处理，事先将与已知零位移对应的方程去掉，然后对方程（即节点未知量）进行重新编号，最后按这种新的节点未知量编号进行结构总刚方程的组集与求解。采用这种约束处理方法不仅可以节约内存，而且可以减少计算工作量，从而加快运算速度，节省计算时间。

形成节点未知量编号的工作由计算机来做是很简单的。设节点未知量编号数组用 JWH(2, JW) 表示（其中 NJ 为节点总个数），JWH 中每一个节点的两个分量对应于该节点 X 方向及 Y 方向的位移编号。形成节点未知量编号数组 JWH 的主要步骤为：

(1) 首先对 JWH 数组送 1。

(2) 根据约束信息 NR(2, NIR) 将 JWH 中被约束了的自由度的相应元素改为 0。

(3) 对节点循环，将 JWH 中的非 0 元素依次累加代替原有值。所有节点循环完毕后，节点未知量编号数组 JWH 即已形成。最后所得到的节点未知量编号的累加数 NN 即为方程（亦即节点未知量）的总个数。

形成节点未知量编号 JWH 后，不仅仅是进行了约束处理，同时也确定了需要建立的方程的序号和方程的总个数，亦即同时确定了整体位移列向量 $\{\boldsymbol{\Delta}\}$ 和总刚 $[\boldsymbol{K}]$ 的阶数。

3.1.2　形成节点未知量编号的子程序 FJWKD

根据上述步骤可以绘制出形成节点未知量编号数组 JWH 的程序框图如图 3-1 所示。

按照上述框图编写的程序如下。

这里需要说明的是，在 FEAP 中，是将形成节点未知量编号数组 JWH 和形成主对角元位置数组 KAD 放在一起来作的，本节仅列出形成 JWH 的一段，形成 KAD 的一段见 §5.2。

```
1        SUBROUTINE FJWKD                              形成节点未知量编号
```

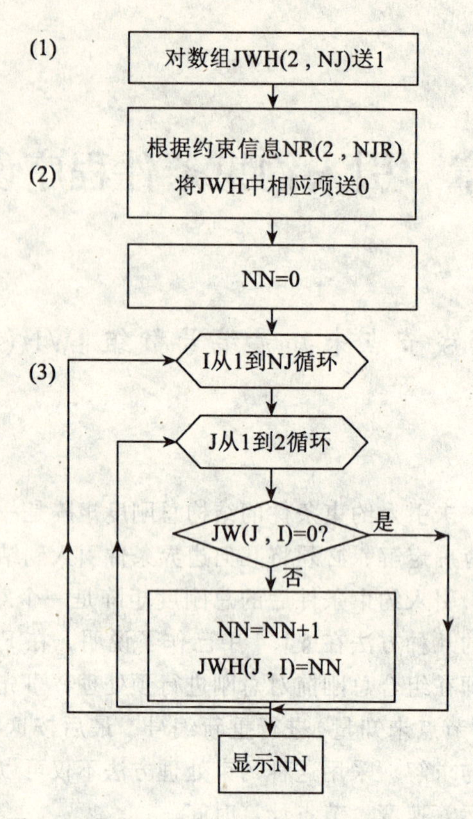

图 3-1 形成节点未知编号数组 JWH 的细框图

```
2          COMMON/EWH/JWH(2,500),KAD(1000),IEW(18)/CK5/KPRNT 数组 JWH
3          COMMON/EJH/NOD(9,800),JH(9)/EM/NJ,NES,NE/NR/NJR,NR(2,30)
4          COMMON/NETP/NETP(800),JNH(6)/ENN/NN,ME/JN/JN,JN2
5          DO 10 I=1,NJ                              对节点循环
6          DO 10 J=1,2
7   10     JWH(J,I)=1                                JWH 送 1
8          DO 20 I=1,NJR                             根据约束信息
9   20     JWH(NR(2,I),NR(1,I))=0                    将 JWH 中相应项改为 0
10         NN=0
11         DO 30 I=1,NJ                              对节点循环
12         DO 30 J=1,2
13         IF(JWH(J,I).EQ.0)GO TO 30                 JWH(J,I)=0 转走
14         NN=NN+1                                   累加未知量编号
15         JWH(J,I)=NN
16  30     CONTINUE                                  JWH 已经形成
17         IF(KPRNT.EQ.1)THEN
```

```
18          WRITE(9,160)
19          WRITE(9,170)(I,(JWH(J,I),J=1,2),I=1,NJ)          打印 JWH
20          ENDIF
21          WRITE(9,200)NN                                    NN 为方程总个数
22          WRITE( * ,200)NN
23          RETURN
24 160      FORMAT(//5X,'NODE',10X,'JWH ARRAY')
25 170      FORMAT(/5X,I5,6X,2I5)
26 200      FORMAT(//1X,'TOTAL NUMBER OF EQUATIONS:NN=',I5,
27       #  //1X,'TOTAL NUMBER OF ZK ELEMENTS:ME=',I5)
28          END
```

3.1.3　形成节点未知量编号的实例

例 3-1　试形成如图 1-9 所示结构的节点未知量编号 JWH。

解　已知节点数 NJ=6，约束个数 NJR=6，约束信息 NR(2，NJR)为

$$NR(2,\ 6)=\begin{bmatrix}1 & 2 & 4 & 4 & 5 & 6\\ 1 & 1 & 1 & 2 & 2 & 2\end{bmatrix}\begin{matrix}\cdots\cdots \text{约束节点号}\\ \cdots\cdots \text{约束方向号}\end{matrix}$$

节点未知量编号数组为 JWH(2，6)。

执行 FJWKD 程序 5～7 句后，JWH 中各元素均为 1。

$$\begin{matrix}\text{节点号} & 1 & 2 & 3 & 4 & 5 & 6\end{matrix}$$

$$JWH(2,\ 6)=\begin{bmatrix}1 & 1 & 1 & 1 & 1 & 1\\ 1 & 1 & 1 & 1 & 1 & 1\end{bmatrix}$$

执行 10～11 句后

$$\begin{matrix}\text{节点号} & 1 & 2 & 3 & 4 & 5 & 6\end{matrix}$$

$$JWH(2,\ 6)=\begin{bmatrix}0 & 0 & 1 & 0 & 1 & 1\\ 1 & 1 & 1 & 0 & 0 & 0\end{bmatrix}$$

执行 13～18 句后

$$\begin{matrix}\text{节点号} & 1 & 2 & 3 & 4 & 5 & 6\end{matrix}$$

$$JWH(2,\ 6)=\begin{bmatrix}0 & 0 & 3 & 0 & 5 & 6\\ 1 & 2 & 4 & 0 & 0 & 0\end{bmatrix}$$

上式即为由计算机根据 FJWKD 子程序自动编出的节点未知量编号数组 JWH。其中 NN=6，表明该问题一共有 6 个方程。由 JWH 可知图 1-9 所示结构的整体位移列向量为

$$\{\Delta\}=\begin{bmatrix}\delta_1 & \delta_2 & \delta_3 & \delta_4 & \delta_5 & \delta_6\\ \vdots & \vdots & \vdots & \vdots & \vdots & \vdots\\ v_1 & v_2 & u_3 & v_3 & u_5 & u_6\end{bmatrix}^{T} \tag{3-1}$$

§3.2 形成单元定位向量 IEW(2 * JN)

形成节点未知量编号数组 JWH 后，就可以根据单元的节点编号，形成单元定位向量。

设：JH(JN)存放单元节点编号，JN 为单元节点个数；IEW(2 * JN)存放单元定位向量。程序如下：

	程序	说明
1	SUBROUTINE QIEW(JN)	求单元定位向量 IEW
2	C SUB. NO. 010	JN 为单元节点个数
3	COMMON/EJH/NOD(9,600),JH(9)	JN * 2 为单元自由度数
4	COMMON/EWH/JWH(2,400),KAD(800),IEW(18)	
5	DO 10 J=1,JN	对单元节点循环
6	IEW(J+J-1)=JWH(1,JH(J))	从节点未知量编号数组
7	10 IEW(J+J)=JWH(2,JH(J))	JWH 中取出节点未知量
8	RETURN	编号送入 IEW 中
9	END	

这一子程序虽然相当简单，但在整个有限元分析过程中，在许多步骤中都要用到这一子程序。单元定位向量 IEW 在整个有限元分析过程中起着一个组织者的作用。下面举例说明如何由 QIEW(JN)形成单元定位向量 IEW。

例 3-2 试利用子程序 QIEW(JN)形成如图 1-9 所示结构各单元的定位向量 IEW。

解 已知单元节点编号数组为

单元号 ① ② ③ ④

$$NOD(3,\ 4)=\begin{bmatrix}3 & 5 & 2 & 6\\1 & 2 & 5 & 3\\2 & 4 & 3 & 5\end{bmatrix}$$

节点未知量编号数组在例 3-1 中已形成，这里直接引用即可，即

单元号 1 2 3 4 5 6

$$JWH(2,\ 6)=\begin{bmatrix}0 & 0 & 3 & 0 & 5 & 6\\1 & 2 & 4 & 0 & 0 & 0\end{bmatrix}$$

(1)对单元循环，IE=1 ~4。

(2)从 NOD 数组中取出各单元的节点编号，存入 JH(JN)数组中。对于三节点三角形单元，JN=3，各单元的节点编号为

$$\{JH\}^{①}=[3\quad 1\quad 2]^{T}$$
$$\{JH\}^{②}=[5\quad 2\quad 4]^{T}$$
$$\{JH\}^{③}=[2\quad 5\quad 3]^{T}$$
$$\{JH\}^{④}=[6\quad 3\quad 5]^{T}$$

(3)调 QIEW(JN)形成各单元的定位向量 IEW(2 * JN)。

对于三节点三角形单元，2 * JN=6，即每个单元有 6 个自由度(亦即每个单元有 6 个节点未知量编号)。

子程序 QIEW(JN)的作用就是根据 JH 中所存各单元的节点编号，从 JWH 中取出节点

未知量编号送入单元定位向量 IEW(2 * JN)中。执行这一子程序后，可得如图 1-9 所示结构的各单元的定位向量 IEW 如下

$$\{IEW\}^{①}=[3 \quad 4 \quad 0 \quad 1 \quad 0 \quad 2]^T$$

$$\{IEW\}^{②}=[5 \quad 0 \quad 0 \quad 2 \quad 0 \quad 0]^T$$

$$\{IEW\}^{③}=[0 \quad 2 \quad 5 \quad 0 \quad 3 \quad 4]^T$$

$$\{IEW\}^{④}=[6 \quad 0 \quad 3 \quad 4 \quad 5 \quad 0]^T$$

上述结果与第 1 章 §1.4 中例 1-2 所得结果完全一致。

第4章　形成单元刚度矩阵程序设计

形成单元刚度矩阵是有限元分析中的重要环节之一，本章讲述各种单元的单元刚度矩阵形成的程序设计。

§4.1　三节点三角形单元的单元刚度矩阵的形成

在形成单元刚度矩阵之前，常将形成单元刚度矩阵所需的相关参数，用若干个子程序来完成。这种方法是将问题分解，逐个解决，有利于程序的编制。由第1章§1.4可知，对于三节点三角形单元的单元刚度矩阵，需要形成节点坐标差值b_i、$c_i(i, j, m)$及单元面积A和单元材料的弹性模量E、泊松比μ及单元厚度t等，亦即需要形成单元的应变矩阵$[\boldsymbol{B}]$和弹性矩阵$[\boldsymbol{D}]$等。于是专门编写了子程序QTRIB和QDA来形成矩阵$[\boldsymbol{B}]$和$[\boldsymbol{D}]$，然后根据已形成的矩阵$[\boldsymbol{B}]$和$[\boldsymbol{D}]$，由子程序STIF3来形成三节点三角形单元的单元刚度矩阵

$$[\boldsymbol{k}]^e = [\boldsymbol{B}]^T[\boldsymbol{D}][\boldsymbol{B}]At \tag{4-1}$$

4.1.1　形成三节点三角形单元单刚的程序框图

形成三节点三角形单元刚度矩阵的程序框图如图4-1所示。

4.1.2　形成三节点三角形单元相关参数的子程序QTRIB

1. 变量说明

IE——单元序号(哑元)；

JH(9)——存单元节点编号；

AC——单元面积；

BB(3, 6)——三节点三角形单元的应变矩阵$[\boldsymbol{B}]$。

2. SUB. QTRIB(IE)的功能

子程序SUB. QTRIB的功能是从NOD数组中取出节点编号送入JH数组，计算节点坐标差值b_i、$c_i(i, j, m)$和单元面积，形成应变矩阵$[\boldsymbol{B}]$。程序如下：

```
1      SUBROUTINE QTRIB(IE)                                              求三节点三角形单
2      REAL*8 X(500),Y(500),PROPC(5,7,6),BB(3,6),DD(3,3),DK(6,6)       元的应变矩阵[B]
3      REAL*8 BT,AC,GM,XI,XJ,XM,YI,YJ,YM,BI,BJ,BM,CI,CJ,CM              和有关参数
4      COMMON/CK1/KC1,KC2/XY1/X,Y/EJH/NOD(9,800),JH(9)
5      COMMON/MT2/MATC(800),PROPC/BA/BB/DA/DD/CDK/DK
```

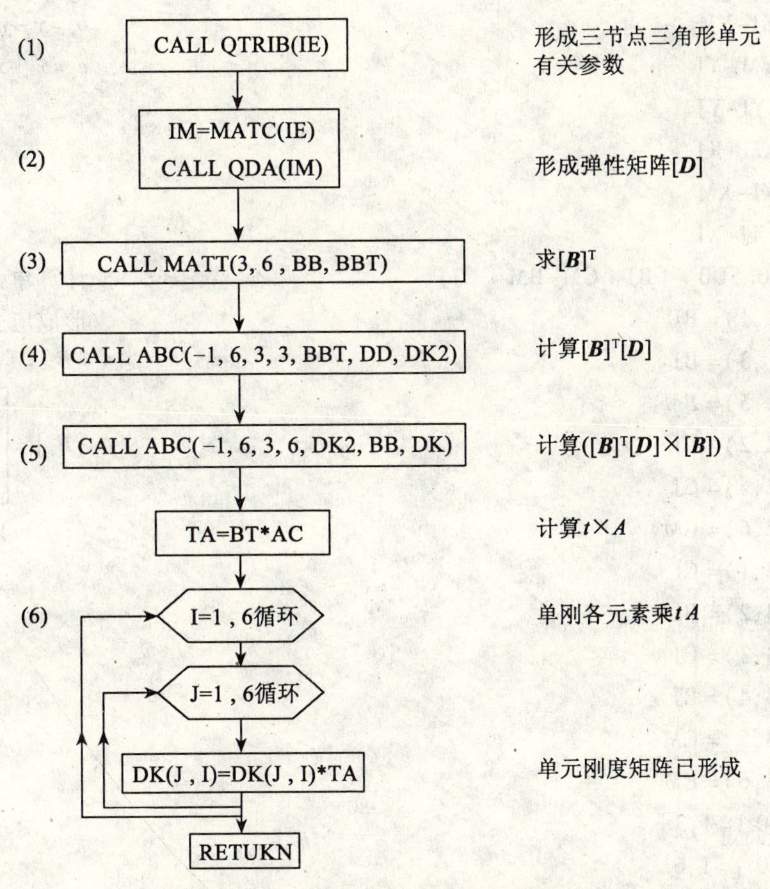

图 4-1　形成三节点三角形单元单刚的细框图

6　COMMON/CMATL/BT,AC,GM/CK5/KPRNT

7　CALL ZERO2(BB,3,6)　　应变矩阵[B]送0

8　JT=MATC(IE)　　取出单元节点号

9　I=NOD(1,IE)　　i、j、m

10　J=NOD(2,IE)　　并存入JH中

11　M=NOD(3,IE)

12　JH(1)=I

13　JH(2)=J

14　JH(3)=M

15　XI=X(I)　　取出节点坐标

16　XJ=X(J)

17　XM=X(M)

18　YI=Y(I)

19　YJ=Y(J)

```
20        YM=Y(M)
21        BI=YJ-YM                                   
22        BJ=YM-YI
23        BM=YI-YJ
24        CI=XM-XJ
25        CJ=XI-XM
26        CM=XJ-XI
27        AC=0.5D0*(BJ*CM-BM*CJ)
28        BB(1,1)=BI
29        BB(1,3)=BJ
30        BB(1,5)=BM
31        BB(2,2)=CI
32        BB(2,4)=CJ
33        BB(2,6)=CM
34        BB(3,1)=CI
35        BB(3,2)=BI
36        BB(3,3)=CJ
37        BB(3,4)=BJ
38        BB(3,5)=CM
39        BB(3,6)=BM
40        DO 10 I=1,3
41        DO 10 J=1,6
42 10     BB(I,J)=BB(I,J)*0.5D0/AC
43        IF(KPRNT.EQ.1)THEN
44        WRITE(9,900)IE
45        WRITE(9,910)((BB(I,J),J=1,6),I=1,3)
46           ENDIF
47           RETURN
48 900       FORMAT(//1X,'IE=',I3,10X,'* * * B ARRAY * * *'//)
49 910       FORMAT(6(1X,F12.6))
50           END
```

Annotations (right column):

- Lines 21–26: $b_i=y_j-y_m$, $c_i=x_m-x_j$ (i, j, m)
- Line 27: 计算单元面积
- Line 28: 形成应变矩阵[$\boldsymbol{B}$]

$$[\boldsymbol{B}]=[\boldsymbol{B}_i \quad \boldsymbol{B}_j \quad \boldsymbol{B}_m]$$

$$[\boldsymbol{B}_j]=\begin{bmatrix} b_i & 0 \\ 0 & c_i \\ c_i & b_i \end{bmatrix}$$

(i,j,m)

- Line 45: 打印应变矩阵[$\boldsymbol{B}$]

4.1.3 形成弹性矩阵[D]的子程序 QDA

1. 变量说明

IM——材料组号(哑元);

EX——弹性模量 E;

PO——泊松比 μ;

GM——材料重度 γ;

PRORC(2, 7, 6)——材料特性参数数组;

DD(3，3)——弹性矩阵[$\boldsymbol{D}$]，参阅式(1-3)和式(1-4)。

2. SUB. QDA(IM)的功能

子程序 SUB. QDA(IM)的功能是根据材料组号 IM，从材料特性数组 PROPC 中取出 EX、PO、GM，按式(1-3)或式(1-4)形成弹性矩阵[$\boldsymbol{D}$]。程序如下：

```
1        SUBROUTINE QDA(IM)                                         求弹性矩阵[D]
2        REAL * 8 PROPC(5,7,6),DD(3,3),EX,PO,EPO,BT,AC,GM
3        COMMON/MT2/MATC(800),PROPC/DA/DD/EU/EX,PO
4        COMMON/CK1/KC1,KC2/CMATL/BT,AC,GM
5        CALL ZERO2(DD,3,3)                                         [DD]送0
6        EX=PROPC(IM,1,1)                                           取出弹模E
7        PO=PROPC(IM,1,2)                                           取出泊松比μ
8        BT=PROPC(IM,1,3)                                           取出单元厚度t
9        GM=PROPC(IM,1,4)                                           取出重度γ
10       IF(KC2. GT. 0)THEN                                         当为平面应变时
11       EX=EX/(1. D0-PO * PO)                                      E=E/(1-μ^2)
12       PO=PO/(1. D0-PO)                                           μ=μ/(1-μ)
13       ENDIF
14       EPO=EX/(1. D0-PO * PO)
15       DD(1,1)=EPO                                                形成弹性矩阵[D]
16       DD(2,2)=EPO                                                存入[DD]中
17       DD(1,2)=PO * EPO
18       DD(2,1)=DD(1,2)
19       DD(3,3)=0. 5D0 * (1. D0-PO) * EPO
20       RETURN
21       END
```

4.1.4 形成三节点三角形单元单刚的子程序 STIF3

1. 变量说明

IE——单元序号(哑元)；

DK(6,6)——存三节点三角形单元的单元刚度矩阵。

2. SUB. STIF3(IE)的功能

(1)调 QTRIB 形成矩阵[$\boldsymbol{B}$]。

(2)调 QDA 形成矩阵[$\boldsymbol{D}$]。

(3)调 MATT 求矩阵[$\boldsymbol{B}$]的转置矩阵[$\boldsymbol{B}$]^{T}

(4)调矩阵乘法子程序 ABC 计算单元刚度矩阵

$$[\mathrm{DK}]=[\boldsymbol{B}]^{\mathrm{T}}[\boldsymbol{D}][\boldsymbol{B}]t\,A$$

程序如下：

```
1           SUBROUTINE STIF3(IE)                    形成三节点三角形单元单刚
2           REAL * 8 DK2(6,3),DK(6,6),PROPC(5,7,6),BT,AC,GM,BBT(6,3)
3           REAL * 8 BB(3,6),DD(3,3),TA
4           COMMON/EJH/NOD(9,800),JH(9)/CDK/DK/MT2/MATC(800),PROPC
5           COMMON/CMATL/BT,AC,GM/CK5/KPRNT
6           COMMON/BA/BB/DA/DD
7           CALL QTRIB(IE)                          求单元相关参数
8           IM=MATC(IE)                             取出材料组号
9           CALL QDA(IM)                            求弹性矩阵[D]
10          CALL MATT(3,6,BB,BBT)                   求矩阵[B]T
11          CALL ABC(-1,6,3,3,BBT,DD,DK2)           计算单刚
12          CALL ABC(-1,6,3,6,DK2,BB,DK)
13          TA=BT * AC
14          DO 10 I=1,6
15          DO 10 J=1,6
16  10      DK(J,I)=DK(J,I) * TA                    单刚已形成
17          IF(KPRNT.EQ.1)THEN
18          WRITE(9,40)IE
19          WRITE(9,50)((DK(I,J),J=1,6),I=1,6)      打印单刚
20  40      FORMAT(//1X,'IE=',I3,10X,'* * * DKC * * *')
21  50      FORMAT(6(1X,E12.6))
22          ENDIF
23          RETURN
24          END
```

4.1.5 形成三节点三角形单元单刚的计算实例

例 4-1 试利用 STIF3 子程序形成如图 1-9 所示结构的单元刚度矩阵。

解 以单元①为例(即 IE=1)，说明单刚的形成过程。

(1)调子程序 QTRIB 求应变矩阵[$\boldsymbol{B}$]及单元面积 A，单元节点编号 JH(3)。

1)应变矩阵 BB(3, 6)送 0。

2)从节点编号数组 NOD(3, NE)中取出单元 IE 的节点号存入 I、J、M 和 JH 数组，接着从节点坐标数组 X(NJ)、Y(NJ)中取出单元各节点的坐标存入 XI、YI(I, J, M)，然后计算 BI、CI(I, J, M)和单元面积 AC，再按式(1-17)形成矩阵[$\boldsymbol{B}$]，存放在 BB(3, 6)中，最后 BB(3, 6)中各元素乘以 0.5/AC 即得所要求的单元①的应变矩阵[$\boldsymbol{B}$]，即

$$[\boldsymbol{B}]^{①}=\begin{bmatrix}1 & 0 & 0 & 0 & -1 & 0\\ 0 & 0 & 0 & 1 & 0 & -1\\ 0 & 1 & 1 & 0 & -1 & -1\end{bmatrix} \tag{4-2}$$

(2)调子程序 QDA(IM)形成矩阵[$\boldsymbol{D}$]

$$[\boldsymbol{D}]=10^4\times\begin{bmatrix}1 & & \text{对}\\ 0 & 1 & \text{称}\\ 0 & 0 & 0.5\end{bmatrix}\tag{4-3}$$

(3)调子程序 MATT 求矩阵$[\boldsymbol{B}]$的转置矩阵$[\boldsymbol{B}]^{\mathrm{T}}$

$$[\boldsymbol{B}]^{\mathrm{T}}=\begin{bmatrix}1 & 0 & 0\\ 0 & 0 & 1\\ 0 & 0 & 1\\ 0 & 1 & 0\\ -1 & 0 & -1\\ 0 & -1 & -1\end{bmatrix}$$

(4)调矩阵乘法子程序 ABC 求$[\boldsymbol{B}]^{\mathrm{T}}[\boldsymbol{D}]$，$[\boldsymbol{B}]^{\mathrm{T}}[\boldsymbol{D}]$的结果存入 DK2(6，3)

$$[\mathrm{DK2}]=[\boldsymbol{B}]^{\mathrm{T}}[\boldsymbol{D}]=10^4\times\begin{bmatrix}1 & 0 & 0\\ 0 & 0 & 0.5\\ 0 & 0 & 0.5\\ 0 & 1 & 0\\ -1 & 0 & -0.5\\ 0 & -1 & -0.5\end{bmatrix}$$

(5)调矩阵乘法子程序 ABC 计算$([\boldsymbol{B}]^{\mathrm{T}}[\boldsymbol{D}])\times[\boldsymbol{B}]$，计算结果存入 DK(6，6)

$$[\mathrm{DK}]=[\mathrm{DK2}][\boldsymbol{B}]=\begin{bmatrix}1 & & & \text{对} & & \\ 0 & 0.5 & & & & \\ 0 & 0.5 & 0.5 & & \text{称} & \\ 0 & 0 & 0 & 1 & & \\ -1 & -0.5 & -0.5 & 0 & 1.5 & \\ 0 & -0.5 & -0.5 & -1 & 0.5 & 1.5\end{bmatrix}\times10^4$$

(6)最后将[DK]中各元素乘以 tA＝0.5，即得单元①的单元刚度矩阵

$$[\mathrm{DK}]^{①}=\begin{bmatrix}0.5 & & & \text{对} & & \\ 0 & 0.25 & & & & \\ 0 & 0.25 & 0.25 & & \text{称} & \\ 0 & 0 & 0 & 0.5 & & \\ -0.5 & -0.25 & -0.25 & 0 & 0.75 & \\ 0 & -0.25 & -0.25 & -0.5 & 0.25 & 0.75\end{bmatrix}\times10^4\tag{4-4}$$

§4.2 四节点矩形单元的单元刚度矩阵的形成

4.2.1 形成四节点矩形单元相关参数的子程序 RECT4

与三节点三角形单元的程序设计一样，为了计算单元刚度矩阵及应力矩阵的方便，常将相关的单元参数由一个子程序预先全部算出。由第 1 章 §1.5 可知，对于四节点矩形单元，在形成单元刚度矩阵和应力矩阵前，需要计算下述内容：

(1)矩形单元的边长 a、b 和面积 A；

(2)局部坐标系与整体坐标系之间的坐标转换矩阵(参阅图 1-19 和式(1-65))；

(3)弹性常数 E、μ 及单元厚度 t 等。

为此，专门编写了子程序 RECT4 来完成上述工作，程序如下：

```
1        SUBROUTINE RECT4(IE)                                   形成矩形单元相关参数
2        REAL * 8 XIJ,YIJ,XJM,YJM,A1,B1,TIJ(2,2),A2,B2
3        REAL * 8 X(500),Y(500),EX,PO,BT,AC,GM,PROPC(5,7,6)
4        COMMON/EJH/NOD(9,800),JH(9)/XY1/X,Y/TIJ/TIJ/EU/EX,PO
5        COMMON/CK1/KC1,KC2
6        COMMON/AB1/A1,B1/CMATL/BT,AC,GM/MT2/MATC(800),PROPC
7        DO 10 J=1,4
8   10   JH(J)=NOD(J,IE)                                        取出节点号
9        I=JH(1)
10       J=JH(2)
11       M=JH(3)
12       XIJ=X(J)-X(I)                                          x_ij=x_j-x_i
13       YIJ=Y(J)-Y(I)                                          y_ij=y_j-y_i
14       XJM=X(M)-X(J)                                          x_jm=x_m-x_j
15       YJM=Y(M)-Y(J)                                          y_jm=y_m-y_j
16       A2=DSQRT(XIJ * XIJ+YIJ * YIJ)                          矩形短边
17       B2=DSQRT(XJM * XJM+YJM * YJM)                          矩形长边
18       AC=A2 * B2                                             单元面积
19       TIJ(1,1)=XIJ/A2                                        形成坐标转换阵
20       TIJ(1,2)=YIJ/A2                                        的2×2子块
21       TIJ(2,1)=-TIJ(1,2)
22       TIJ(2,2)=TIJ(1,1)
23       A1=0.5D0 * A2                                          计算矩形边长的一半a、b
24       B1=0.5D0 * B2
25       IM=MATC(IE)                                            取出材料号
26       EX=PROPC(IM,1,1)                                       取出弹模E
```

```
27        PO=PROPC(IM,1,2)              取出泊松比μ
28        BT=PROPC(IM,1,3)              取出单元厚度t
29        GM=PROPC(IM,1,4)              取出材料重度γ
30        IF(KC2.GT.0)THEN              当为平面应变时
31        EX=EX/(1.D0-PO*PO)            E=E/(1-μ^2)
32        PO=PO/(1.D0-PO)               μ=μ/(1-μ)
33        ENDIF
34        RETURN
35        END
```

4.2.2 形成四节点矩形单元单刚的子程序 STIF4

1. 基本公式

根据第 1 章 §1.5 中所述的矩形单元的单元刚度矩阵公式式(1-53)或式(1-60)，在程序中实现时，既可以用由 ξ、η 表达的通式式(1-60)利用循环语句来完成，亦可以直接用赋值语句按式(1-53)来完成。这里介绍用赋值语句来形成矩形单元刚度矩阵的方法。分析式(1-53)可以发现，这个矩阵有许多相同的元素和子块，如果把相同的子块编上同一编号，则矩阵的分块情况如图 4-2 所示。

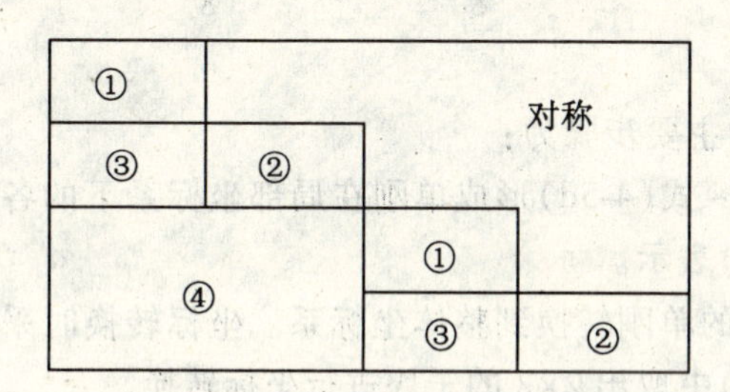

图 4-2 矩形单元单刚矩阵分块图

矩阵中第①、②类子块位于主对角线上，且子块④本身也是对称的，利用这些特点，程序的编写就很方便。

由式(1-53)可知，各子块的表达式为

$$[\text{子块 1}] = HT \times \begin{bmatrix} \beta + \eta\alpha & \text{对称} \\ m_1 & \alpha + \eta\beta \end{bmatrix} \tag{4-5a}$$

$$[\text{子块 2}] = HT \times \begin{bmatrix} \beta + \eta\alpha & \text{对称} \\ -m_1 & \alpha + \eta\beta \end{bmatrix} \tag{4-5b}$$

$$[\text{子块 3}] = HT \times \begin{bmatrix} -\beta + \dfrac{\eta\alpha}{2} & n_1 \\ -n_1 & \dfrac{\alpha}{2} - \eta\beta \end{bmatrix} \tag{4-5c}$$

$$[\text{子块}4]=\mathrm{HT}\times\begin{bmatrix}\frac{-\beta-\eta\alpha}{2} & & & \text{对}\\ -m_1 & -\frac{\alpha-\eta\beta}{2} & & \text{称}\\ \frac{\beta}{2}-\eta\alpha & -n_1 & \frac{-\beta-\eta\alpha}{2} & \\ n_1 & -\alpha+\frac{\eta\alpha}{2} & m_1 & \frac{-\alpha-\eta\beta}{2}\end{bmatrix} \tag{4-5d}$$

式中

$$\mathrm{HT}=H_1*E*t$$

$$H_1=\frac{1}{1-\mu^2}$$

$$\eta=\frac{1}{2}(1-\mu)$$

$$\alpha=\frac{a}{3b}$$

$$\beta=\frac{b}{3a}$$

$$m_1=\frac{1+\mu}{8},\quad n_1=\frac{1-3\mu}{8}$$

2. 程序框图

形成矩形单元单刚的主要步骤为：

(1)首先按式(4-5a)~式(4-5d)形成单刚在局部坐标系下的各子块，设矩形单元的单元刚度矩阵用 DK4(8，8)表示。

(2)将局部坐标系下的单刚转换到整体坐标系。坐标转换时采用分块矩阵乘法，按节点序号每次从 DK4(8，8)中取出 2×2 的子块进行坐标转换。

程序框图如图 4-3 所示。

各框意义说明如下：

(1)框：计算相关系数，其中 R1 即 η，ALF 为 α，BAT 为 β，$u1=m_1*\mathrm{HT}$，$u2=m_2*\mathrm{HT}$。

(2)框~(5)框：形成子块(1)和(2)。

(6)框~(8)框：形成子块(3)。

(9)框~(11)框：形成子块(4)，其中(10)框~(11)框的作用是将子块(4)的下三角作矩阵转置得子块(4)的上三角。

(12)框：矩阵转置，将矩形单元单刚的下三角元素送入上三角。

(13)框：将上述局部坐标系下的单刚乘坐标转换矩阵 TIJ 转换到整体坐标系。

3. 形成矩形单元单刚的子程序 STIF4

```
1        SUBROUTINE STIF4(IE)                                     计算矩形单元单刚
2        REAL*8PO,EX,BT,AC,GM,H1,R1,HT,U1,U2,V1,V2,A1,B1
3        REAL*8 ALF,BTA,TIJ(2,2),DK4(8,8),DK2(2,2),DK3(2,2)
```

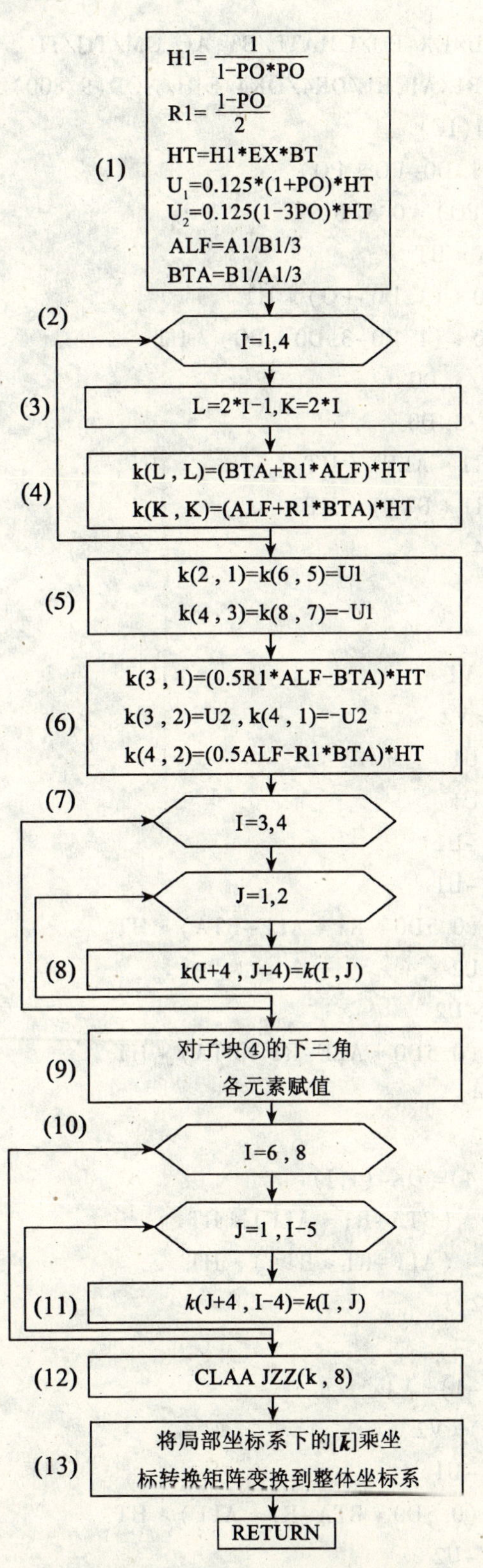

图 4-3　形成矩形单元单刚程序框图

```
4          COMMON/EU/EX,PO/CMATL/BT,AC,GM/TIJ/TIJ
5          COMMON/AB1/A1,B1/DK4/DK4/EJH/NOD(9,800),JH(9)
6          CALL RECT4(IE)                                  求单元相关参数
7          H1=1.D0/(1.D0-PO*PO)                            H1=1/(1-μ^2)
8          R1=(1.D0-PO)*0.5D0                              R1=(1-μ)/2
9          HT=H1*EX*BT                                     HT=H1*E*t
10         U1=0.125D0*(1.D0+PO)*HT                         u1=(1+μ)*HT/8
11         U2=0.125D0*(1.D0-3.D0*PO)*HT                    u2=(1-3μ)*HT/8
12         ALF=A1/B1/3.D0                                  α=a/3b
13         BTA=B1/A1/3.D0                                  β=b/3a
14         V1=(BTA+R1*ALF)*HT                              V1=(β+R1*α)*HT
15         V2=(ALF+R1*BTA)*HT                              V2=(α+R1*β)*HT
16         DO 10 I=1,4                                     按式(4-5)
17         L=2*I-1                                         形成单刚各子块
18         K=2*I                                           形成子块①和②
19         DK4(L,L)=V1
20   10    DK4(K,K)=V2
21         DK4(2,1)=U1
22         DK4(6,5)=U1
23         DK4(4,3)=-U1
24         DK4(8,7)=-U1
25         DK4(3,1)=(0.5D0*R1*ALF-BTA)*HT                  形成子块③
26         DK4(3,2)=U2
27         DK4(4,1)=-U2
28         DK4(4,2)=(0.5D0*ALF-R1*BTA)*HT
29         DO 20 I=3,4
30         DO 20 J=1,2
31   20    DK4(I+4,J+4)=DK4(I,J)
32         V1=-0.5D0*(BTA+R1*ALF)*HT                       计算相关系数
33         V2=-0.5D0*(ALF+R1*BTA)*HT                       形成子块④的下三角
34         DO 30 I=1,2
35         L=I+I
36         DK4(L+3,L-1)=V1
37   30    DK4(L+4,L)=V2
38         DK4(6,1)=-U1
39         DK4(7,1)=(0.5D0*BTA-R1*ALF)*HT
40         DK4(7,2)=-U2
41         DK4(8,1)=U2
```

```
42        DK4(8,2)=(0.5D0 * R1 * BTA-ALF) * HT
43        DK4(8,3)=U1
44        DO 40 I=6,8                                将子块④的下三角
45        DO 40 J=1,I-5                              送入上三角
46  40    DK4(J+4,I-4)=DK4(I,J)
47        CALL JZZ(DK4,8)                            矩阵转置
48        DO 60 I=1,4
49        DO 60 J=1,4
50        DO 70 I1=1,2
51        DO 70 J1=1,2
52  70    DK2(I1,J1)=DK4(2 * (I-1)+I1,2 * (J-1)+J1)
53        CALL ABC(-1,2,2,2,DK2,TIJ,DK3)             将局部坐标下单刚
54        CALL ABC(0,2,2,2,TIJ,DK3,DK2)              转换到整体坐标
55        DO 80 I1=1,2
56        DO 80 J1=1,2
57  80    DK4(2 * (I-1)+I1,2 * (J-1)+J1)=DK2(I1,J1)  结果存入[DK4]中
58  60    CONTINUE
59        RETURN
60        END
```

§4.3　六节点三角形单元的单元刚度矩阵的形成

4.3.1　形成单元的相关参数的子程序 TRIB6(IE, KS)

与常应变三节点三角形单元、四节点矩形单元一样，在形成单元刚度矩阵或应力矩阵之前，首先需要形成单元的相关参数。根据第 1 章 §1.6 中的分析，对于六节点三角形单元，需计算下述内容：

(1)节点坐标差值 b_i、c_i、$a_i(i、j、m)$和单元面积 A，其中 a_i 仅在形成应力矩阵[S]时会用到，故可设一哑元 KS，调用 TRIB6(IE, KS)时，若 $KS>0$ 才计算 a_i，否则不计算。b_i、c_i、$a_i(i、j、m)$的计算公式见式(1-10)。

(2)弹性常数 E、μ 及单元厚度 t 等。

程序如下：

```
1         SUBROUTINE TRIB6(IE,KS)                                      求六节点三角形
2         REAL * 8 PROPC(5,7,6),EX,PO,BT,AC,GM,X(500),Y(500)         单元的相关参数
3         REAL * 8 XI,XJ,XM,YI,YJ,YM,BI(3),CI(3),AI(3)
4         COMMON/EJH/NOD(9,800),JH(9)/MT2/MATC(800),PROPC
5         COMMON/XY1/X,Y/EU/EX,PO/CMATL/BT,AC,GM/BCA/BI,CI,AI
6         COMMON/CK1/KC1,KC2
```

```
7            IM=MATC(IE)                                    取出材料号
8            EX=PROPC(IM,1,1)                               取出弹模 E
9            PO=PROPC(IM,1,2)                               取出泊松比 μ
10           BT=PROPC(IM,1,3)                               取出单元厚度 t
11           GM=PROPC(IM,1,4)                               取出材料重度 γ
12           IF(KC2.GT.0)THEN                               当为平面应变时
13           EX=EX/(1.D0-PO*PO)                             E=E/(1-μ^2)
14           PO=PO/(1.D0-PO)                                μ=μ/(1-μ)
15           ENDIF
16           DO 10 J=1,6
17   10      JH(J)=NOD(J,IE)                                取出节点号
18           I=JH(1)
19           J=JH(2)
20           M=JH(3)
21           XI=X(I)                                        取出节点坐标
22           XJ=X(J)
23           XM=X(M)
24           YI=Y(I)
25           YJ=Y(J)
26           YM=Y(M)
27           BI(1)=YJ-YM                                    b_i=y_j-y_m
28           BI(2)=YM-YI
29           BI(3)=YI-YJ
30           CI(1)=XM-XJ                                    c_i=x_m-x_j
31           CI(2)=XI-XM                                    (i, j, m)
32           CI(3)=XJ-XI
33           AC=.5D0*(BI(2)*CI(3)-BI(3)*CI(2))              计算面积 A
34           IF(KS.GT.0)THEN                                KS>0 时
35           AI(1)=XJ*YM-XM*YJ                              a_i=x_j*y_m-x_m*y_j
36           AI(2)=XM*YI-XI*YM                              (i, j, m)
37           AI(3)=XI*YJ-XJ*YI
38           ENDIF
39           RETURN
40           END
```

4.3.2 形成六节点三角形单元单刚的子程序 STIF6

1. 程序框图

根据六节点三角形单元刚度矩阵式(1-87)的特点，其单刚元素共有 4 个不同的子块

Fi、Gi(i、j、m)(位于主对角线上)和 Prs、Qrs($r=i, j, m$, $s=i, j, m$)，形成单元刚度矩阵时，采用赋值语句直接赋值，利用脚标转换关系可以使计算简化。程序框图如图 4-4 所示。

下面对框图中各主要框的意义和作用作一些说明：

(1)框：调 TRIB6(IB，0)形成六节点三角形单元第 IE 个单元的相关参数 b_i、c_i(i、j、m)、单元面积 AC 和弹性模量 EX、泊松比 PO、单元厚度 BT，其中 b_i、c_i(i、j、m)分别存入 BI(3)、CI(3)数组中。

(2)框：计算 $R_1=0.5*(1-PO)$和 BO=EX＊BT/(24＊(1-PO＊＊2))。

(3)框：单刚矩阵 DK6(12，12)送 0，为计算单刚作准备。

接着 I 从 1 到 3 循环，J 从 1 到 I 循环，计算单刚中各个元素。当 I=J 时，做(4)、(5)、(6)框，形成主对角线上的子块；当 I>J 时做(7)、(8)、(9)框，形成副子块(参阅式(1-87))。

(4)框：计算 b_i^2、c_i^2(i, j、m)，其结果分别存入 B2 和 C2 中。

(5)框：形成主子块 Fi(i, j, m)的下三角。

(6)框：形成主子块 Gi(i, j, m)第 2 行第 1 列的元素 $4(1+\mu)(b_ic_i+b_jc_j+b_mc_m)*$ET。主子块 Gi($i$, j, m)对角线上的元素与 I、J 无关，为加速运算，故放到 I、J 循环体外去作(见(10)框、(11)框)。

(7)框：计算相关系数，备用。

(8)框：形成副子块 Prs，包括 Pji、Pmi、Pmj 各块。

(9)框：形成副子块 Qrs，包括 Qji、Qmi、Qmj 各块。

I、J 循环做完，主子块 Fi(i, j, m)和副子块 Prs、Grs 等均已形成，余下的工作是形成主子块 Gi 主对角线上的元素和其他副子块(-4Prs 块)。

(10)框：为计算 Gi(i, j, m)主对角线上的元素作准备，先计算出相关系数，由于这些系数在下面的算式中要反复用到，为避免做重复性乘法运算，故在这里预先算出。

(11)框：形成 Gi(i, j, m)子块中的主系数。

(12)框：形成-4Pmi 子块。

(13)框：形成-4Pji 子块。

(14)框：形成-4Pmj 子块。

(15)框：形成-4Pij 子块。

(16)框：形成-4Pjm 子块。

(17)框：形成-4Pim 子块。

(18)框：矩阵转置得到上三角元素。

2. 形成六节点三角形单元单刚的子程序 STIF6

根据上述框图设计的程序如下：

```
1        SUBROUTINE STIF6(IE)                                        形成六节点三角
2        REAL*8 R1,ET,EX,PO,AC,BT,GM,DK6(12,12),BI(3)    形单元的单刚
3        REAL*8 CI(3),AI(3),B2,C2,B11,B12,B13,B22,B23,B33
4        REAL*8 C11,C12,C13,C22,C23,C33,BBIJ,CCIJ,BCIJ,CBIJ
```

```
5           COMMON/EU/EX,PO/CMATL/BT,AC,GM/DK6/DK6/BCA/BI,CI,AI
6           COMMON/CK5/KPRNT
7           CALL TRIB6(IE,0)                                    求单元有关参数
8           R1=.5D0 * (1.D0-PO)                                 R1=(1-μ/2)
9           ET=EX * BT/(24.D0 * AC * (1.D0-PO * PO))      ET=E * t/(24 * A * (1-μ^2))
10          CALL ZERO2(DK6,12,12)                               [DK6]送0
11          DO 10 I=1,3                                         按式(1-87)形成各子块
12          K=I+I
13          DO 20 J=1,I
14          L=J+J
15          IF(I.EQ.J)THEN                                      当I=J时
16          B2=BI(I) * BI(I)                                    计算 b_i^2,c_i^2
17          C2=CI(I) * CI(I)                                    (i, j, m)
18          DK6(K-1,L-1)=6.D0 * (B2+R1 * C2) * ET         形成子块F(i,j,m)的下三角
19          DK6(K,L-1)=3.D0 * (1.D0+PO) * BI(I) * CI(I) * ET
20          DK6(K,L)=6.D0 * (C2+R1 * B2) * ET
21          DK6(K+6,L+5)=4.D0 * (1.D0+PO) * (BI(1) * CI(1)+BI(2) * 形成子块G(i,j,m)
22       #  CI(2)+BI(3) * CI(3)) * ET                           的副元素
23          ELSE IF(I.GT.J)THEN                                 当I>J时
24          BBIJ=BI(I) * BI(J)                                  计算有关系数
25          CCIJ=CI(I) * CI(J)
26          BCIJ=BI(I) * CI(J)
27          CBIJ=CI(I) * BI(J)
28          DK6(K-1,L-1)=-2.D0 * (BBIJ+R1 * CCIJ) * ET         形成P_ji,P_mi,P_mj子块
29          DK6(K-1,L)=-2.D0 * (PO * BCIJ+R1 * CBIJ) * ET
30          DK6(K,L-1)=-2.D0 * (PO * CBIJ+R1 * BCIJ) * ET
31          DK6(K,L)=-2.D0 * (CCIJ+R1 * BBIJ) * ET
32          DK6(K+5,L+5)=16.D0 * (BBIJ+R1 * CCIJ) * ET
33          DK6(K+6,L+6)=16.D0 * (CCIJ+R1 * BBIJ) * ET
34          DK6(K+5,L+6)=4.D0 * (1.D0+PO) * (CBIJ+BCIJ) * ET
35          DK6(K+6,L+5)=DK6(K+5,L+6)
36          ENDIF
37   20     CONTINUE
38   10     CONTINUE
39          B11=BI(1) * BI(1)                                   B11等为工作单元
40          B12=BI(1) * BI(2)
41          B13=BI(1) * BI(3)
42          B22=BI(2) * BI(2)
```

```
43          B23=BI(2) * BI(3)
44          B33=BI(3) * BI(3)
45          C11=CI(1) * CI(1)
46          C12=CI(1) * CI(2)
47          C13=CI(1) * CI(3)
48          C22=CI(2) * CI(2)
49          C23=CI(2) * CI(3)
50          C33=CI(3) * CI(3)
51          DK6(7,7)=16.D0 * (B11-B23+R1 * (C11-C23)) * ET        形成子块 G(i,j,m)的主元
52          DK6(8,8)=16.D0 * (C11-C23+R1 * (B11-B23)) * ET
53          DK6(9,9)=16.D0 * (B22-B13+R1 * (C22-C13)) * ET
54          DK6(10,10)=16.D0 * (C22-C13+R1 * (B22-B13)) * ET
55          DK6(11,11)=16.D0 * (B33-B12+R1 * (C33-C12)) * ET
56          DK6(12,12)=16.D0 * (C33-C12+R1 * (B33-B12)) * ET
57          DO 30 I=9,10                                          形成-4P_mi子块
58          DO 30 J=1,2
59  30      DK6(I,J)=-4.D0 * DK6(I-4,J)
60          DO 40 I=11,12                                         形成-4P_ji子块
61          DO 40 J=1,2
62  40      DK6(I,J)=-4.D0 * DK6(I-8,J)
63          DO 50 I=7,8                                           形成-4P_mj子块
64          DO 50 J=3,4
65  50      DK6(I,J)=-4.D0 * DK6(I-2,J)
66          DK6(11,3)=DK6(11,1)                                   形成-4P_ij子块
67          DK6(11,4)=DK6(12,1)
68          DK6(12,3)=DK6(11,2)
69          DK6(12,4)=DK6(12,2)
70          DK6(7,5)=DK6(7,3)                                     形成-4P_jm子块
71          DK6(7,6)=DK6(8,3)
72          DK6(8,5)=DK6(7,4)
73          DK6(8,6)=DK6(8,4)
74          DK6(9,5)=DK6(9,1)                                     形成-4P_im子块
75          DK6(9,6)=DK6(10,1)
76          DK6(10,5)=DK6(9,2)
77          DK6(10,6)=DK6(10,2)
78          CALL JZZ(DK6,12)                                      转置得上三角阵
79          IF(KPRNT.GT.0)THEN
80          WRITE(9,900)IE
```

```
81        WRITE(9,910)((DK6(I,J),J=1,12),I=1,12)        打印单刚
82        ENDIF
83        RETURN
84  900   FORMAT(1X,'IE=',I5)
85  910   FORMAT(6(1X,F12.6))
86        END
```

§4.4 等参单元的单元刚度矩阵的形成

4.4.1 形成等参单元单刚的程序框图

根据第1章§1.7中的分析，可以绘制出形成等参单元单刚的程序框图如图4-5所示。

下面按框图顺序，对其中的主要子程序逐一介绍如下。由于等参单元单刚计算过程中还要用到高斯积分点的坐标POSGP(3)和权系数WEIGP(3)，故将确定POSGP和WEIGP的子程序也在这里给出。

4.4.2 形成高斯积分点坐标和权系数的子程序GAUSQ

子程序GAUSQ根据第2章§2.3中输入的高斯积分点数NGAS，确定各积分点的坐标及权系数，并将结果分别存入POSGP(3)和WEIGP(3)中。本程序约定最高积分阶数取NGAS=3。

程序如下：

```
1         SUBROUTINE GAUSQ                              形成高斯积分点坐标
2         REAL*8 POSGP(3),WEIGP(3)                      和权系数
3         COMMON/NGAS/NGAS/PWGS/POSGP,WEIGP
4         IF(NGAS.GT.2)GO TO 10
5         POSGP(1)=-0.577350269189626D0                 2点高斯积分
6         WEIGP(1)=1.D0
7         GO TO 20
8   10    POSGP(1)=-0.774596669241483D0                 3点高斯积分
9         POSGP(2)=0.D0
10        WEIGP(1)=0.555555555555556D0
11        WEIGP(2)=0.888888888888889D0
12  20    KGAS=NGAS/2
13        DO 30 IGAS=1,KGAS
14        JGAS=NGAS+1-IGAS
15        POSGP(JGAS)=-POSGP(IGAS)
16        WEIGP(JGAS)=WEIGP(IGAS)
17  30    CONTINUE
```

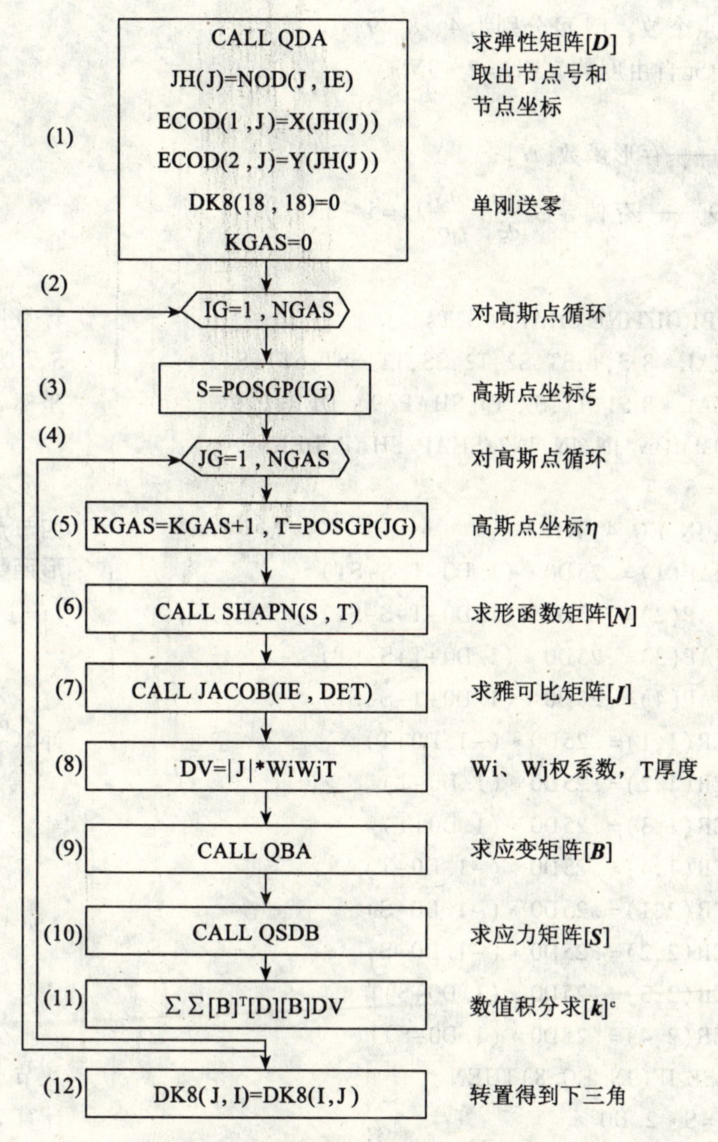

图 4-5　形成等参单元单刚的程序框图

```
18        RETURN
19        END
```

4.4.3　形成形函数矩阵[N]的子程序 SHAPN

功用：输入高斯积分点坐标 S、T(即 ξ 和 η)以及其他相关信息，计算该积分点对应的矩阵[N]和相应的偏导数$\frac{\partial N_i}{\partial \xi}$、$\frac{\partial Ni}{\partial \eta}$(参阅式(1-99)和式(1-102))。

虚元：S、T

通过公用区变量传递的相关信息：

JN——节点个数，JN 可分别为 4、8、9；

JN2——单元自由度数，JN2 = 2 * JN。

计算结果：

SHAP(9)——存形函数[$\boldsymbol{N}$]；

DER(2, 9)——存偏导数$\frac{\partial Ni}{\partial \xi}$，$\frac{\partial Ni}{\partial \eta}$($i$=1 ~ JN)。

程序如下：

```
1         SUBROUTINE SHAPN(S,T)                                    计算形函数[N]
2         REAL * 8 S,T,ST,S2,T2,SS,TT,SST,STT,ST2                  S、T 为高斯积分点
3         REAL * 8 S1,T1,S9,T9,SHAP(9),DER(2,9)                    坐标 ξ、η
4         COMMON/JN/JN,JN2/SHAP/SHAP,DER
5         ST=S * T
6         IF(JN.EQ.4)THEN                                          四节点等参单元
7         SHAP(1)=.25D0 * (1.D0-T-S+ST)                            形函数[Ni]
8         SHAP(2)=.25D0 * (1.D0-T+S-ST)                            (i=1 ~4)
9         SHAP(3)=.25D0 * (1.D0+T+S+ST)
10        SHAP(4)=.25D0 * (1.D0+T-S-ST)
11        DER(1,1)=.25D0 * (-1.D0+T)                               计算∂Ni/∂ξ,∂Ni/∂η
12        DER(1,2)=.25D0 * (1.D0-T)
13        DER(1,3)=.25D0 * (1.D0+T)
14        DER(1,4)=.25D0 * (-1.D0-T)
15        DER(2,1)=.25D0 * (-1.D0+S)
16        DER(2,2)=.25D0 * (-1.D0-S)
17        DER(2,3)=.25D0 * (1.D0+S)
18        DER(2,4)=.25D0 * (1.D0-S)
19        ELSE IF(JN.EQ.8)THEN                                     八节点等参单元
20        S2=S * 2.D0                                              计算 2ξ、2η
21        T2=T * 2.D0                                              ξ^2、η^2、ξ^2 * η
22        SS=S * S                                                 ξ * η^2、2ξ * η
23        TT=T * T
24        SST=S * ST
25        STT=T * ST
26        ST2=2.D0 * ST
27        SHAP(1)=.25D0 * (-1.D0+ST+SS+TT-SST-STT)                 计算形函数[Ni]
28        SHAP(2)=.5D0 * (1.D0-T-SS+SST)                           (i=1 ~8)
29        SHAP(3)=.25D0 * (-1.D0-ST+SS+TT-SST+STT)
30        SHAP(4)=.5D0 * (1.D0+S-TT-STT)
```

```
31        SHAP(5)=.25D0 * (-1.D0+ST+SS+TT+SST+STT)
32        SHAP(6)=.5D0 * (1.D0+T-SS-SST)
33        SHAP(7)=.25D0 * (-1.D0-ST+SS+TT+SST-STT)
34        SHAP(8)=.5D0 * (1.D0-S-TT+STT)
35        DER(1,1)=.25D0 * (T+S2-ST2-TT)
36        DER(1,2)=-S+ST
37        DER(1,3)=.25D0 * (-T+S2-ST2+TT)
38        DER(1,4)=.5D0 * (1.D0-TT)
39        DER(1,5)=.25D0 * (T+S2+ST2+TT)
40        DER(1,6)=-S-ST
41        DER(1,7)=.25D0 * (-T+S2+ST2-TT)
42        DER(1,8)=.5D0 * (-1.D0+TT)
43        DER(2,1)=.25D0 * (S+T2-ST2-SS)
44        DER(2,2)=.5D0 * (-1.D0+SS)
45        DER(2,3)=.25D0 * (-S+T2+ST2-SS)
46        DER(2,4)=-T-ST
47        DER(2,5)=.25D0 * (S+T2+ST2+SS)
48        DER(2,6)=.5D0 * (1.D0-SS)
49        DER(2,7)=.25D0 * (-S+T2-ST2+SS)
50        DER(2,8)=-T+ST
51        ELSE
52        SS=S * S
53        TT=T * T
54        S1=S+1.D0
55        T1=T+1.D0
56        S2=S * 2.D0
57        T2=T * 2.D0
58        S9=S-1.D0
59        T9=T-1.D0
60        SHAP(1)=.25D0 * S9 * ST * T9
61        SHAP(2)=.5D0 * (1.D0-SS) * T * T9
62        SHAP(3)=.25D0 * S1 * ST * T9
63        SHAP(4)=.5D0 * (1.D0-TT) * S * S1
64        SHAP(5)=.25D0 * S1 * ST * T1
65        SHAP(6)=.5D0 * (1.D0-SS) * T * T1
66        SHAP(7)=.25D0 * S9 * ST * T1
67        SHAP(8)=.5D0 * (1.D0-TT) * S * S9
68        SHAP(9)=(1.D0-SS) * (1.D0-TT)
```

计算 $\frac{\partial N_i}{\partial \xi}, \frac{\partial N_i}{\partial \eta} (i=1 \sim 8)$

九节点等参单元

计算 ξ^2、η^2

$1+\xi$、$1+\eta$、

2ξ、2η、

$\xi-1$、$\eta-1$

计算形函数 $[N_i]$

$(i=1 \sim 9)$

```
69        DER(1,1)=.25D0*T*T9*(-1.D0+S2)          计算∂Ni/∂ξ,∂Ni/∂η
70        DER(1,2)=-ST*T9
71        DER(1,3)=.25D0*T*T9*(1.D0+S2)
72        DER(1,4)=.5D0*(1.D0+S2)*(1.D0-TT)
73        DER(1,5)=.25D0*T*T1*(1.D0+S2)
74        DER(1,6)=-ST*T1
75        DER(1,7)=.25D0*(-1.D0+S2)*T*T1
76        DER(1,8)=.5D0*(-1.D0+S2)*(1.D0-TT)
77        DER(1,9)=-S2*(1.D0-TT)
78        DER(2,1)=.25D0*S*S9*(-1.D0+T2)
79        DER(2,2)=.5D0*(1.D0-SS)*(-1.D0+T2)
80        DER(2,3)=.25D0*S*S1*(-1.D0+T2)
81        DER(2,4)=-ST*S1
82        DER(2,5)=.25D0*S*S1*(1.D0+T2)
83        DER(2,6)=.5D0*(1.D0-SS)*(1.D0+T2)
84        DER(2,7)=.25D0*S*S9*(1.D0+T2)
85        DER(2,8)=-ST*S9
86        DER(2,9)=-T2*(1.D0-SS)
87        ENDIF
88        RETURN
89        END
```

4.4.4 形成雅可比矩阵[J]的子程序 JACOB

功用：根据已形成的形函数[N]及$\frac{\partial N_i}{\partial \xi}$，$\frac{\partial N_i}{\partial \eta}$形成雅可比矩阵[$J$]及相应的行列式$|J|$和逆矩阵$[J]^{-1}$，以及$\frac{\partial N_i}{\partial x}$，$\frac{\partial N_i}{\partial y}$，单元在高斯积分点处的整体坐标亦在这里顺便求出(参阅式(1-102)、式(1-103)和式(1-105))。

虚元：

IE——单元号(输入)；

DET——存雅可比行列式$|J|$的值(输出)。

形函数[N]，$\frac{\partial N_i}{\partial \xi}$，$\frac{\partial N_i}{\partial \eta}$及单元节点坐标 ECOD 则通过公用区传递：

SHAP(9)——存形函数[N]；

DER(2, 9)——存$\frac{\partial N_i}{\partial \xi}$，$\frac{\partial N_i}{\partial \eta}$($i=1\sim$JN)；

ECOD(2, 9)——单元节点坐标。

计算结果中除了雅可比行列式的值由虚元 DET 传递外，其余计算结果则通过公用区传递：

GCOD(2, 9)——单元在高斯积分点处的整体坐标；

XJA1(2, 9)——存雅可比矩阵[$\boldsymbol{J}$]；

XJA2(2, 2)——存雅可比矩阵的逆矩阵[$\boldsymbol{J}$]$^{-1}$；

CAR(2, 9)——存偏导数$\frac{\partial N_i}{\partial x}$，$\frac{\partial N_i}{\partial y}$($i=1\sim$JN)，为后面形成应变矩阵[$\boldsymbol{B}$]作准备。

程序如下：

```
1          SUBROUTINE JACOB(IE,DET)                                  计算雅可比矩阵[J]
2          REAL * 8 GCOD(2,9),ECOD(2,9),SHAP(9),DET
3          REAL * 8 DER(2,9),XJA1(2,2),XJA2(2,2),CAR(2,9)
4          COMMON/SHAP/SHAP,DER/ECOD/ECOD,GCOD/CAR/CAR
5          COMMON/JN/JN,JN2
6          DO 4 ID=1,2
7          DO 4 JD=1,2
8          XJA1(ID,JD)=0.D0
9          DO 4 J=1,JN
10         XJA1(ID,JD)=XJA1(ID,JD)+DER(ID,J) * ECOD(JD,J)            计算雅可比矩阵[J]
11   4     CONTINUE                                                  存入[XJA1]
12         DET=XJA1(1,1) * XJA1(2,2)-XJA1(1,2) * XJA1(2,1)            计算[J]的行列式存
13         IF(DET.LT.0.)6,6,8                                        入 DET DET<0 时停机
14   6     WRITE(9,900)IE
15         WRITE( * ,900)IE
16         STOP
17   8     CONTINUE
18         XJA2(1,1)=XJA1(2,2)/DET                                   计算[J]的逆矩阵
19         XJA2(2,2)=XJA1(1,1)/DET                                   [J]^-1 存入[XJA2]
20         XJA2(1,2)=-XJA1(1,2)/DET
21         XJA2(2,1)=-XJA1(2,1)/DET
22         DO 10 ID=1,2
23         DO 10 J=1,JN
24         CAR(ID,J)=0.D0
25         DO 10 JD=1,2
26         CAR(ID,J)=CAR(ID,J)+XJA2(ID,JD) * DER(JD,J)               ∂Ni/∂x, ∂Ni/∂y
27   10    CONTINUE
28         RETURN
29   900   FORMAT(//1X,'PROGRAM HALTED IN JACOB'//
         # 1X,'ZERO OR NEGATIVE AREA'/1X,'ELEMENT ',
         # 'NUMBER',I5)
```

```
30          END
```

4.4.5 形成应变矩阵[$\boldsymbol{B}$]的子程序 QBA

功用：计算高斯积分点(ξ、η)对应的矩阵[$\boldsymbol{B}$]。

计算结果存入 BMAT(3, 18)数组(参阅式(1-94))。程序如下：

```
1           SUBROUTINE QBA                          计算应变矩阵[B]
2           REAL*8 CAR(2,9),BMAT(3,18)              存入[BMAT]
3           COMMON/JN/JN,JN2/CAR/CAR/B8/BMAT        JN 为单元节点个数
4           NGAH=0
5           DO 10 J=1,JN
6           MGAH=NGAH+1
7           NGAH=MGAH+1
8           BMAT(1,MGAH)=CAR(1,J)
9           BMAT(1,NGAH)=0.D0
10          BMAT(2,MGAH)=0.D0
11          BMAT(2,NGAH)=CAR(2,J)
12          BMAT(3,MGAH)=CAR(2,J)
13    10    BMAT(3,NGAH)=CAR(1,J)
14          RETURN
15          END
```

$$[\boldsymbol{B}_i]=\begin{bmatrix}\dfrac{\partial N_i}{\partial x} & 0\\ 0 & \dfrac{\partial N_i}{\partial y}\\ \dfrac{\partial N_i}{\partial y} & \dfrac{\partial N_i}{\partial x}\end{bmatrix}$$

($i=1\sim \mathrm{JN}$)

4.4.6 形成应力矩阵[$\boldsymbol{S}$]的子程序 QSDB

功用：计算高斯积分点(ξ、η)对应的应力矩阵[$\boldsymbol{S}$]=[$\boldsymbol{D}$][$\boldsymbol{B}$]，计算结果存入 DB(3, 18)数组(参阅式(1-106))。

程序如下：

```
1           SUBROUTINE QSDB                         求应力矩阵[S]存
2           REAL*8 DB(3,18),DD(3,3),BMAT(3,18)      入[DB]中
3           COMMON/JN/JN,JN2/DA/DD/B8/BMAT/DB/DB
4           DO 10 IS=1,3
5           DO 10 IN=1,JN2
6           DB(IS,IN)=0.D0
7           DO 10 JS=1,3
8           DB(IS,IN)=DB(IS,IN)+DD(IS,JS)*BMAT(JS,IN)
9     10    CONTINUE
10          RETURN
11          END
```

4.4.7　形成等参单元单刚的子程序 STIF8

功用：通过调用前述各子程序形成应变矩阵[$\boldsymbol{B}$]、雅可比矩阵的行列式 $|\boldsymbol{J}|$ ，而弹性矩阵[$\boldsymbol{D}$]及单元厚度 t 则通过调用子程序 QDA 形成，高斯积分点的权系数 W_i、W_j 则直接从调用 GAUSQ 子程序后所确定的权系数数组 WEIGP(3) 中取出即可，然后根据式(1-109)等利用高斯积分计算等参单元的单元刚度矩阵，即

$$[\boldsymbol{k}]^e = \sum_{i=1}^{NGAS} \sum_{j=1}^{NGAS} [B]^T[\boldsymbol{D}][\boldsymbol{B}]\boldsymbol{W}_i\boldsymbol{W}_j\,|\,\boldsymbol{J}\,|\,t \tag{4-6}$$

在程序中等参单元单刚[$\boldsymbol{k}$]^e 存放在数组 DK8(18, 18)中。程序如下：

```
1          SUBROUTINE STIF8(IE)                                   形成等参单元单刚
2          REAL * 8 ECOD(2,9),GCOD(2,9),DD(3,3),DK8(18,18),X(500),Y(500)
3          REAL * 8 POSGP(3),WEIGP(3),SHAP(9),DER(2,9),DV,BT,AC,GM
4          REAL * 8 BMAT(3,18),CAR(2,9),S,T,PROPC(5,7,6),DET,DB(3,18)
5          COMMON/JN/JN,JN2/SHAP/SHAP,DER/CAR/CAR/DK8/DK8
6          COMMON/ECOD/ECOD,GCOD/B8/BMAT/DA/DD/XY1/X,Y
7          COMMON/EJH/NOD(9,800),JH(9)/NGAS/NGAS/DB/DB
8          COMMON/MT2/MATC(800),PROPC/CMATL/BT,AC,GM
9          COMMON/PWGS/POSGP,WEIGP/CK5/KPRNT
10         IM=MATC(IE)                                            取出材料组号
11         CALL QDA(IM)                                           求弹性矩阵[D]
12         DO 10 J=1,JN
13   10    JH(J)=NOD(J,IE)                                        取出单元节点号
14         DO 15 J=1,JN
15         ECOD(1,J)=X(JH(J))                                     取出节点坐标
16   15    ECOD(2,J)=Y(JH(J))
17         CALL ZERO2(DK8,18,18)                                  单刚[DK8]送0
18         DO 20 IG=1,NGAS                                        对高斯积分点ξ循环
19         S=POSGP(IG)                                            取出ξi
20         DO 20 JG=1,NGAS                                        对高斯点η循环
21         T=POSGP(JG)                                            取出ηi
22         CALL SHAPN(S,T)                                        求形函数[N]
23         CALL JACOB(IE,DET)                                     求雅可比矩阵[J]
24         DV=DET * WEIGP(IG) * WEIGP(JG) * BT                    计算|J| * Wi * Wj * t
25         CALL QBA                                               求应变矩阵[B]
26         CALL QSDB                                              求应力矩阵[S]
27         DO 30 I=1,JN2                                          利用数值积分
28         DO 30 J=I,JN2                                          计算等参元单刚的
29         DO 30 IS=1,3                                           上三角矩阵
```

```
30 30      DK8(I,J)=DK8(I,J)+BMAT(IS,I)*DB(IS,J)*DV          参阅式(1-109)
31 20      CONTINUE
32         DO 40 I=1,JN2
33         DO 40 J=1,JN2
34 40      DK8(J,I)=DK8(I,J)                                 转置得下三角矩阵
35         IF(KPRNT.EQ.1)THEN
36         WRITE(9,900)IE
37         WRITE(9,910)((DK8(I,J),J=1,JN2),I=1,JN2)          打印单刚
38         ENDIF
39         RETURN
40 900     FORMAT(//1X,'IE=',I3,10X,'***DK ARRAY***')
41 910     FORMAT(6(1X,E12.6))
42         END
```

§4.5 杆单元的单元刚度矩阵的形成

在钢筋混凝土结构或结构构件的有限元分析中，常用杆单元(包括轴力杆单元、梁单元或等参杆单元)来模拟钢筋部分。因此，在 FEAP 中，除了一般的平面应力单元外，还考虑了杆单元。本节针对 FEAP 中所用到的轴力杆单元，介绍其单元刚度矩阵的形成方法。

4.5.1 形成杆单元的有关参数的子程序 EARG

与前面所述的三节点三角形单元的做法一样，在形成杆单元的单元刚度矩阵之前，先用一个子程序计算出其相关参数。由第 1 章中 §1.8 可知，在形成杆单元的刚度矩阵时，需要计算下述几项内容：

(1)杆单元长度 l 和坐标转换矩阵$[\boldsymbol{T}]$；

(2)材料性能，如弹性模量 E，杆单元面积 A，材料重度 γ。

于是专门编写了 EARG 子程序来完成上述工作。

程序中有关变量及数组说明如下：

LL——杆长；

TL(4, 4)——坐标转换矩阵；

ES——杆单元弹模；

AS——杆单元面积；

GMS——杆单元材料重度。

程序如下：

```
1          SUBROUTINE EARG(IES)                              求杆单元有关参数
2          REAL*8 X(500),Y(500),TL(4,4),PROPS(5,6,5),ES,AS,GMS,LL,FY,XI
3          REAL*8 XJ,YI,YJ,SN,CS
```

```
4          COMMON/EJH/NOD(9,800),JH(9)/XY1/X,Y/TLA/KC3,TL
5          COMMON/MT1/MATS(200),PROPS
6          COMMON/SMATL/ES,AS,GMS,LL,FY
7          JT=MATS(IES)                                     取出材料组号
8          I=NOD(1,IES)                                     取出节点号
9          J=NOD(2,IES)
10         XI=X(I)                                          取出节点坐标
11         XJ=X(J)
12         YI=Y(I)
13         YJ=Y(J)
14         IF(KC3.EQ.0)THEN
15         LL=XJ-XI                                         计算杆长
16         ELSE
17         LL=DSQRT((XJ-XI)**2+(YJ-YI)**2)
18         CALL ZERO2(TL,4,4)                               坐标转换矩阵,送0
19         SN=(YJ-YI)/LL                                    sinα
20         CS=(XJ-XI)/LL                                    cosα
21         TL(1,1)=CS                                       形成坐标转换阵
22         TL(1,2)=SN                                       参阅式(1-137)
23         TL(2,1)=-SN
24         TL(2,2)=CS
25         DO 10 I2=1,2
26         DO 10 J2=1,2
27   10    TL(I2+2,J2+2)=TL(I2,J2)
28         ENDIF
29         ES=PROPS(JT,1,1)                                 取出弹模 E
30         AS=PROPS(JT,1,2)                                 取出杆单元面积
31         GMS=PROPS(JT,1,3)                                取出材料重度
32         FY=PROPS(JT,1,4)                                 取出屈服强度
33         JH(1)=I                                          节点存入{JH}备用
34         JH(2)=J
35         RETURN
36         END
```

4.5.2 形成杆单元单刚的子程序 STIFS

形成杆单元单刚的主要步骤为:

(1)单刚数组 DKS(4, 4)送 0;

(2)调前述子程序 EARG 求杆单元相关参数;

(3)按式(1-134)计算杆单元在局部坐标系下的单元刚度矩阵，结果存入 DKS 中；

(4)按式(1-138)将局部坐标系下的单刚转换到整体坐标系，结果仍存入 DKS 中。

程序如下：

```
1         SUBROUTINE STIFS(IES)                              形成杆单元单刚
2         REAL*8 TL(4,4),ES,AS,GMS,LL,FY,DKS(4,4),PROPS(5,6,5),C
3         REAL*8 DKS1(4,4)
4         COMMON/TLA/KC3,TL/CK5/KPRNT/SMATL/ES,AS,GMS,LL,FY
5         COMMON/EJH/NOD(9,800),JH(9)/SDK/DKS
6         COMMON/MT1/MATS(200),PROPS
7         CALL ZERO2(DKS,4,4)                                [DKS]送0
8         CALL EARG(IES)                                     求杆单元相关参数
9         C=ES*AS/LL                                         计算EA/L
10        DKS(1,1)=C
11        DKS(1,3)=-C
12        DKS(3,1)=-C
13        DKS(3,3)=C
14        IF(KC3.GT.0)THEN                                   有斜杆时
15        CALL ABC(0,4,4,4,TL,DKS,DKS1)                      将[DKS]转换到
16        CALL ABC(-1,4,4,4,DKS1,TL,DKS)                     整体坐标
17        ENDIF
18        IF(KPRNT.EQ.1)THEN
19        WRITE(9,10)IES
20        WRITE(9,20)((DKS(I,J),J=1,4),I=1,4)                打印单刚
21   10   FORMAT(//1X,'IE=',I3,10X,'***DKS***')
22   20   FORMAT(4(1X,E15.6))
23        ENDIF
24        RETURN
25        END
```

第 5 章　组合总刚程序设计

总刚度矩阵即结构的整体刚度矩阵(简称总刚)在第 1 章 §1.4 中已作了详细推导和说明。在程序中，总刚度矩阵是由单元刚度矩阵按照“对号入座”的方法叠加而成的，这就是所谓的“组合总刚”。本章详细介绍组合总刚的程序设计。

§5.1　总刚一维变带宽压缩存贮方法

总刚度矩阵的存贮方式，有满存方法、等带宽存贮方法、变带宽存贮方法等。利用总刚度矩阵具有对称、稀疏和非零元素呈带状分布的特点，为了节省存贮容量，在有限元程序中，总刚度矩阵通常采用一维变带宽压缩存贮的方法。

所谓变带宽一维压缩存贮，就是只存贮总刚每一行中最左非零元素到该行主对角元之间(包括这些元素自身)的元素，不存贮带宽以外的零元素。因为带宽以外的零元素在解方程时不起作用，故不予存贮。

对于下列矩阵

$$[\boldsymbol{K}]=\begin{bmatrix} 4.5 & & & & & \\ 0.2 & 5.3 & & \text{对} & & \\ -1.3 & 0 & 10.2 & & & \\ & & & & \text{称} & \\ 0 & 0 & 5.1 & 8.4 & & \\ 0 & 0 & 0 & 0 & 0.6 & \\ 0 & 0 & -1.7 & 0 & 0 & 3.1 \end{bmatrix} \tag{5-1}$$

从第 1 行到第 6 行，它们的半带宽分别为 1，2，3，2，1，4。将每一行半带宽中的元素从第 1 行开始依次连接起来，就得到一个一维的数组。对于矩阵$[\boldsymbol{K}]$，按这种方法存贮的一维数组是

$$\{ZK\}=[4.5,\ 0.2,\ 5.3,\ -1.3,\ 0,\ 10.2,\ 5.1,\ 8.4,\ 0.6,\ -1.7,\ 0,\ 0,\ 3,\ 1]^{T} \tag{5-2}$$

由于每一行的半带宽是各不相同的，所以这种存贮方式又称为变带宽的一维压缩存贮。显然，采取这种存贮方式就能节省许多内存，对于这个例子，满存需要 6×6＝36 个内存，而采用变带宽存贮只需要 13 个内存。

§5.2　主对角元位置数组 KAD(NN)的形成

把总刚用一个一维数组进行存贮，并不是说总刚是一维数组。总刚始终是一个方阵，

这里只不过是用一个一维数组来代替方阵，以存贮总刚的元素。这样带来的一个问题是怎样把二维总刚的系数放到一维数组中去，以及在解方程时又怎样从一维数组中取出所需的刚度系数。这就需要确定二维数组与一维存贮之间的对应关系。解决这个问题的关键是确定二维总刚度矩阵[$\boldsymbol{K}$]的主对角元素在一维存贮数组{ZK}中的编号(即位置或地址)。

为此，这里引进一个重要的辅助数组，即主对角元位置数组 KAD(NN)(NN 为方程总个数，这在第 3 章 §3.1 中已形成)，用 KAD 来存放总刚度矩阵[$\boldsymbol{K}$]中每一行主对角元在一维存贮数组{ZK}中的序号，同时由 KAD 可以确定一维存贮数组{ZK}的大小。对于前述矩阵[K]，其主对角元位置数组 KAD 为

$$\{\mathrm{KAD}\}=[1,\ 3,\ 6,\ 8,\ 9,\ 13]^{\mathrm{T}}$$

有了 KAD，若要找[$\boldsymbol{K}$]中第 i 行第 j 列的元素 K_{ij}在一维存贮数组中的位置，其计算方法为

$$\mathrm{IJ}=\mathrm{KAD}(\mathrm{I})-\mathrm{I}+\mathrm{J} \tag{5-3}$$

如要找[$\boldsymbol{K}$]中第 4 行第 3 列的元素 K_{43}，则由式(5-3)得

$$\mathrm{IJ}=\mathrm{KAD}(\mathrm{I})-\mathrm{I}+\mathrm{J}=8-4+3=7$$

{ZK}中第 7 个元素即 5.1(参阅前述式(5-1)和式(5-2))，这正是要找的元素。所以在程序中只要加进一个辅助数组 KAD，利用式(5-3)就可以找到[$\boldsymbol{K}$]中任一行和任一列的元素。

由主对角元位置数组 KAD 的定义可知

$$\mathrm{KAD}(1)=1$$

$$\mathrm{KAD}(\mathrm{I})=\mathrm{KAD}(\mathrm{I}-1)+\mathrm{I}\text{行半带宽} \tag{5-4}$$

或 $$\mathrm{KAD}(\mathrm{I})=\mathrm{KAD}(\mathrm{I}-1)+(\mathrm{I}\text{行半带宽中副元素个数}+1)$$

$$(\mathrm{I}=2,\ 3,\ \cdots,\ \mathrm{NN})$$

由式(5-4)可知，如果知道总刚[$\boldsymbol{K}$]每一行的半带宽，就能方便地利用式(5-4)，从第 1 行到第 NN 行，逐一求得 KAD 数组中的每一个元素。而确定每一行半带宽的关键是找出每一行半宽带中副元素的个数。因此，程序中关于 KAD 数组的形成，分为两步来进行：

第一步：先找出每一行半带宽中副元素的个数；

第二步：从 I=2 到 NN，按式(5-4)逐项叠加，即得主对角元素在一维存贮数组中的位置。

下面以图 1-9 所示结构为例，讨论其总刚度矩阵[$\boldsymbol{K}$](参阅式(1-41)每行半带宽中的副元素个数是如何确定的。式(1-41)中每一行副元素的个数为

0, 1, 1, 2, 3, 3, 3

每一行副元素中最小的列号为(指行号≥2 时)

1, 1, 1, 2, 3

这个最小的列号，实际上是有限元位移法中，对某一节点力的大小能产生影响的所有节点位移中编号最小的那个位移。例如第 2 个节点力的平衡方程，对其有影响(或称有贡献)的位移号有

1, 2, 3, 4, 5

又如第 5 个节点力的平衡方程，对其有影响的位移号有

2, 3, 4, 5, 6

前者 1 ~ 5 为与未知量 2 相邻的所有位移号(即未知量 2 的相关未知量)，而后者为与

未知量5相邻的所有位移号(即未知量5的相关未知量)，其中最小的位移号分别为1和2。显然找出了这个最小的列号，就不难得到该行的副元素个数。这可以用该行的行号与其最小的列号相减而得到。这个差值的最大值就是所要找的该行的副元素的个数。因此找每一行半带宽中副元素的个数的问题，就归结为找该行行号与该行非零元列号的最大差值问题。

5.2.1　形成主对角元位置数组KAD的程序框图

根据上述讨论，可以绘制出形成主对角元位置数组KAD的程序框图如图5-1所示。

下面以图1-9所示结构为例，按图5-1所示框图顺序，说明总刚[***K***]的主对角元位置数组KAD的形成方法。

1. 计算[***K***]中每一行副元素的个数

(1)数组KAD送0，即

$$\begin{array}{lcccccc} \text{方程序号} & 1 & 2 & 3 & 4 & 5 & 6 \\ \text{KAD}(6)=[& 0 & 0 & 0 & 0 & 0 & 0\ ]^{T} \end{array}$$

(2)取出单元节点序号送入JH数组。

单元①：$\{JH\}^{①}=[\ 3\quad 1\quad 2\ ]^{T}$

单元②：$\{JH\}^{②}=[\ 5\quad 2\quad 4\ ]^{T}$

单元③：$\{JH\}^{③}=[\ 2\quad 5\quad 3\ ]^{T}$

单元④：$\{JH\}^{④}=[\ 6\quad 3\quad 5\ ]^{T}$。

(3)根据JH中所存单元节点序号，调子程序QIEW形成各单元的定位向量IEW。

单元①：$\{IEW\}^{①}=[\ 3\quad 4\quad 0\quad 1\quad 0\quad 2\ ]^{T}$

单元②：$\{IEW\}^{②}=[\ 5\quad 0\quad 0\quad 2\quad 0\quad 0\ ]^{T}$

单元③：$\{IEW\}^{③}=[\ 0\quad 2\quad 5\quad 0\quad 3\quad 4\ ]^{T}$

单元④：$\{IEW\}^{④}=[\ 6\quad 0\quad 3\quad 4\quad 5\quad 0\ ]^{T}$。

(4)按单元循环，根据IEW数组中的节点位移编号(也就是方程号)找出总刚度矩阵[***K***]的半带宽中每一行副元素的个数。其具体做法是：根据IEW数组中的节点位移编号，找出相关未知量编号的最大差值，差值是用本节点未知量编号减去其他节点未知量编号，将这一差值与KAD中原来存的数相比较，若比KAD中相应项的数大，则用这个数代替KAD中原来的相应项，否则不代替。以单元①为例：

取$\{IEW\}^{①}$中第1个数3，与$\{IEW\}^{①}$中各非零的数相减，找出最大差值3-1=2，将2与KAD(3)相比较，由于这时KAD(3)=0，故将2送入KAD(3)，得

$$\text{KAD}(6)=[\ 0\quad 0\quad 2\quad 0\quad 0\quad 0\ ]$$

接着取$\{IEW\}^{①}$中第2个数4与$\{IEW\}^{①}$中各非零数相减，找出最大差值4-1=3，将3与KAD(4)相比较，这时KAD(4)=0，故将3送入KAD(4)，得

$$\text{KAD}-[\ 0\quad 0\quad 2\quad 3\quad 0\quad 0\ ]$$

取$\{IEW\}^{①}$中第3个数，由于是0，不作以后的运算；转到取第4个数1，与$[IEW]^{①}$中各非零数相减，找出最大差值1-1=0，而KAD(1)=0，故不送入；取$\{IEW\}^{①}$中第5个数，由于是0，故转取第6个数2，与$\{IEW\}^{①}$中各非零数相减，找出最大差值2-1=1，与KAD(2)相比较，KAD(2)=0，故将1送入KAD(2)，得

方程序号　1　2　3　4　5　6

KAD(6)=[0　1　2　3　0　0]^T

同理由{IEW}②继续运算得

方程序号　1　2　3　4　5　6

KAD(6)=[0　1　2　3　3　0]^T

从{IEW}③算得

方程序号　1　2　3　4　5　6

KAD(6)=[0　1　2　3　3　0]^T

从{IEW}④最后算得

方程序号　1　2　3　4　5　6

KAD(6)=[0　1　2　3　3　3]^T

在最后的 KAD 中所存的数值，即为每一行半带宽中的副元素的个数。

2. 计算主对角元位置

从上述 KAD 中存放的副元素的个数，由式(5-4)可以计算得各主对角元在一维存贮数组中的位置如下

KAD(1)=1

KAD(2)=1+1+1=3

KAD(3)=3+2+1=6

KAD(4)=6+3+1=10

KAD(5)=10+3+1=14

KAD(6)=14+3+1=18

这样，在 KAD 中所存的数改变为

方程序号　1　2　3　4　5　6

KAD(6)=[1　3　6　10　14　18]^T　　(5-5)

它们在二维总刚度矩阵中的位置如图 5-2 所示。

KAD 数组中的最后一个主对角元号，即 ME=KAD(NN)，同时指出了一维存贮总刚{ZK}的元素总个数，即{ZK}的容量大小。

需要说明的是，在程序中实现时，是按单元顺序用循环语句来实现的。这里将单元1，2，3，4 放在一起计算只是为了解释方便。

5.2.2 形成主对角元位置数组 KAD 的子程序 FJWKD

根据图 5-1 所示框图编写的形成主对角元位置数组 KAD 的程序如下：

```
1       SUBROUTINE FJWKD                                形成主元位置数组 KAD
2       COMMON/EWH/JWH(2,500),KAD(1000),IEW(18)/CK5/KPRNT
3       COMMON/EJH/NOD(9,800),JH(9)/EM/NJ,NES,NE/NR/NJR,NR(2,30)
4       COMMON/NETP/NETP(800),JNH(6)/ENN/NN,ME/JN/JN,JN2
5       DO 10 I=1, NJ                                   对节点循环
6       DO 10 J=1,2
```

```
69          STOP
70          ENDIF
71          RETURN
72 160      FORMAT(//5X,'NODE',10X,'JWH ARRAY')
73 170      FORMAT(/5X,I5,6X,2I5)
74 180      FORMAT(//5X,'KAD ARRAY')
75 200      FORMAT(/1X,15I5)
76          FORMAT(//1X,'TOTAL NUMBER OF EQUATIONS   :NN=',I5,
        #   //1X,'TOTAL NUMBER OF ZK ELEMENTS: ME=',I5)
77 900      FORMAT(//1X,'ZK IS OVERFLOW!')
78          END
```

§5.3　组合总刚

5.3.1　组合总刚的基本原理

形成了主对角元位置数组 KAD 后，一方面 KAD 指出了建立一维存贮的总刚度矩阵的大小，同时应用 KAD，由式(5-3)可以确定二维总刚度矩阵[$\boldsymbol{K}$]中任一行和列的元素 K_{ij}在一维存贮总刚{ZK}中的位置。

前已述及，单元刚度矩阵中的各元素有两种下标，一种是单刚本身的下标(局部码)，另一种是在总刚[$\boldsymbol{K}$]中的下标(总体码)。下面以三节点三角形单元为例，说明这两种下标的对应关系。

在程序中，三节点三角形单元的单刚[$\boldsymbol{k}$]^{e}用数组 DK(6，6)表示，单刚[$\boldsymbol{k}$]^{e}的行、列号用 I、J 表示。这是单刚元素本身的下标，对于所有的三节点三角形单元，这种下标都是相同的，其行号为 I=1 ~6，列号为 J=1 ~6。单刚元素的另一种下标则是在总刚[$\boldsymbol{K}$]中的下标，这种下标各个单元是不相同的，它取决于各单元的定位向量 IEW，即单刚元素在总刚[$\boldsymbol{K}$]中的行、列号由 L=IEW(I)、K=IEW(J)确定。如果令总刚[$\boldsymbol{K}$]中第 L 行的主元位置 KAD(L)用 II 表示，即

$$II=KAD(L)$$

则确定总刚[$\boldsymbol{K}$]中任一元素 K_{LK}在一维存贮总刚{ZK}中位置的计算公式(5-3)可以改写为

$$IJ=II-L+K \tag{5-3a}$$

子程序 ASEMZK 的作用，就是找出单刚元素本身的下标 I、J 与其在总刚[$\boldsymbol{K}$]中的下标 L、K 的对应关系，然后根据第二种下标(即单刚元素在二维总刚[$\boldsymbol{K}$]中的行号 L 和列号 K)，再通过式(5-3a)，最终确定其在一维总刚中的位置，进而将单刚元素叠加到总刚的相应位置。

组合总刚的程序框图如图 5-3 所示，为简明起见，这里仅列出三节点三角形单元组合总刚的框图，对于其他类型的单元，其组合总刚的方法和步骤是完全一样的。

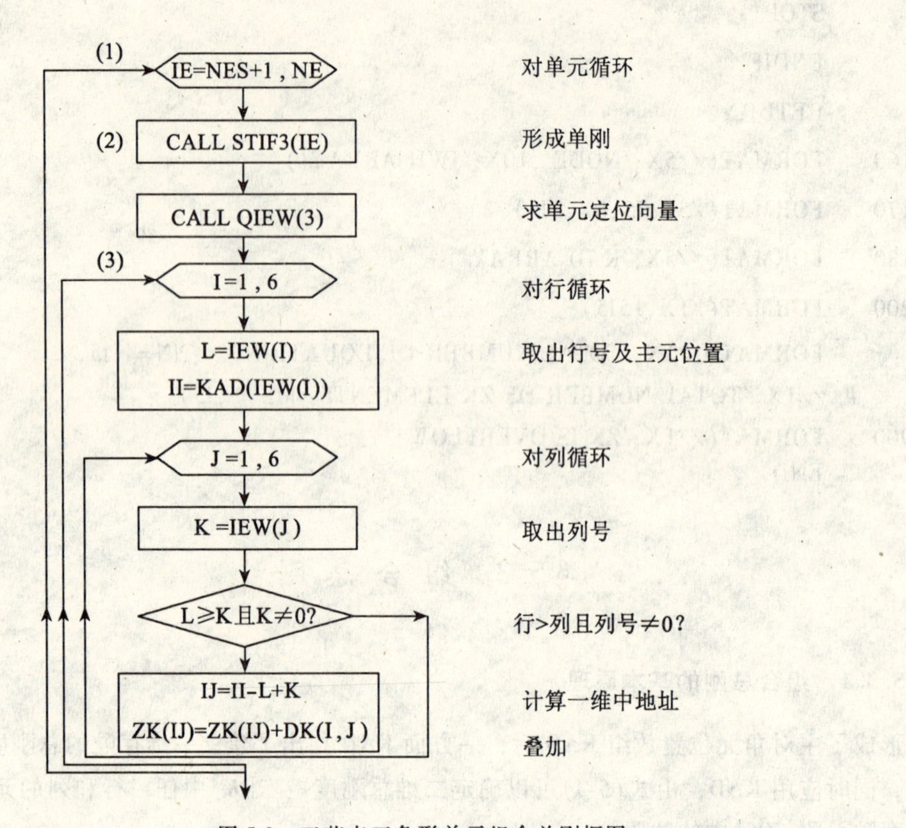

图 5-3 三节点三角形单元组合总刚框图

下面仍以图 1-9 所示结构为例，按照图 5-3 所示组合总刚的框图顺序，具体说明组合总刚的步骤和方法。

(1)按单元 IE=1～NE 循环，调子程序 STIF3 形成单元刚度矩阵 DK(6，6)。以单元①为例，求得其单元刚度矩阵示于表 5-1 中(参阅第 4 章§4.1 中式(4-3))。

(2)调子程序 QIEW 形成单元定位向量 IEW(6)。

根据单元定位向量 IEW 确定单刚元素 DK(I、J)的下标 I、J 对应于二维总刚[$\boldsymbol{K}$]中的行号 L 与列号 K。

单元①的节点号为 3，1，2，其单元定位向量为(参阅例 3-2)

序号	1	2	3	4	5	6
$\{IEW\}^{①}$ = [	3	4	0	1	0	2]^T
节点号	3		1		2	

为清楚起见，现将单刚元素本身的下标 I、J 及其在二维总刚[$\boldsymbol{K}$]中的行、列号 L=IEW(I)、K=IEW(J)的对应关系示于表 5-1 的左边和上边。

(3)根据 L 和 K 及式(5-3a)将单元刚度矩阵中的元素依次叠加到一维存贮的总刚{ZK}中去。

表 5-1　　单元①的单刚元素及其在二维总刚[K]中的行、列号 L=IEW(I)、K=IEW(J)对照表

L=IEW(I) \ K=IEW(J)		3	4	0	1	0	2
	I \ J	1	2	3	4	5	6
3	1	0.5	0	0	0	-0.5	0
4	2	0	0.25	0.25	0	-0.25	-0.25
0	3	0	0.25	0.25	0	-0.25	-0.25
1	4	0	0	0	0.5	0	-0.5
0	5	-0.5	-0.25	-0.25	0	0.75	-0.25
2	6	0	-0.25	-0.25	-0.5	0.25	-0.75

注：表中元素均应乘以 10^4。

由于总刚度矩阵只存下三角元素，所以只把单元刚度矩阵中属于总刚度矩阵的下三角的那些元素送入总刚，属于总刚上三角的元素则不送入。此外，对位移编号为零的元素也应排除掉。因为位移号为零时即表示支座，那里的位移是零，不需要建立方程式，该元素在总刚中没有位置。所以在程序中安排了条件语句：

IF(L. GE. K. AND. K. NE. 0)THEN

即只有符合上述两个条件(行号≥列号且列号≠0)的元素才送入总刚，否则不送入。例如，对于单元①行号 I=2，列号 J=6 的元素 DK(2，6)，相应于二维总刚中的行、列号分别为 L=IEW(2)=4，K=IEW(6)=2(亦即 DK(2，6)相应于二维总刚[K]中的元素 K_{42})，由于此时 L>K 且 K≠0，故应将 DK(2，6)送入总刚。该元素相应于一维存贮总刚{ZK}中的位置可以由式(5-3a)确定，由于 II=KAD(L)=10(参阅式(5-5))，故

IJ=II-L+K=10-4+2=8

确定了该元素在一维存贮总刚{ZK}中的位置后，就可以将该元素叠加到{ZK}中的相应位置，即

ZK(IJ)=ZK(IJ)+DK(I，J)

亦即　　ZK(8)=ZK(8)+DK(2，6)

再如，DK(4，4)，I=4，J=4，L=IEW(4)=1，K=IEW(4)=1，L=K 且 K≠0，故应将 DK(4，4)送入总刚，此时 II=KAD(L)=1，计算 DK(4，4)在{ZK}中的位置

IJ=II-L+K=1-1+1=1

叠加　　ZK(1)=ZK(1)+DK(4，4)

又如，DK(6，3)，I=6，J=3，L=IEW(6)=2，K=IEW(3)=0，不满足 K≠0 的条件，故不送入总刚{ZK}。

依此类推，即可完成单元①所有元素的组装。单元①的所有元素在{ZK}中的位置详见表 5-2。其中不送入总刚的元素或者是由于该元素的行号 L 小于列号 K(即该元素属于总刚的上三角)，或者是由于该元素位于 0 行或 0 列，故不叠加到总刚中去。

其他单元单刚的组装方法与单元①的组装方法完全相同。所有单元循环完后，即得总刚度矩阵{ZK}。这就是直接刚度法中组合总刚时的“对号入座”在计算机上的实现方法。

对于图 1-9 所示结构，由 ASEMZK 子程序形成的一维存贮的总刚度矩阵{ZK}如下：

$$\{ZK\}=10^4\times[0.5,\ -0.5,\ 1.5,\ 0,\ -0.25,\ 1.5,\ 0,\ -0.5,\ 0.25,\ 1.5,\ 0.25,\ -0.5,\ -0.25,\ 1.5,\ 0,\ 0,\ -0.5,\ 0.5]^{T} \tag{5-6}$$

将其还原为二维方阵的形式即

$$[\boldsymbol{K}]=\begin{bmatrix} 0.5 & & & & & \\ -0.5 & 1.5 & & 对 & & \\ 0 & -0.25 & 1.5 & & & \\ 0 & -0.5 & 0.25 & 1.5 & & 称 \\ & 0.25 & -0.5 & -0.25 & 1.5 & \\ & & 0 & 0 & -0.5 & 0.5 \end{bmatrix}\times 10^4 \tag{5-6a}$$

与第 1 章 §1.4 中手算结果式(1-41)完全一致。

从上述组集总刚度矩阵的过程来看，只要有了主对角元位置数组 KAD，并借助单元定位向量，就可以准确地将单元刚度矩阵的元素叠加到总刚度矩阵的正确位置。

表 5-2 单元①单刚元素存入总刚位置表

单元刚度 行	单元刚度 列	L=IEW (I)	K=IEW (J)	II=KAD (L)	IJ=II-L+K	单元刚度 行	单元刚度 列	L=IEW (I)	K=IEW (J)	II=KAD (L)	IJ=II-L+K
1	1	3	3	6	6	4	1	1	3	1	不存
	2		4		不存		2		4		不存
	3		0		不存		3		0		不存
	4		1		4		4		1		1
	5		0		不存		5		0		不存
	6		2		5		6		2		不存
2	1	4	3	10	9	5	1	0	3	0	不存
	2		4		10		2		4		不存
	3		0		不存		3		0		不存
	4		1		7		4		1		不存
	5		0		不存		5		0		不存
	6		2		8		6		2		不存
3	1	0	3	0	不存	6	1	2	3	3	不存
	2		4		不存		2		4		不存
	3		0		不存		3		0		不存
	4		1		不存		4		1		2
	5		0		不存		5		0		不存
	6		2		不存		6		2		3

5.3.2　组合总刚的子程序 ASEMZK

组合总刚度矩阵的程序如下：

```
1          SUBROUTINE ASEMZK                                     组合总刚
2          REAL*8 DK(6,6),DK4(8,8),DK6(12,12),DK8(18,18)        ZK 为一维存贮总刚
3          REAL*8 ZK(15000),DKS(4,4),POSGP(3),WEIGP(3)
4          COMMON/EM/NJ,NES,NE/EWH/JWH(2,500),KAD(1000),IEW(18)
5          COMMON/ENN/NN,ME/AKK/ZK/CK5/KPRNT/JN/JN,JN2/SDK/DKS
6          COMMON/KIET/KIET/NETP/NETP(800),JNH(6)/PWGS/POSGP,WEIGP
7          COMMON/CDK/DK/DK4/DK4/DK6/DK6/DK8/DK8
8          CALL ZERO1(ZK,ME)                         总刚送 0
9          IF(NES.GT.0) THEN                         有杆元时
10         DO 5 IE=1,NES                             对杆元循环
11         CALL STIFS(IE)                            计算杆元单刚
12         CALL QIEW(2)                              求单元定位向量 IEW
13         IF(L.GE.K.AND.K.NE.0) THEN                L≥K 且 K≠0 时
14         IJ=II-L+K                                 计算 Kij 在一维中地址并叠加
15         ZK(IJ)=ZK(IJ)+DKS(I,J)
16         ENDIF
17  20     CONTINUE
18  10     CONTINUE
19   5     CONTINUE                                  杆元单刚组合完毕
20         ENDIF
21         KE=NES+1
22         IF(KIET.EQ.1) THEN                        组合三角形单元单刚
23         DO 100 IE=KE,NE                           对单元循环
24         CALL STIF3(IE)                            求三角形单元单刚
25         CALL QIEW(3)                              求单元定位向量 IEW
26         DO 110 I=1,6                              对单刚行循环
27         L=IEW(I)                                  对应于总刚行号
28         II=KAD(L)                                 主元在一维中地址
29         DO 120 J=1,6                              对单刚列循环
30         K=IEW(J)                                  对应于总刚列号
31         IF(L.GE.K.AND.K.NE.0)THEN                 L≥K 且 K≠0 时
32         IJ=II-L+K
33         ZK(IJ)=ZK(IJ)+DK(I,J)                     计算 Kij 在一维中地址并叠加
34         ENDIF
35  120    CONTINUE
```

```
36 110     CONTINUE                                  三节点三角形单元
37 100     CONTINUE                                  单刚组装完毕
38         ELSE IF(KIET.EQ.2)THEN                    组合矩形单元单刚
39         DO 200 IE=KE,NE
40         CALL STIF4(IE)
41         CALL QIEW(4)
42         DO 210 I=1,8
43         L=IEW(I)
44         II=KAD(L)
45         DO 220 J=1,8
46         K=IEW(J)
47         IF(L.GE.K.AND.K.NE.0)THEN
48         IJ=II-L+K
49         ZK(IJ)=ZK(IJ)+DK4(I,J)
50         ENDIF
51 220     CONTINUE
52 210     CONTINUE
53 200     CONTINUE
54         ELSE IF(KIET.EQ.3)THEN                    组合六节点三角形单元单刚
55         DO 300 IE=KE,NE
56         CALL STIF6(IE)
57         CALL QIEW(6)
58         DO 310 I=1,12
59         L=IEW(I)
60         II=KAD(L)
61         DO 320 J=1,12
62         K=IEW(J)
63         IF(L.GE.K.AND.K.NE.0)THEN
64         IJ=II-L+K
65         ZK(IJ)=ZK(IJ)+DK6(I,J)
66         ENDIF
67 320     CONTINUE
68 310     CONTINUE
69 300     CONTINUE
70         ELSE IF(KIET.GT.3)THEN                    组合等参单元单刚
71         JN=JNH(KIET)
72         JN2=JN*2
73         DO 400 IE=KE,NE
```

```
74          CALL STIF8(IE)
75          CALL QIEW(JN)
76          DO 410 I=1,JN2
77          L=IEW(I)
78          II=KAD(L)
79          DO 420 J=1,JN2
80          K=IEW(J)
81          IF(L.GE.K.AND.K.NE.0)THEN
82          IJ=II-L+K
83          ZK(IJ)=ZK(IJ)+DK8(I,J)
84          ENDIF
85 420      CONTINUE
86 410      CONTINUE
87 400      CONTINUE
88          ELSE                                     组装组合单元的单刚
89          DO 500 IE=KE,NE
90          IET=NETP(IE)
91          IF(IET.EQ.1) THEN
92          CALL STIF3(IE)
93          CALL QIEW(3)
94          DO 510 I=1,6
95          L=IEW(I)
96          II=KAD(L)
97          DO 520 J=1,6
98          K=IEW(J)
99          IF(L.GE.K.AND.K.NE.0)THEN
100         IJ=II-L+K
101         ZK(IJ)=ZK(IJ)+DK(I,J)
102         ENDIF
103 520     CONTINUE
104 510     CONTINUE
105         ELSE IF(IET.EQ.2)THEN
106         CALL STIF4(IE)
107         CALL QIEW(4)
108         DO 530 I=1,8
109         L=IEW(I)
110         II=KAD(L)
111         DO 540 J=1,8
```

```
112          K=IEW(J)
113          IF(L. GE. K. AND. K. NE. 0)THEN
114          IJ=II-L+K
115          ZK(IJ)=ZK(IJ)+DK4(I,J)
116          ENDIF
117 540      CONTINUE
118 530      CONTINUE
119          ENDIF
120 500      CONTINUE
121          ENDIF
122          IF(KPRNT. EQ. 1)THEN
123          WRITE(9,900)(ZK(I),I=1,ME)          打印总刚
124          ENDIF
125          RETURN
126 900      FORMAT(//1X,'* * *STRUCTURAL STIFNESS',
         #   MATRIX---ZK * * *'//(6(1X,E12.6)))
127          END
```

第 6 章　形成整体荷载列向量程序设计

本章讲述形成整体平衡方程组$[\boldsymbol{K}]\{\boldsymbol{\Delta}\}=[\boldsymbol{F}]$的右端项$\{\boldsymbol{F}\}$(即整体荷载列向量，亦称为荷载列向量)的程序设计方法。

§6.1　形成自重列向量

6.1.1　主要步骤和程序框图

除等参单元外，形成自重列向量的程序设计均较简单。其主要步骤如下。

1. 计算单元自重所产生的等效节点力$\{\boldsymbol{R}\}$。

(1)三节点三角形单元按式(1-30)计算；

(2)四节点矩形单元按式(1-71)计算；

(3)六节点三角形单元按式(1-91)计算；

(4)等参单元按式(1-118)计算。

2. 调子程序 QIEW 求出单元定位向量 IEW。

3. 根据 IEW 中的节点未知量编号将自重产生的等效节点力叠加到整体荷载列向量(即荷载列向量数组)$\{\boldsymbol{F}\}$中去(在程序中，整体荷载列向量用数组 FF(NN)表示)。当然，若某一等效节点力分量所对应的节点未知量编号为 0，则不叠加到$\{\boldsymbol{F}\}$中去。因为节点未知量编号为 0 时所对应的是支座，该元素在$\{\boldsymbol{F}\}$中没有位置，故不必叠加。

形成等参单元自重列向量的程序较为复杂一些，故给出形成等参单元自重列向量的程序框图如图 6-1 所示。

下面对各框意义作一些说明。

(1)框：对单元循环，IE＝KE→NE，其中 KE＝NES+1，NES 为杆单元个数。

(2)框：等效节点荷载数组 FE 送 0；并从 PROPC 中取出单元厚度 BT 和材料重度 GM。

(3)框：从 NOD(9，NE)中取出单元节点编号存入 JH(9)中，接着从 X、Y 中取出单元节点坐标存入 ECOD 数组中。

(4)框：对高斯积分点从 IG＝1 到 NGAS 循环。

(5)框：取出高斯积分点坐标 S。

(6)框：对高斯积分点从 JG＝1 到 NGAS 循环。

(7)框：取出高斯积分点坐标 T。

(8)框：求形函数 N，存入 SHAP 数组中。

(9)框：求雅可比矩阵$[\boldsymbol{J}]$及其行列式$|\boldsymbol{J}|$，$|\boldsymbol{J}|$存入 DET 中。

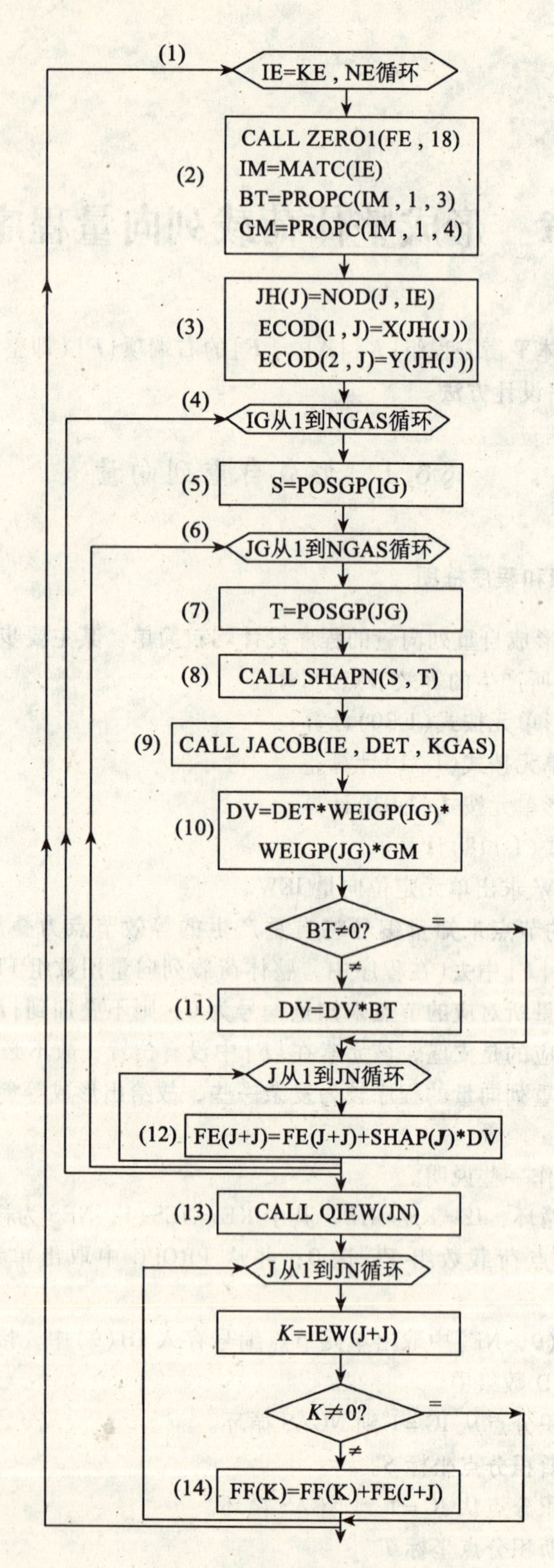

图 6-1 形成等参单元自重列向量细框图

(10)框：计算 DV=DET * Wi * Wj * GM。

(11)框：若 BT≠0 则计算 DV=DV * BT。

(12)框：按式(1-118)利用高斯积分计算自重产生的等效节点荷载，计算结果存入 FE 中。

(13)框：求单元 IE 的单元定位向量 IEW(JN2)，为叠加作准备(这里 JN2=2 * JN 为单元自由度数)。

(14)框：根据单元定位向量 IEW 将 FE 叠加到 FF 中去。所有单元做完后，等参单元的自重列向量即已形成。

6.1.2　形成自重列向量的子程序 GRAVTF

```
1          SUBROUTINE GRAVTF                                形成自重列向量 FF
2          REAL * 8 ECOD(2,9),GCOD(2,9),X(500),Y(500)
3          REAL * 8 S,T,POSGP(3),WEIGP(3),SHAP(9)
4          REAL * 8 DER(2,9),CAR(2,9),DET,DV,FE(18)
5          REAL * 8 PROPC(5,7,6),FF(1000)
6          REAL * 8 ES,AS,GMS,LL,FY,BT,AC,GM,AX
7          COMMON/SMATL/ES,AS,GMS,LL,FY/EM/NJ,NES,NE
8          COMMON/ENN/NN,ME/EJH/NOD(9,800),JH(9)
9          COMMON/EWH/JWH(2,500),KAD(1000),IEW(18)
10         COMMON/CMATL/BT,AC,GM/KIET/KIET/FU/FF
11         COMMON/JN/JN,JN2/ECOD/ECOD,GCOD/XY1/X,Y
12         COMMON/NGAS/NGAS/PWGS/POSGP,WEIGP
13         COMMON/SHAP/SHAP,DER/CAR/CAR/FE/FE
14         COMMON/MT2/MATC(800),PROPC
15         COMMON/NETP/NETP(800),JNH(6)
16         IF (NES. NE. 0) THEN                         当有杆单元时
17         DO 10 IE=1,NES                               对杆单元循环
18         CALL EARG(IE)                                求单元参数
19         AX=0.5D0 * GMS * AS * LL                     求等效节点荷载
20         CALL QIEW(2)                                 求单元定位向量 IEW
21         DO 10 J=1,2                                  根据 IEW
22         K=IEW(J+J)                                   将 AX 叠加到 FF
23         IF(K. NE. 0)FF(K)= FF(K)+AX
24  10     CONTINUE
25         ENDIF
26         KE=NES+1
27         IF(KIET. EQ. 1)THEN                          当为三角形单元时
28         DO 20 IE=KE,NE                               对单元循环
```

```
29          CALL QTRIB(IE)                          求单元参数
30          IM=MATC(IE)                             取出材料组号
31          BT=PROPC(IM,1,3)                        单元厚度 t
32          GM=PROPC(IM,1,4)                        材料重度 γ
33          AX=GM*BT*AC/3.D0                        求等效节点荷载
34          CALL QIEW(3)                            求单元定位向量 IEW
35          DO 20 J=1,3                             根据 IEW
36          K=IEW(J+J)                              将 AX 叠加到 FF
37          IF(K.NE.0)FF(K)=FF(K)+AX
38  20      CONTINUE
39          ELSE IF(KIET.EQ.2)THEN                  形成矩形单元自重列向量
40          DO 100 IE=KE,NE
41          CALL RECT4(IE)                          求单元参数
42          AX=GM*BT*AC*.25D0                       求等效节点荷载
43          CALL QIEW(4)                            求 IEW
44          DO 110 J=1,4
45          K=IEW(J+J)
46          IF(K.NE.0)FF(K)=FF(K)+AX                叠加
47 110      CONTINUE
48 100      CONTINUE
49          ELSE IF(KIET.EQ.3)THEN                  形成六节点三角形单元
50          DO 200 IE=KE,NE                         自重列向量
51          CALL TRIB6(IE,0)                        求单元参数
52          AX=GM*BT*AC/3.D0                        求等效节点荷载
53          CALL QIEW(6)                            求 IEW
54          DO 210 J=4,6
55          K=IEW(J+J)
56          IF(K.NE.0)FF(K)=FF(K)+AX                叠加
57 210      CONTINUE
58 200      CONTINUE
59          ELSE IF(KIET.GT.3)THEN                  形成等参单元自重列向量
60          DO 300 IE=KE,NE
61          CALL ZERO1(FE,18)                       FE 送 0
62          IM=MATC(IE)                             取出材料组号
63          BT=PROPC(IM,1,3)                        单元厚度 t
64          GM=PROPC(IM,1,4)                        材料重度 γ
65          DO 310 J=1,JN                           取出节点坐标
66          DO 320 J=1,JN
```

```
67          ECOD(1,J)=X(JH(J))
68  320     ECOD(2,J)=Y(JH(J))
69          DO 330 IG=1,NGAS                        对高斯积分点ξ循环
70          S=POSGP(IG)                             取出ξi
71          DO 330 JG=1,NGAS                        对高斯积分点η循环
72          T=POSGP(JG)                             取出ηj
73          CALL SHAPN(S,T)                         求形函数矩阵[N]
74          CALL JACOB(IE,DET)                      求雅可比矩阵[J]
75          DV=DET * WEIGP(IG) * WEIGP(JG) * GM     按式(1-118)计算等效节点
76          IF(BT.NE.0.D0)DV=DV * BT                荷载
77          DO 340 J=1,JN
78          K=J+J
79  340     FE(K)=FE(K)+SHAP(J) * DV
80  330     CONTINUE
81          CALL QIEW(JN)                           求IEW
82          DO 350 J=1,JN
83          K=IEW(J+J)
84          IF(K.NE.0)FF(K)=FF(K)+FE(J+J)           根据IEW将FE叠加到FF
85  350     CONTINUE
86  300     CONTINUE
87          ELSE
88          DO 400 IE=KE,NE                         形成组合单元自重列向量
89          IET=NETP(IE)
90          IF(IET.EQ.1)THEN                        三节点三角形单元
91          IM=MATC(IE)
92          BT=PROPC(IM,1,3)
93          GM=PROPC(IM,1,4)
94          CALL QTRIB(IE)
95          AX=GM * BT * AC/3.D0
96          CALL QIEW(3)
97          DO 410 J=1,3
98          K=IEW(J+J)
99          IF(K.NE.0)FF(K)=FF(K)+AX
100 410     CONTINUE
101         ELSE IF(IET.EQ.2)THEN                   矩形单元
102         CALL RECT4(IE)
103         AX=BT * AC * GM * .25D0
104         CALL QIEW(4)
```

```
105           DO 420 J=1,4
106           K=IEW(J+J)
107           IF(K.NE.0)FF(K)=FF(K)+AX
108 420       CONTINUE
109           ENDIF
110 400       CONTINUE
111           ENDIF
112           RETURN
113           END
```

§6.2 形成荷载列向量

当结构上仅作用有节点荷载时，形成荷载列向量的程序设计较为简单，可以直接将节点荷载按节点未知量编号进行组装。

当结构上还作用有分布荷载时，则先按第1章中所述的荷载移置方法求出等效节点荷载，然后再根据节点未知量编号 JWH 或单元定位向量 IEW，将等效节点荷载组装到整体荷载列向量{FF}。

6.2.1 形成荷载列向量的程序框图

1. 节点荷载

形成节点荷载列向量的程序框图如图 6-2 所示。

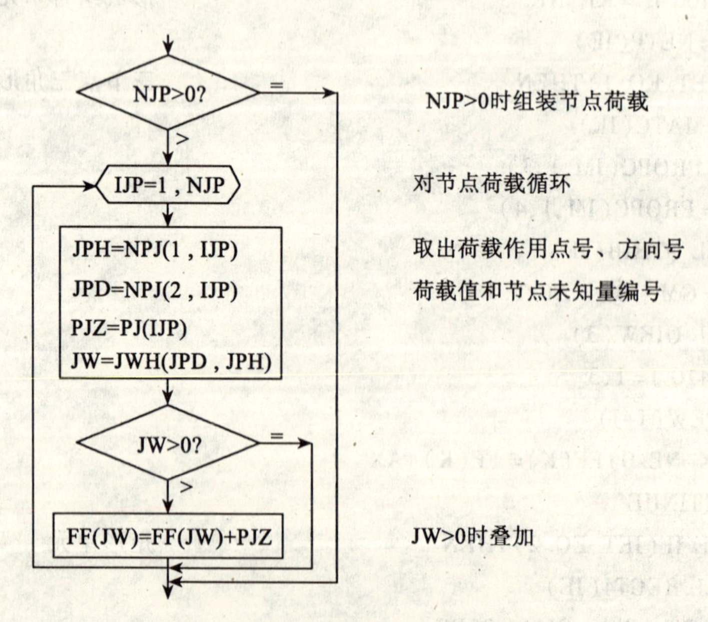

图 6-2 形成节点荷载列向量程序框图

2. 分布荷载

(1)形成三节点三角形单元和四节点矩形单元荷载列向量的程序框图。

对于线性单元，如三节点三角形单元和四节点矩形单元，设单元 ij 边作用有法向和切向的分布荷载，如图 1-12 所示，按式(1-32)求出等效节点荷载后，可以直接利用节点未知量编号数组 JWH 组装整体荷载列向量{FF}，程序框图如图 6-3 所示。

(2)形成六节点三角形单元荷载列向量的程序框图。

对于六节点三角形单元，设单元 ij 边作用有线性分布的法向和切向的分布荷载，如图 1-24 所示，当按式(1-93)求出等效节点荷载后，可以按单元定位向量 IEW 组装整体荷载列向量{FF}。按单元定位向量组装{FF}的原理是很简单的，因为单元的等效节点荷载的分量个数与单元定位向量的元素个数相同，所以每一个等效节点荷载分量对应地在单元定位向量中有一个未知量编号，因此，就可以正确地叠加到整体荷载列向量中，程序框图如图 6-4 所示。

(3)形成等参单元荷载列向量的程序框图。

设单元某边作用有任意分布的法向和切向的分布荷载，如图 1-30 所示，则形成等参单元荷载列向量的主要步骤为：

1)首先按式(1-122)用数值积分求出荷载作用边各点的等效节点力 Fxi、Fyi；

2)由荷载作用边所在单元的单元定位向量将求得的等效节点荷载组装到整体荷载列向量{FF}中去。

程序框图如图 6-5 所示。下面对形成等参单元荷载列向量的框图图 6-5 作一简要说明。

(1)框：确定单元分布荷载作用边的节点个数 NODEG 和等参单元的控制点数 JN1。

(2)框：对分布荷载的作用边数循环。

(3)框：单元等效节点力数组送 0。

(4)框：取出荷载作用边的单元号及该单元的节点号。

(5)框：从 QNT1 数组中取出第 IEP 个荷载作用边各点的荷载值，存入 QS 数组中备用。

(6)框：从 NQIJ 数组中取出该边荷载作用点的节点号，存入 IJH 数组中备用。

(7)框：取出该边荷载作用节点的坐标，存入 ECOD 数组中备用。

(8)框：对高斯积分点 IG 从 1 到 NGAS 循环。

(9)框：从 POSGP 数组中取出高斯积分点坐标 S(即 ξ)，与(1)框中的 T(即 η)组成一对高斯积分点坐标，准备计算该高斯积分点处的形函数。

(10)框：计算高斯积分点(S、T)处的形函数 SHAP。

(11)框：将法向和切向的分布荷载用高斯积分点处的形函数表示成插值形式，参阅式(1-119)，其结果存入 PG 数组中；同时求出相应的高斯积分点处的 $\frac{\partial X}{\partial \xi}$，$\frac{\partial Y}{\partial \xi}$，其结果存入 DG 数组中。

(12)框：确定高斯积分点处的权系数，存入 DV 中。

(13)框：计算式(1-122)括号中的值，其结果分别存入 PX、PY 中。

(14)框：对单元节点个数循环，直到找出荷载作用边的第一个节点号对应于单元节点号中的第 INO 个节点的序号。一旦找到以后，立即进入(15)框的计算。

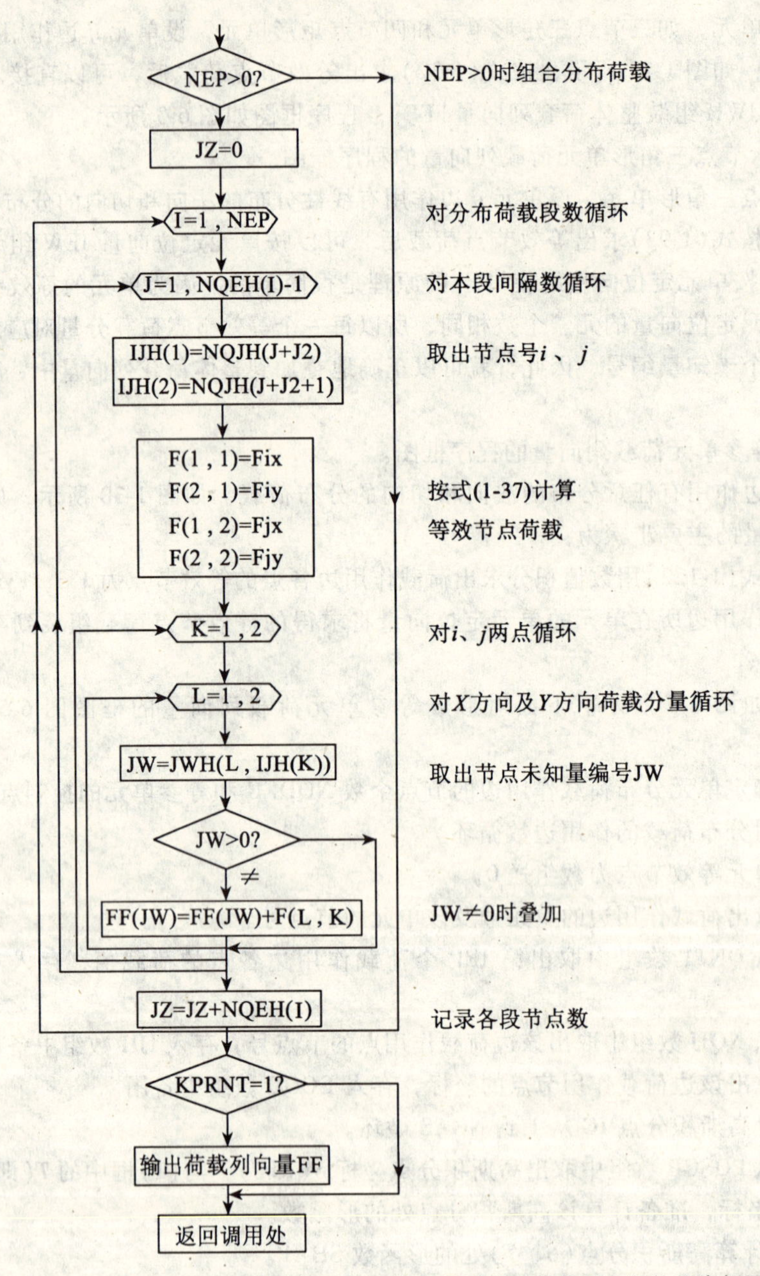

图 6-3 形成三节点三角形单元和四节点矩形单元荷载列向量的程序框图

(15)框：确定荷载作用边的最后一个节点在单元节点序号中的位置。

(14)框、(15)框的主要作用是为确定后面求出的等效节点荷载应存放于等效节点力向量(FE)中的正确位置作准备。

(16)框：对荷载作用边的节点序号循环，循环变量 KNO 的初值、终值就是(14)框、(15)框中定出的 INO 和 JNO。

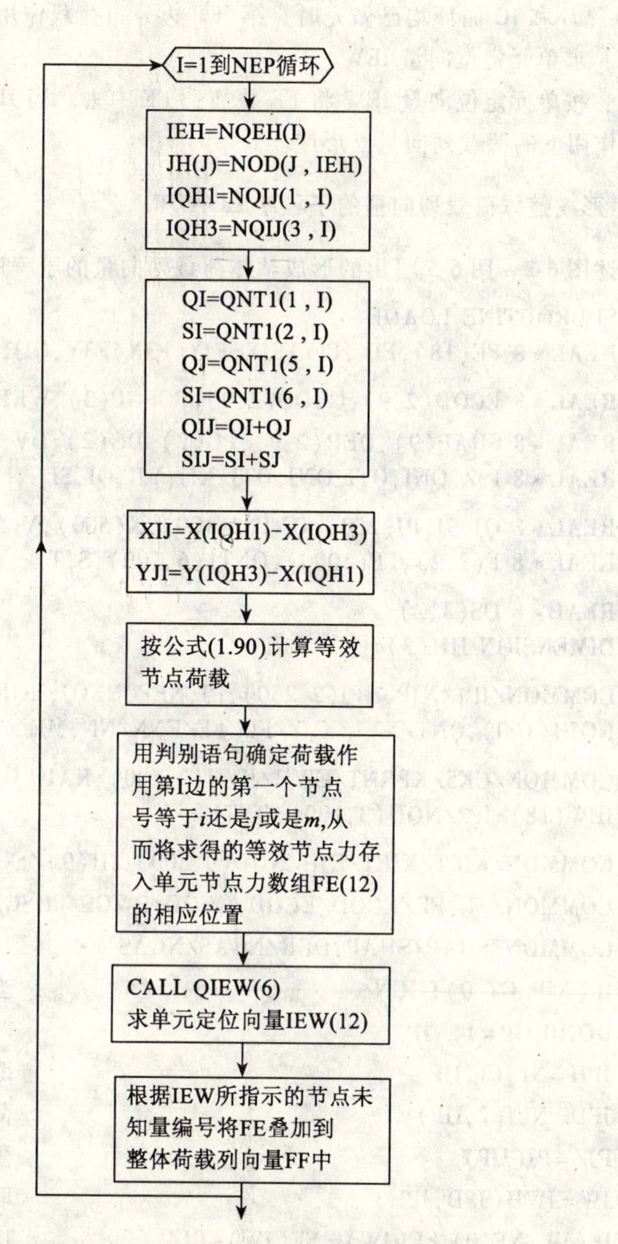

图 6-4　形成六节点三角形单元荷载列向量的程序框图

(17)框：计算第 KNO 个节点的等效节点荷载在单元等效节点力向量{FE}中的位置 NGAH 和 MGAH。其中 K 为节点序号的计数器。

当分布荷载正好作用在单元的第 7、第 8 和第 1 个节点序号的所在边时，将会出现 KNO 大于单元的实际节点个数的情况，此时该荷载作用边的最后一个节点号(在单元节点编号中的序号为 1)的等效节点力在{FE}中的实际位置应为 NGAH＝1 和 MGAH＝2。判别条件 KNO>JN1？就是为处理这种情况而设的。

(18)框：按式(1-122)用数值积分计算等效节点荷载，存放于 FE 中。

当 KNO 循环和 IG 循环均已做完时，第 IEP 边分布荷载作用下的等效节点力已形成。

(19)框：求单元定位向量 IEW。

(20)框：按单元定位向量 IEW 将 FE 叠加到 FF 中去。当 IEP 循环做完时，等参单元在分布荷载作用下的荷载列向量已形成。

6.2.2 形成整体荷载列向量的子程序 LOADF

根据上述图 6-2 ~ 图 6-5 写出的形成整体荷载列向量的子程序如下：

```
1         SUBROUTINE LOADF                                        形成整体荷载列向量 FF
2         REAL*8 FE(18),FIX,FIY,FJX,FJY,F3X,F3Y,QIJ,SIJ
3         REAL*8 ECOD(2,9),GCOD(2,9),POSGP(3),WEIGP(3)
4         REAL*8 SHAP(9),DER(2,9),PG(2),DG(2),DV,PX,PY
5         REAL*8 PJZ,QNI,QTI,QNJ,QTJ,XIJ,YJI,QI,SI
6         REAL*8 QJ,SJ,PJ(250),QNT(2,100),X(500),Y(500)
7         REAL*8 F(2,2),FF(1000),QNT1(6,100),S,T
8         REAL*8 QS(3,2)
9         DIMENSION IJH(3)
10        COMMON/JP1/NJP,NPJ(2,250),PJ,NEP,NEQJ,NQEH(100),
      #   NQJH(100),QNT/XY1/X,Y/FU/FF/ENN/NN,ME
11        COMMON/CK5/KPRNT/EWH/JWH(2,500),KAD(1000),
      #   IEW(18)/JP2/NQIJ(3,100),QNT1
12        COMMON/KIET/KIET/EJH/NOD(9,800),JH(9)/JN/JN,JN2
13        COMMON/FE/FE/ECOD/ECOD,GCOD/PWGS/POSGP,WEIGP
14        COMMON/SHAP/SHAP,DER/NGAS/NGAS
15        IF(NJP.GT.0)THEN                          当有节点荷载时
16        DO 10 IJP=1,NJP                           对节点荷载循环
17        JPH=NPJ(1,IJP)                            取出作用点号
18        JPD=NPJ(2,IJP)                            荷载作用方向号
19        PJZ=PJ(IJP)                               荷载值
20        JW=JWH(JPD,JPH)                           取出节点未知量编号
21        IF(JW.NE.0) FF(JW)=FF(JW)+PJZ             JW≠0 时,叠加
22  10    CONTINUE
23        ENDIF
24        IF(NEP.GT.0)THEN                          当有分布荷载时
25        IF(KIET.LE.2)THEN                         对于线性单元
26        J2=0
27        DO 20 IEP=1,NEP                           对分布荷载段数循环
28        DO 30 J=1,NQEH(IEP)-1                     对每段边数循环
29        IJH(1)=NQJH(J+J2)                         该边 i 点号
```

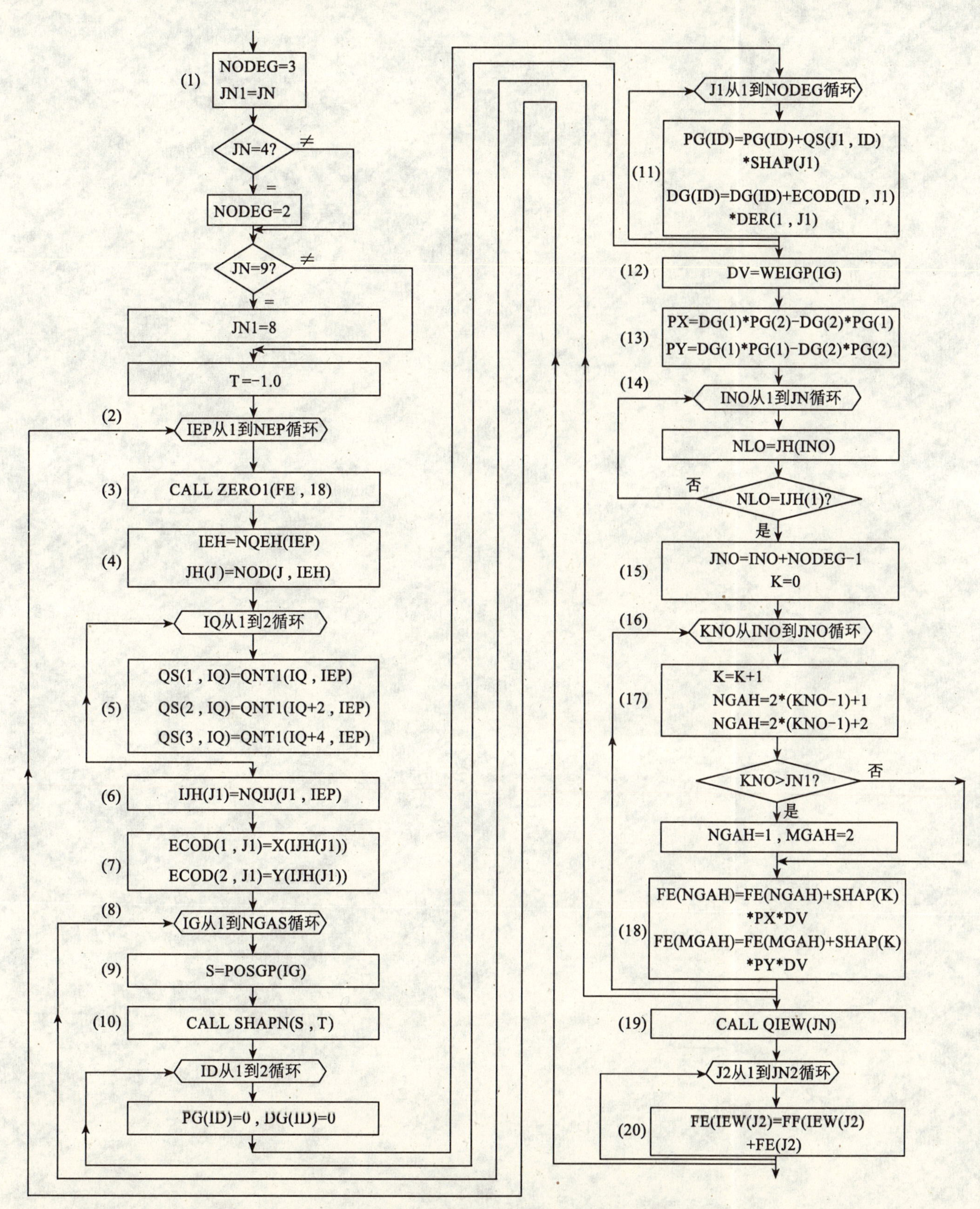

图6-5 形成等参元荷载列向量的程序框图

```
106        IF(JN.EQ.4)NODEG=2
107        IF(JN.EQ.9)JN1=8
108        T=-1.D0
109        DO 200 IEP=1,NEP                                    对荷载边数循环
110        CALL ZERO1(FE,18)                                   FE 送 0
111        IEH=NQEH(IEP)                                       取出该边所在单元号
112        DO 210 J=1,JN                                       及该单元的节点号
113 210    JH(J)=NOD(J,IEH)
114        DO 220 IQ=1,2
115        QS(1,IQ)=QNT1(IQ,IEP)                               取出该边各点荷载
116        QS(2,IQ)=QNT1(IQ+2,IEP)                             存入 QS 数组
117 220    QS(3,IQ)=QNT1(IQ+4,IEP)
118        DO 230 J1=1,NODEG
119 230    IJH(J1)=NQIJ(J1,IEP)                                取出该边节点号
120        DO 240 J1=1,NODEG
121        LNO=IJH(J1)
122        ECOD(1,J1)=X(LNO)                                   取出节点坐标
123 240    ECOD(2,J1)=Y(LNO)                                   存入 ECOD 中
124        DO 250 IG=1,NGAS                                    对高斯积分点 ξ 循环
125        S=POSGP(IG)                                         取出 ξi
126        CALL SHAPN(S,T)                                     求形函数[N]
127        DO 260 ID=1,2
128        PG(ID)=0.D0
129        DG(ID)=0.D0
130        DO 260 J1=1,NODEG
131        PG(ID)=PG(ID)+QS(J1,ID)*SHAP(J1)                    参阅式(1-119)
132        DG(ID)=DG(ID)+ECOD(ID,J1)*DER(1,J1)                 计算∂x/∂ξ、∂y/∂ξ
133 260    CONTINUE                                            取出权系数 Wi
134        DV=WEIGP(IG)
135        PX=DG(1)*PG(2)-DG(2)*PG(1)                          计算式(1-122)中
136        PY=DG(1)*PG(1)+DG(2)*PG(2)                          括号内的值存入 PX、PY
137        DO 270 INO=1,JN                                     对单元节点个数循环
138        NLO=JH(INO)                                         找出荷载边第一个节点号
139        IF(NLO.EQ.IJH(1))GO TO 280                          对应于单元的节点序号
140 270    CONTINUE
141 280    JNO=INO+NODEG-1                                     确定荷载边最后一个节点号
142        K=0                                                 对应于单元的节点序号
143        DO 290 KNO=INO,JNO                                  对该边节点个数循环
144        K=K+1
```

```
145         NGAH=2*(KNO-1)+1                     确定等效节点荷载分量在
146         MGAH=2*(KNO-1)+2                     FE 中的位置
147         IF(KNO.GT.JN1)THEN
148         NGAH=1                               处理该边节点号
149         MGAH=2                               对应于 7、8、1 的情况
150         ENDIF
151         FE(NGAH)=FE(NGAH)+SHAP(K)*PX*DV      计算等效节点荷载
152         FE(MGAH)=FE(MGAH)+SHAP(K)*PY*DV      参阅式(1-122)
153 290     CONTINUE
154 250     CONTINUE
155         CALL QIEW(JN)                        求单元定位向量 IEW
156         DO 300 J2=1,JN2
157         JW=IEW(J2)                           根据 IEW
158         IF(JW.NE.0)FF(JW)=FF(JW)+FE(J2)      将 FE 叠加到 FF 中
159 300     CONTINUE
160 200     CONTINUE
161         ENDIF
162         ENDIF
163         IF(KPRNT.EQ.1) THEN
164         WRITE(9,900)(FF(I),I=1,NN)           输出列向量 FF
165         ENDIF
166         RETURN
167 900     FORMAT(//1X,'*** FF ***'//6(1X,E12.6))
168         END
```

6.2.3 形成整体平衡方程的实例

对于如图 1-9 所示结构，假定只在节点 1 作用有一个向下的节点荷载 1kN，则由 LOADF 子程序可以求得其整体荷载列向量为

$$\{\boldsymbol{F}\}=[-1,\quad 0,\quad 0,\quad 0,\quad 0,\quad 0]^{\mathrm{T}} \tag{6-1}$$

整体荷载列向量形成以后，结构的整体平衡方程$[\boldsymbol{K}]\{\boldsymbol{\Delta}\}=\{\boldsymbol{F}\}$即已形成。对于图 1-9 所示结构，由式(5-6a)、式(3-1)和式(6-1)，可以写出其整体平衡方程如下

$$[\boldsymbol{K}]\{\boldsymbol{\Delta}\}=\{\boldsymbol{F}\} \tag{6-2}$$

即

$$10^4\times\begin{bmatrix} 0.5 & & & & \text{对} & \\ -0.5 & 1.5 & & & & \\ 0 & -0.25 & 1.5 & & \text{称} & \\ 0 & -0.5 & 0.25 & 1.5 & & \\ 0 & 0.25 & -0.5 & -0.25 & 1.5 & \\ 0 & 0 & 0 & 0 & -0.5 & 0.5 \end{bmatrix}\begin{Bmatrix}\delta_1\\ \delta_2\\ \delta_3\\ \delta_4\\ \delta_5\\ \delta_6\end{Bmatrix}=\begin{Bmatrix}-1\\ 0\\ 0\\ 0\\ 0\\ 0\end{Bmatrix} \tag{6-3}$$

余下的工作就是求解这一线性代数方程组求出位移$\{\boldsymbol{\Delta}\}$，进而求出单元应力。

第7章　解方程程序设计

有限单元法最终归结为解线性代数方程组

$$[\boldsymbol{K}]\{\boldsymbol{\Delta}\}=\{\boldsymbol{F}\} \tag{7-1}$$

从而求得所需位移$\{\boldsymbol{\Delta}\}$。解线性方程组的方法很多，如高斯消元法、赛得尔迭代法、改进平方根法、波前法等。这里仅介绍有限元分析中常用的改进平方根法。

§7.1　改进平方根法的基本公式

7.1.1　分解总刚[K]

式(7-1)中$[\boldsymbol{K}]$为对称正定矩阵，故可以用三角分解写成

$$[\boldsymbol{K}]=[\boldsymbol{L}][\boldsymbol{D}][\boldsymbol{L}]^{\mathrm{T}} \tag{7-2}$$

式中

$$[\boldsymbol{L}]=\begin{bmatrix}1 & & & 0\\ L_{21} & 1 & & \\ \vdots & \vdots & & \\ L_{n1} & L_{n2} & L_{nn-1} & 1\end{bmatrix},\quad [\boldsymbol{D}]=\begin{bmatrix}d_{11} & & 0\\ & d_{22} & \\ 0 & & d_{nn}\end{bmatrix}$$

将式(7-2)右端三个矩阵乘开，同时比较等号左右两边矩阵中的元素可得如下关系

$$\begin{cases}L_{ij}=\begin{cases}0 & i<j\\ \dfrac{1}{d_{jj}}\left(K_{ij}-\displaystyle\sum_{k=1}^{j-1}L_{ik}L_{jk}d_{kk}\right) & i>j\end{cases}\\ d_{ii}=K_{ii}-\displaystyle\sum_{k=1}^{i-1}L_{ik}^{2}d_{kk} & i=j\end{cases} \tag{7-3}$$

式(7-3)就是矩阵$[\boldsymbol{K}]$的分解公式，利用这个公式可以确定矩阵$[\boldsymbol{L}]$和矩阵$[\boldsymbol{D}]$的全部元素。从这个公式可以看出以下一些特殊性质：

(1)矩阵$[\boldsymbol{L}]$、矩阵$[\boldsymbol{K}]$具有同样的半带宽，即如果有$K_{i,1}=K_{i,2}=\cdots=K_{i,m-1}=0$，则必有$L_{i,1}=L_{i,2}=\cdots=L_{i,m-1}=0$。因此，如果采用一维存贮，则矩阵$[\boldsymbol{K}]$的 KAD 数组也是矩阵$[\boldsymbol{L}]$的 KAD 数组。

(2)当由K_{ij}、K_{ii}计算出L_{ij}和d_{ii}后，以后的运算就不再需要K_{ij}、K_{ii}了。也就是说，在求得L_{ij}和d_{ii}后，K_{ij}、K_{ii}就没有必要再保留。因此，实际运算中，所求得的L_{ij}和d_{ii}就放在K_{ij}、K_{ii}的位置，即L_{ij}与K_{ij}元素可以共用同一内存。

根据性质(1)可知，L_{ik}、L_{jk}只是从k分别等于m_i和m_j开始才不是零元素。这里m_i是矩阵$[\boldsymbol{K}]$中i行第 1 个非零元的列号，m_j是矩阵$[\boldsymbol{K}]$中j行第 1 个非零元的列号，所以，

当 $k<m_i$ 或 $k<m_j$ 时，必有 $L_{ik}=0$ 或 $L_{jk}=0$，故式(7-3)中求和时，k 从 m_i 或 m_j 中较大的一个开始即可。取 m_i、m_j 中的较大者为 m_{ij}，即

$$m_{ij} = \max(m_i, m_j)$$

则式(7-3)可以改写成

$$\begin{cases} L_{ij} = \begin{cases} 0 & i < j \\ \dfrac{1}{d_{jj}}\left(K_{ij} - \displaystyle\sum_{k=m_{ij}}^{j-1} L_{ik}L_{jk}d_{kk}\right) & i > j \end{cases} \\ d_{ii} = K_{ii} - \displaystyle\sum_{k=1}^{i-1} L_{ik}^2 d_{kk} & i = j \end{cases} \tag{7-4}$$

从式(7-4)中还可以看出，当 $i=j$ 时，式(7-4)中第二式的分子与第三式完全相同，因此，在程序中可以将这两部分的计算合并在一个循环语句中。

下面讨论 m_i和 m_j是如何确定的。从 KAD 数组知道，矩阵[$\boldsymbol{K}$]的第 i 行主对角元 K_{ii}在一维存贮时的序号是 KAD(i)，第 i-1 行的主对角元 $K_{i-1,i-1}$的序号是 KAD(i-1)，所以矩阵[$\boldsymbol{K}$]第 i 行所需存贮元素的个数(即该行半带宽)是 KAD(i)-KAD(i-1))(指 $i\geqslant2$)。其中第一个非零元的列号是 $m_i=i-[\text{KAD}(i)-\text{KAD}(i-1)]+1$，同理有 $m_j=j-[\text{KAD}(j)-\text{KAD}(j-1)]+1$，于是有

$$\begin{cases} m_i = i - \text{KAD}(i) + \text{KAD}(i-1) + 1 \\ m_j = j - \text{KAD}(j) + \text{KAD}(j-1) + 1 \\ m_{ij} = \max(m_i, m_j) \end{cases} \tag{7-5}$$

7.1.2 分解荷载列向量{$\boldsymbol{F}$}

在求得矩阵[$\boldsymbol{L}$]和[$\boldsymbol{D}$]后，方程(7-1)可以写成

$$[\boldsymbol{L}][\boldsymbol{D}][\boldsymbol{L}]^{\text{T}}\{\boldsymbol{\Delta}\} = \{\boldsymbol{F}\}$$

若令

$$\{\boldsymbol{Y}\} = [\boldsymbol{L}]^{\text{T}}\{\boldsymbol{\Delta}\} \tag{7-6}$$

则

$$[\boldsymbol{L}][\boldsymbol{D}]\{\boldsymbol{Y}\} = \{\boldsymbol{F}\} \tag{7-7}$$

上式左端上三角元素为零，其分解式可以写成

$$y_i = \frac{1}{d_{ii}}\left(F_i - \sum_{j=m_1}^{i-1} L_{ij}y_jd_{jj}\right) \qquad (i = 1, 2, \cdots, n) \tag{7-8}$$

式(7-8)即为荷载列阵的分解公式。与矩阵[$\boldsymbol{K}$]的分解一样，当利用式(7-8)求得 y_i 后，F_i 就没有必要再保留，为了节省内存，可以将求得的 y_i就放在 F_i的位置上。

7.1.3 回代得解

求得{$\boldsymbol{Y}$}后，通过解上三角方程式(7-6)，就可以得到位移{$\boldsymbol{\Delta}$}。由于[$\boldsymbol{L}$]^{T}是一个上三角矩阵，求解{$\boldsymbol{\Delta}$}只需从 n 倒着往前代入即可求得。这一步骤通常称为回代，其计算式为

$$\delta_i = y_i - \sum_{j=m_i}^{i-1} L_{ij}Y_j \qquad (i = n, n-1, \cdots, 1) \tag{7-9}$$

由上式可知，求得 δ_i 后，y_i就不会再被调用，所以可以将位移 δ_i 置于 y_i的内存处，也就是将求得的位移置于荷载列阵{$\boldsymbol{F}$}中。由此可见，改进平方根法在求解过程中不需要增加任何新的内存。这是该方法在有限元分析中得到广泛应用的原因之一。

归纳一下解方程的计算步骤为：

(1)用式(7-4)计算出矩阵[$\boldsymbol{L}$]、[$\boldsymbol{D}$]中各元素，从而可以确定矩阵[$\boldsymbol{L}$]、[$\boldsymbol{D}$]；

(2)用式(7-8)计算矩阵{$\boldsymbol{Y}$}中各元素从而确定{$\boldsymbol{Y}$}；

(3)用式(7-9)计算矩阵{$\boldsymbol{\Delta}$}。

§7.2　解方程的程序框图及程序

7.2.1　解方程的程序框图

按上述基本公式和求解步骤可以绘制出解方程的程序框图如图 7-1 所示。其中主要变量的意义为：

ZK(NN)——一维存贮总刚；

KAD(NN)——主对角元位置数组；

FF(NN)——荷载列向量{$\boldsymbol{F}$}、{$\boldsymbol{Y}$}、{$\boldsymbol{\Delta}$}共用数组。

下面对图 7-1 中一些主要框的意义和作用作一些说明。

(1)框：MI=I-KAD(I)+KAD(I-1)+1 是为了确定式(7-5)中的 m_i，即矩阵[$\boldsymbol{K}$]中第 I 行第 1 个非零元的列号。

IG 与下面的 J、K 循环组成 IG+J、IG+K，表示 L_{ij}、L_{ik}在一维存贮总刚{ZK}中的位置，因 IG 只与参数 I 有关，故在此计算，以免放到 J、K 循环中做重复性工作，这也是加快运算的一个措施。

(2)框：MJ=J-KAD(J)+KAD(J-1)+1 是为了确定式(7-5)中的 m_j，即矩阵[$\boldsymbol{K}$]中第 J 行第 1 个非零元的列号。

JG 与 IG 意义类同，JG 与下面的 K 循环组成 JG+K，表示 L_{jk}在{ZK}中的位置，放在 K 循环体外做可以节省计算时间。

IG+J、IG+K、JG+K 与第 5 章§5.1 中的式(5-3)或式(5-3a)的意义是一样的，若将 IG、JG 的表达式代入可以得到相同的形式。

(3)框：确定 $m_{ij}=\max(m_i,\ m_j)$。

(4)框：按式(7-4)中的公式计算，即

$$K_{ij}=\sum_{k=m_{ij}}^{j-1}L_{ik}L_{jk}d_{kk}$$

计算结果存入 L_{ij}中，K 循环做完，式(7-4)中第二式的分子已形成，当 I=J 时，即是主系数 d_{ii}。

(5)框：当 I≠J 时，表明不是计算主系数，完成$\dfrac{L_{ij}}{d_{jj}}$的运算。

J 循环做完，这时 L_{ij}、d_{ii}均已形成，表明总刚的分解已完成。L_{ij}、d_{ii}就存放在 K_{ij}、K_{ii}在{ZK}中原来的位置上。

(6)框：分解荷载列向量：因第1行只有一个元素 $d_{11}=K_{11}$，故

$$FF(1)=\frac{FF(1)}{ZK(1)}$$

(7)框：MI、IG 的意义及作用同(1)框。

(8)框：计算式(7-8)中的分子，即

$$F_i=\sum_{j=m_i}^{i-1}L_{ij}\gamma_j d_{jj}\qquad(i=1,\ 2,\ \cdots,\ n)$$

(9)框：完成式(7-8)的计算，即得出 γ_i。I 循环做完，荷载列向量的分解即已完成。FF 分解后就存放在荷载列向量 FF 中。

(10)框：I 从 NN 向前循环回代，直到第二个方程。这里 MI、IG 与(1)框的意义相同，为回代求出位移作准备。

(11)框：按式(7-9)计算 δ_i。每回代一次就得到一个 FF(I)解，利用这个性质，解就放在荷载列向量 FF 中，回代完毕，其结果就是解答。

7.2.2 解方程的子程序 SOLVE

按上述框图(见图7-1)编写的解方程的子程序如下：

```
1         SUBROUTINE SOLVE                                          解方程
2         REAL*8 FF(1000),ZK(15000)                                 ZK——一维总刚
3         COMMON/EWH/JWH(2,500),KAD(1000),IEW(18)/AKK/ZK/ENN/NN,ME/FU/FF
4         FF(1)=FF(1)/ZK(1)                                         FF—荷载列向量
5         DO 10 I=2,NN                                              分解总刚
6         MI=I-KAD(I)+KAD(I-1)+1                                    I行第一个非零元列号
7         IG=KAD(I)-I
8         DO 20 J=MI,I
9         IF(J.EQ.1) THEN
10        MJ=1
11        ELSE
12        MJ=J-KAD(J)+KAD(J-1)+1                                    J行第一个非零元列号
13        ENDIF
14        JG=KAD(J)-J
15        IGJ=IG+J                                                  L_ij在ZK中的位置
16        MIJ=MI                                                    m_ij=max(m_i,m_j)
17        IF(MI.LT.MJ)MIJ=MJ
18        DO 30 K=MIJ,J-1
19        IGK=IG+K                                                  L_ik在ZK中位置
20        JGK=JG+K                                                  L_jk在ZK中位置
21        KDK=KAD(K)                                                I行主元位置
22  30    ZK(IGJ)=ZK(IGJ)-ZK(IGK)*ZK(JGK)*ZK(KDK)                   计算L_ij的分子或d_ii
```

```
23          IF(I. EQ. J) GO TO 20                          I=J 时转走
24          KDJ=KAD(J)                                     J 行主元位置
25          ZK(IGJ)=ZK(IGJ)/ZK(KDJ)                        完成 Lij的计算
26          FF(I)=FF(I)-ZK(IGJ) * ZK(KDJ) * FF(J)
27  20      CONTINUE
28          FF(I)=FF(I)/ZK(KAD(I))
29  10      CONTINUE                                       总刚分解完成
30          DO 60 I=NN,2,-1                                回代
31          MI=I-KAD(I)+KAD(I-1)+1                         I 行第一个非零元列号
32          IG=KAD(I)-I
33          DO 70 J=MI,I-1
34          IGJ=IG+J                                       Lij在 ZK 中位置
35  70      FF(J)=FF(J)-ZK(IGJ) * FF(I)                    按式(7-9)计算 δj
36  60      CONTINUE                                       存入 FF
37          RETURN
38          END
```

作为示例，现将图 1-9 所示结构的位移求解结果列出如下。调子程序 SOLVE，解方程(6-2a)得节点位移列向量为

$$
\{\boldsymbol{\Delta}\}=\frac{1}{10^4}\begin{Bmatrix} -3.2527 \\ -1.2527 \\ -0.0879 \\ -0.3736 \\ 0.1758 \\ 0.1758 \end{Bmatrix} \begin{matrix} \rightarrow & v_1 \\ \rightarrow & v_2 \\ \rightarrow & u_3 \\ \rightarrow & v_3 \\ \rightarrow & u_5 \\ \rightarrow & u_6 \end{matrix} \tag{7-10}
$$

§7.3　输出位移

解方程求得位移$\{\boldsymbol{\Delta}\}$后，由子程序 OUTDIS 输出位移。由于所求得的位移是按节点未知量编号排列的，为使输出的位移以节点顺序排列，故设置了 UV(2，NJ)数组，根据节点未知量编号数组 JWH 先从 FF 中取出各节点位移，存入 UV 数组中，然后再输出 UV。OUTDIS 除了可以输出所有节点的位移外，还可以根据需要只输出指定节点的位移，具体由 KOUTD、NJD、JDWH(NJD)等参数控制。输出位移的子程序如下：

```
1           SUBROUTINE OUTDIS                                        输出位移
2           REAL * 8 FF(1000),UV(2,500)
3           COMMON/JDWSC/KOUTD,NJD,JDWH(90)/EJH/NOD(9,800),JH(9)
4           COMMON/EWH/JWH(2,500),KAD(1000),IEW(18)/FU/FF
```

```
5          COMMON/EM/NJ,NES,NE
6          WRITE(9,900)
7          CALL PRN('----')
8          IF (KOUTD.EQ.0) THEN                          KOUTD=0 时
9          DO 10 I=1,NJ                                  输出所有节点的位移
10         DO 10 J=1,2
11         JW=JWH(J,I)                                   取出未知量编号
12         IF(JW.EQ.0)THEN
13         UV(J,I)=0.D0
14         ELSE
15         UV(J,I)=FF(JW)                                取出位移存入 UV
16         ENDIF
17  10     CONTINUE
18         WRITE(9,910)(I,(UV(J,I),J=1,2),I=1,NJ)
19         ELSE                                          KOUTD>0 时
20         DO 20 I=1,NJD                                 输出指定节点的位移
21         JDH=JDWH(I)
22         DO 20 J=1,2
23         JW=JWH(J,JDH)
24         UV(J,I)=FF(JW)
25  20     CONTINUE
26         WRITE(9,910)(JDWH(I),(UV(J,I),J=1,2),I=1,NJD)
27         ENDIF
28         CALL PRN('----')
29         RETURN
30  900    FORMAT(//10X,'* * * NODE DISPLACEMENTS * * *'//(2(1X,
      #    'NODE',4X,'U=X-DISP.',4X,'V=Y_DISP.',4X)))
31  910    FORMAT(2(1X,I4,2F15.8,4X))
32         END
```

第 8 章　单元应力计算程序设计

无论采用什么样的单元类型，解方程求得位移后，即可根据式(1-19)

$$[S]=[D][B]$$

求出应力矩阵$[S]$，然后按式(1-18)求得单元应力，即

$$\{\sigma^e\}=[D]\{\varepsilon\}^e=[D][B][\delta]^e=[S][\delta]^e。$$

由于各种单元类型的位移模式不同，在单元内有的是常应力，有的是线性分布应力，可以根据问题的需要而选取。

§8.1　单元应力计算程序的总体设计

《FEAP》程序目前共考虑了一种轴力杆单元和五种平面应力单元，故计算单元应力的子程序由六个子程序所组成，这六个子程序分别是：

(1)STRSS——计算杆单元应力；

(2)STRS3——计算三节点三角形单元应力；

(3)STRS4——计算四节点矩形单元应力；

(4)STRS6——计算六节点三角形单元应力；

(5)STRS8——计算等参单元应力；

(6)STRS34——计算组合单元应力(三节点三角形单元+矩形单元)。

计算单元应力的总体程序为 QSTRS，该程序的作用是根据单元类型的不同，分别调用上述相应的子程序完成单元应力的计算。单元应力计算总体程序 QSTRS 的框图如图 8-1 所示。

根据上述框图编写的计算单元应力的总体程序 QSTRS 如下。

下面逐一说明各个子程序的内容及其程序的编制。

```
1        SUBROUTINE QSTRS                                  计算单元应力的总体程序
2        REAL * 8 AVST(6,500)
3        COMMON/EM/NJ,NES,NE/KIET/KIET/AVS2/AVST
4        IF(NES.GT.0)THEN                                  有杆单元时
5        CALL STRSS                                        求杆单元应力
6        ENDIF
7        IF(KIET.EQ.1)THEN                                 KIET=1 时
8        CALL STRS3                                        求三节点三角形单元应力
9        ELSE IF(KIET.EQ.2)THEN                            KIET=2 时
```

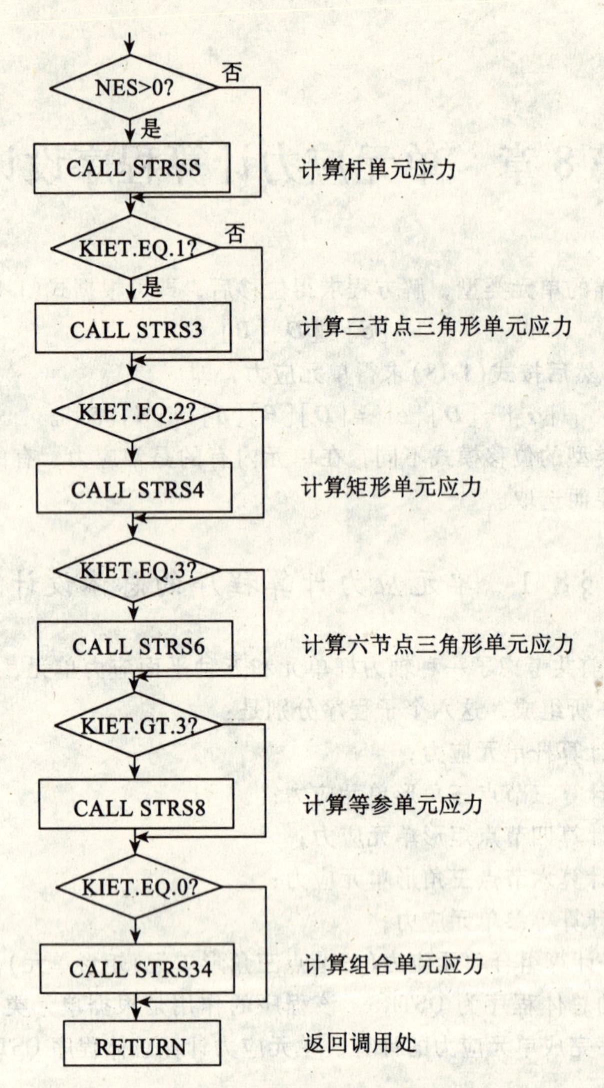

图 8-1 单元应力计算粗框图

```
10    CALL STRS4                      求矩形单元应力
11    ELSE IF(KIET. EQ. 3)THEN        KIET=3 时
12    CALL STRS6                      求六节点三角形单元应力
13    ELSE IF(KIET. GT. 3)THEN        KIET>3 时
14    CALL STRS8                      求等参单元应力
15    ELSE                            否则
16    CALL STRS34                     求组合单元应力
17    ENDIF
18    RETURN
19    END
```

§8.2　三节点三角形单元应力计算

8.2.1　程序框图

三节点三角形单元应力计算的程序框图如图 8-2 所示。

图 8-2 中各框的意义已在框图旁边作了说明，这里不再重复。需要补充说明的是，(1)框～(6)框为计算三节点三角形单元形心的应力，(7)框是根据已计算出的 σ_x、σ_y、τ_{xy}求相应的主应力。(9)框、(10)框是考虑到整理应力成果时，可能要求计算绕节点平均应力或二单元平均应力，故专门编写了两个子程序 ROUDJS 和 TWOEAS 来完成上述工作，详见后述。

8.2.2　三节点三角形单元应力计算子程序 STRS3

```
 1          SUBROUTINE STRS3                                     计算三节点三角形
 2          REAL*8 DK(6,6),PROPC(5,7,6),UV(6),AVS(6),ST1(3)单元应力
 3          REAL*8 FF(1000),BB(3,6),DD(3,3),ST(6,800),SS(3,6)
 4          COMMON/EJH/NOD(9,800),JH(9)/FU/FF/DYL/ST
 5          COMMON/EWH/JWH(2,500),KAD(1000),IEW(18)/CDK/DK
 6          COMMON/MT2/MATC(800),PROPC/EM/NJ,NES,NE
 7          COMMON/BA/BB/DA/DD/CK3/KC4,KC5/AVS1/AVS
 8          WRITE(9,890)                                打印表头
 9          DO 10 IE=NES+1,NE                           对单元循环
10          CALL QTRIB(IE)                              求单元参数和
11          IM=MATC(IE)                                 应变矩阵[B]
12          CALL QDA(IM)                                求弹性矩阵[D]
13          CALL QIEW(3)                                求单元定位向量 IEW
14          DO 20 J=1,6                                 从 FF 中取出位移
15          IF(IEW(J).EQ.0) THEN                        存入 UV 数组
16          UV(J)=0.D0
17          ELSE
18          UV(J)=FF(IEW(J))
19          ENDIF
20  20      CONTINUE
21          CALL ABC(-1,3,3,6,DD,BB,SS)                 计算[S]=[D]*[B]
22          CALL XYZ(-1,3,6,SS,UV,ST1)                  计算{σ}=[S]*{δ}^e
23          DO 30 J=1,3                                 存入 AVS 中
24  30      AVS(J)=ST1(J)
25          CALL PRST                                   求主应力
```

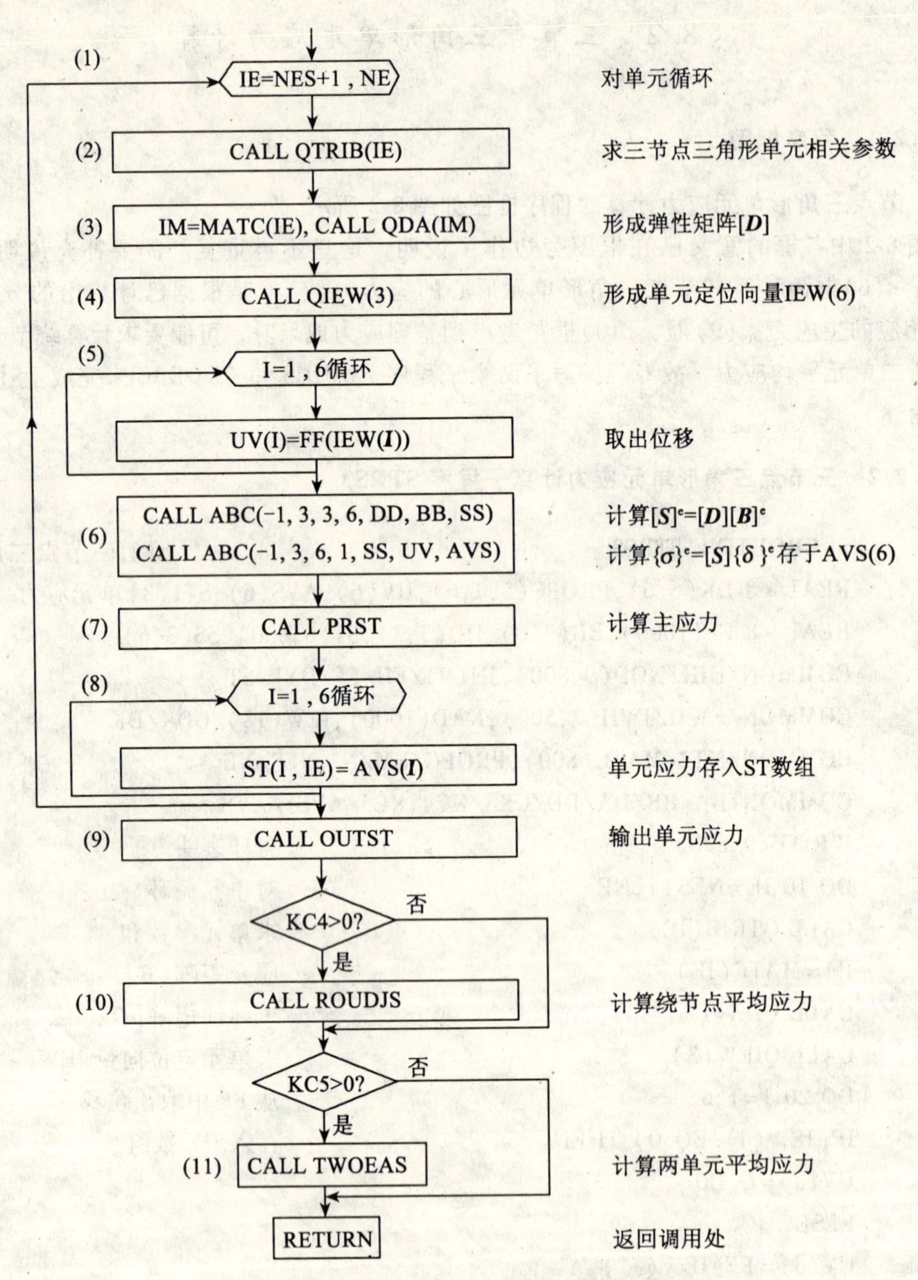

图 8-2 三节点三角形单元应力计算程序框图

```
26          DO 40 J = 1,6                应力计算结果
27   40     ST(J,IE) = AVS(J)            存入 ST 数组
28   10     CONTINUE
29          WRITE(9,900)
30          CALL PRN('----')
```

```
31        WRITE(9,910)(IE,(ST(J,IE),J=1,6),IE=NES+1,NE)    输出单元应力 ST
32        CALL PRN('----')
33        IF(KC4. GT. 0)THEN                                KC4>0 时
34        CALL ROUDJS                                       求绕节点平均应力
35        ENDIF
36        IF(KC5. GT. 0)THEN                                KC5>0 时
37        CALL TWOEAS                                       求二单元平均应力
38        ENDIF
39        RETURN
40 890    FORMAT(//10X,'* * * * * 3-NODE ELEMENTS CENTER STRESS * * * * *'//)
41 900    FORMAT(1X,'ELEMENT',5X,'SIGMA-X',5X,'SIGMA-Y',6X,
       #  'TAO-XY',5X,'SIGMA-1',5X,'SIGMA-2',7X,'ANGLE')
42 910    FORMAT(1X,I4,3X,6F12.5)
43        END
```

8.2.3 计算主应力的子程序 PRST

单元应力求出后，常需计算出主应力及主方向。于是专门编写了一个子程序 PRST 按式(1-42)计算主应力及主方向。程序如下：

```
1         SUBROUTINE PRST                                   计算主应力
2         REAL * 8 AVS(6),H1,H2,H3
3         COMMON/AVS1/AVS
4         H1=AVS(1)+AVS(2)                                  H1=σx+σy
5         H2=DSQRT((AVS(1)-AVS(2)) * *2+4. D0 * (AVS(3) * *2))H2=(σx-σy)^2+4τxy
6         IF(H2. NE. 0. D0)THEN
7         H3=2. D0 * AVS(3)/H2
8         ELSE
9         H3=0. D0
10        ENDIF
11        IF(DABS(H3). GT. 1. D0)H3=DSIN(H3)
12        AVS(4)=0. 5D0 * (H1+H2)                           计算主应力 σ1,σ2
13        AVS(5)=0. 5D0 * (H1-H2)                           及主应力夹角 α
14        IF(AVS(1). GE. AVS(2))THEN                        (参阅式(1-42))
15        AVS(6)=DASIN(H3) * 28. 647889757D0
16        ELSE
17        AVS(6)=(3. 141592654D0-DASIN(H3)) * 28. 647889757D0
18        ENDIF
19        RETURN
20        END
```

8.2.4　绕节点平均应力计算子程序 ROUDJS

1. 程序框图

绕节点平均应力计算的基本原理可以参阅第 1 章 § 1.4。子程序 ROUDJS 的作用就是根据已求出的单元应力计算绕节点平均应力。

设：ST(6, NE)存放单元应力和相应的主应力，这在前面已由 STRS3 子程序所求得，这里直接引用即可。

AVS(6)为工作单元，存某节点相关单元的累加应力，相关单元的累加应力求出后，计算绕节点平均应力，其结果仍存入 AVS 中。

AVST(6, NJ)存所有节点的平均应力，以便集中打印。

三节点三角形单元绕节点平均应力计算细框图如图 8-3 所示，下面对各框意义作一些说明。

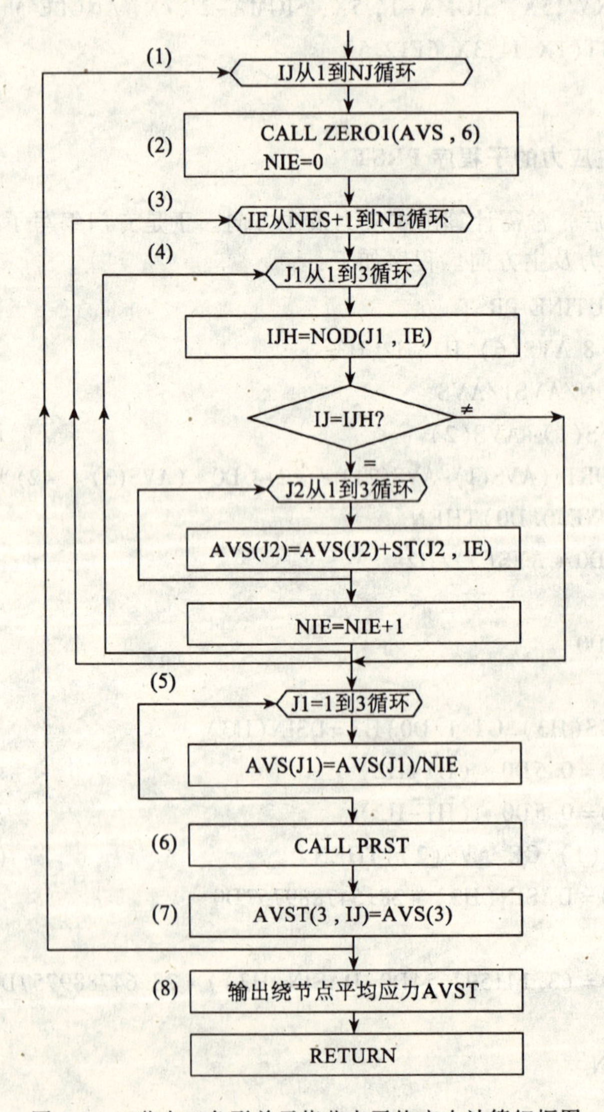

图 8-3　三节点三角形单元绕节点平均应力计算细框图

(1)框：对节点 IJ=1 到 NJ 循环，准备计算各节点的平均应力。

(2)框：赋初值，AVS 数组送 0，NIE 送 0，这里 NIE 为记录环绕节点 IJ 的相关单元个数的记数器。

(3)框：对单元 IE 从 NES+1 到 NE 循环(NES 为杆单元数)，其目的是要找出环绕节点 IJ 的相关单元的单元号和相关单元的个数。

(4)框：对单元 IE 的每一个节点循环，从节点编号数组 NOD(9，NE)中取出单元 IE 的节点号，存入 IJH，然后利用条件语句进行判断，若 IJH 正好等于 IJ，表明单元 IE 是节点 IJ 的相关单元，将单元 IE 的应力叠加到 AVS，相关单元记数器 NIE+1 送入 NIE，否则转取单元 IE 的下一个节点号。直到所有单元均做完，则节点 IJ 的相关单元的累加应力 AVS 和相关单元个数即已求出。

(5)框：计算绕节点平均应力，其结果仍存入 AVS 的前三个分量中。

(6)框：调子程序 PRST 计算绕节点平均应力相应的主应力，计算结果存入 AVS 的后三个分量中。

(7)框：将 AVS 送入 AVST 数组，以便集中打印。

(8)框：打印绕节点平均应力 AVST(6，NJ)。

2. 计算绕节点平均应力的子程序 ROUDJS

按上述框图设计的程序如下：

```
1          SUBROUTINE ROUDJS                                   求三节点三角形单
2          REAL * 8 ST(6,800),AVS(6),AVST(6,500)               元绕节点平均应力
3          COMMON/AVS2/AVST
4          COMMON/EJH/NOD(9,800),JH(9)/DYL/ST/AVS1/AVS
5          COMMON/EM/NJ,NES,NE
6          DO 10 IJ=1,NJ                                       对节点循环
7          CALL ZERO1(AVS,6)                                   AVS 送 0
8          NIE=0
9          DO 20 IE=NES+1,NE                                   对单元循环
10         DO 30 J1=1,3                                        找出该节点的
11         IJH=NOD(J1,IE)                                      相关单元
12         IF(IJ.EQ.IJH)THEN
13         DO 5 J2=1,3
14   5     AVS(J2)=AVS(J2)+ST(J2,IE)
15         NIE=NIE+1                                           累加相关单元个数
16         ENDIF
17   30    CONTINUE
18   20    CONTINUE
19         FNIE=FLOAT(NIE)
20         DO 40 J1=1,3
21   40    AVS(J1)=AVS(J1)/DBLE(FNIE)                          计算绕节点平均应力
```

```
22          CALL PRST                                     计算主应力
23          DO 50 J1=1,6                                  应力计算结果
24   50     AVST(J1,IJ)=AVS(J1)                           存入 AVST
25   10     CONTINUE
26          WRITE(9,900)
27          CALL PRN('----')
28          WRITE(9,910)(IJ,(AVST(J1,IJ),J1=1,6),IJ=1,NJ) 输出绕节点平均应力 AVST
29          CALL PRN('----')
30          RETURN
31  900     FORMAT(//10X,'* * * AVERAGE STRESS OF ELEMENTS ROUND
        #   NODES * * *',//1X,'NODE',5X,'SIGMA-X',5X,'SIGMA-Y',6X,
        #   'TAO-XY',5X,'SIGMA-1',5X,'SIGMA-2',7X,'ANGLE')
32  910     FORMAT(1X,I4,6F12.5)
33          END
```

8.2.5 二单元平均应力计算子程序 TWOEAS

1. 计算原理及程序框图

二单元平均法的基本原理在第1章§1.4中已作了详细介绍。程序中对每一条棱边都计算其平均应力。

设棱边相关节点为 i、j，相关单元为 a、b，则二单元平均应力计算的通式为

$$\{\sigma\} = \frac{1}{2}(\{\sigma\}_a + \{\sigma\}_b) \tag{8-1}$$

式中：$\{\sigma\}$——二单元平均应力；

$\{\sigma\}_a$、$\{\sigma\}_b$——位于公共边两侧单元的应力。

平均应力作用点的坐标按下式计算

$$\begin{cases} x = \dfrac{1}{2}(x_i + x_j) \\ y = \dfrac{1}{2}(y_i + y_j) \end{cases} \tag{8-2}$$

二单元平均应力计算的主要步骤为：

(1)对任一节点 $i(i=1, 2, \cdots, NJ-1)$，找出与 i 点有关棱边的另一端节点 $j(j>i)$，由这些棱边的节点找出其相关单元。

(2)按式(8-1)计算棱边中点 C 的平均应力，按式(8-2)计算棱边中点坐标。

三节点三角形单元二单元平均应力计算细框图如图8-4所示。

相关变量和数组说明：

IJ——循环参数，表示任一节点 $i(i=1, 2, \cdots, NJ-1)$；

JJ——与 i 点相关棱边的另一端的节点号；

ID——i 点的相关节点个数，ID-1 为与 i 点相关棱边的棱边个数；

JHH(2)——记录与 i 点有棱边的另一节点号；

NJH(ID-1)——记录与 i 点相关的所有棱边的节点号；

NEH(2, ID)——记录棱边的相关单元号；

AVS(6)——存二单元平均应力。

图 8-4 中各框意义说明如下：

(1)框：对节点 IJ=1 到 NJ-1 循环(IJ 表示任意节点 i)。

(2)框：赋初值。NJH、NEA、NEH 数组送 0，记录 i 点相关节点个数的变量 ID 送 1。

(3)框：对单元循环，IE=NES+1 ~ NE，其目的是为了找出 i 点的相关节点 j 和棱边 ij 的相关单元号。

(4)框：从 NOD(3, IE)中取出 IE 单元的节点号，并存入 JH 数组。

(5)框：对单元 IE 的节点个数 J1 从 1 到 3 循环。

(6)框：判断 IJ=JH(J1)？如果 IJ=JH(J1)，将该单元与 IJ 点有棱边的另外两个节点号存入 JHH(1)、JHH(2)。

(7)框：对与 IJ 点有棱边的另外两个节点循环，即 L1 从 1 到 2 循环，如果 JHH(L1)大于 IJ，那么就对 IJ 点的所有相关节点 K1=1 到 ID 循环，如果 NJH(K1)中有 JHH 的元素，则 JHH(L1)不存入 NJH，将 IE 记入 NEH(2, K1)，2 送入 NEA(K1)中；如果 NJH 中没有与 JHH 中元素相同者，则将 JHH(L1)存入 NJH(ID)，且 IE 记入 NEH(1, ID)，ID 加 1。待所有单元循环完毕后，所有与 IJ 点有棱边的另一节点号 NJH、相关节点个数 ID、棱边个数 ID-1、棱边两侧的相关单元号 NEH 等均已形成，接下来就是计算二单元平均应力。

(8)框：对棱边个数循环，即 J1 从 1 到 ID-1 循环，如果 NEA(J1)=2，说明NJH(J1)为大于 IJ 点的另一节点，故 JJ=NJH(J1)，IEH=NEH(1, J1)，JEH=NEH(2, J1)，这里 IEH、JEH 为棱边两侧的相关单元，于是按式(8-1)计算二单元平均应力，其结果存入 AVS 中；按式(8-2)计算棱边中点坐标。

(9)框：调子程序 PRST 求主应力，其结果存入 AVS 中。

(10)框：输出二单元平均应力。

2. 二单元平均应力计算子程序 TWOEAS

根据上述框图设计的程序如下：

```
1         SUBROUTINE TWOEAS      计算三节点三角形单元二单元平均应力
2         REAL*8 X(500),Y(500),AVS(6),ST(6,800),XC,YC
3         DIMENSION NJH(10),NEA(10),NEH(2,5),JHH(2)
4         COMMON/EJH/NOD(9,800),JH(9)/EM/NJ,NES,NE/XY1/X,Y
5         COMMON/AVS1/AVS/DYL/ST
6         WRITE(9,900)
7         CALL PRN('----')
8         DO 10 IJ=1,NJ-1                              对节点数循环
9         CALL ZERO3(NJH,10)                           赋初值
10        CALL ZERO3(NEA,10)
```

```
11          CALL ZERO4(NEH,2,5)
12          ID=1
13          DO 20 IE=NES+1,NE                   对单元循环,找出每一棱边
14          DO 1 J1=1,3                         的相关单元
15   1      JH(J1)=NOD(J1,IE)                   取出节点号
16          DO 30 J1=1,3
17          IF(IJ.EQ.JH(J1))THEN
18          IF(J1.EQ.1)THEN
19          JHH(1)=JH(3)
20          ELSE
21          JHH(1)=JH(J1-1)
22          ENDIF
23          IF(J1.EQ.3)THEN
24          JHH(2)=JH(1)
25          ELSE
26          JHH(2)=JH(J1+1)
27          ENDIF
28          DO 40 L1=1,2
29          IF(JHH(L1).GT.IJ)THEN
30          DO 50 K1=1,ID
31          IF(NJH(K1).EQ.JHH(L1))THEN
32          NEH(2,K1)=IE                        j点相关单元存入
33          NEA(K1)=2                           NEH(2,K1)
34          GO TO 40
35          ENDIF
36   50     CONTINUE
37          NJH(ID)=JHH(L1)                     i点相关单元号存入
38          NEH(1,ID)=IE                        NEH(1,ID)
39          ID=ID+1
40          ENDIF
41   40     CONTINUE
42          GO TO 20
43          ENDIF
44   30     CONTINUE
45   20     CONTINUE
46          DO 60 J1=1,ID-1                     对棱边数循环
47          IF(NEA(J1).EQ.2)THEN
48          JJ=NJH(J1)                          取出棱边j点号和棱边
```

```
49           IEH=NEH(1,J1)                                 相关单元号
50           JEH=NEH(2,J1)
51           XC=0.5D0*(X(IJ)+X(JJ))                        计算棱边中点坐标
52           YC=0.5D0*(Y(IJ)+Y(JJ))
53           DO 70 J2=1,3
54  70       AVS(J2)=0.5D0*(ST(J2,IEH)+ST(J2,JEH))         计算二单元平均应力
55           CALL PRST
56           WRITE(9,910)IJ,JJ,IEH,JEH,XC,YC,AVS           输出二单元平均应力
57           ENDIF
58  60       CONTINUE
59  10       CONTINUE
60           CALL PRN('----')
61           RETURN
62  900      FORMAT(//10X,'***AVERAG STRESS OF TWO-ELEMENTS***',//1X,
         #   'CO. NODE',2X,'CO. ELEMENT',8X,'COORDINATE',5X,
         #   'NORMAL STRESS AND PRINCIPAL STRESS')
63  910      FORMAT(1X,I3,2X,I3,2X,I3,5X,I3,2F10.3,3F12.5/42X,3F12.5)
64           END
```

8.2.6 应力计算举例

例 8-1 试利用 STRS3 子程序计算如图 1-9 所示结构的单元应力。

解 对单元循环，计算各单元应力。下面以单元①为例，说明单元应力的计算步骤。

(1)调子程序 QTRIB 求应变矩阵$[\boldsymbol{B}]^e$(参阅式(4-1))，计算结果存入[BB]中。

(2)调子程序 QDA 求弹性矩阵$[\boldsymbol{D}]$(参阅式(4-2))，计算结果存入[DD]中。

(3)调子程序 QIEW 求单元①的定位向量

$$\{IEW\}^{①}=[\begin{matrix}3 & 4 & 0 & 1 & 0 & 2\end{matrix}]^T。$$

(4)根据$\{IEW\}^{①}$中的节点未知量编号从 FF 中取出单元①的节点位移$\{\delta\}^e$，其结果存放在 UV(6)中，即

$$UV(6)=\frac{1}{10^4}\begin{bmatrix}-0.0879\\-0.3836\\0\\-3.2527\\0\\-1.2527\end{bmatrix}\begin{matrix}\cdots\cdots & u_3\\\cdots\cdots & v_3\\\cdots\cdots & u_2\\\cdots\cdots & v_2\\\cdots\cdots & u_1\\\cdots\cdots & v_1\end{matrix}。$$

(5)调矩阵乘法子程序 ABC 计算应力矩阵$[\boldsymbol{S}]^{①}$，计算结果存入[SS]

$$[SS]=[DD][BB]=10^4\times\begin{bmatrix}1 & 0 & 0 & 0 & -1 & 0\\ 0 & 0 & 0 & 1 & 0 & -1\\ 0 & 0.5 & 0.5 & 0 & -0.5 & -0.5\end{bmatrix}。$$

(6)调矩阵乘法子程序 XYZ 计算单元应力$\{\boldsymbol{\sigma}\}$[①]，计算结果存入{ST1}中

$$\{ST1\}=[SS]\{UV\}=\begin{bmatrix}-0.08791\\ -2.00000\\ 0.43956\end{bmatrix}\begin{matrix}\cdots\cdots & \sigma_x\\ \cdots\cdots & \sigma_y\\ \cdots\cdots & \tau_{zy}\end{matrix}。$$

(7)调子程序 PRST 计算主应力

$$\begin{bmatrix}\sigma_1\\ \sigma_2\\ \alpha\end{bmatrix}=\begin{bmatrix}0.00330\\ -2.0962\\ 12.34578\end{bmatrix}。$$

到此单元①的应力和相应的主应力已求出。其他单元均可仿此来作；若还需进一步计算绕节点平均应力或二单元平均应力，可以调子程序 ROUDJS 和 TWOEAS 来完成上述工作，详见第 9 章 §9.2 中的计算实例。

§8.3 四节点矩形单元应力计算

四节点矩形单元的应力在单元内是线性分布的，单元内各点应力均不相同。计算应力时通常计算节点处的应力，此时只需把节点的局部坐标代入应力矩阵即可。当引用无量纲的局部坐标ξ、η时，其应力矩阵$[\boldsymbol{S}]$按式(1-58)计算，相应的节点局部坐标都非常简单，在四个节点处，$\xi=(-1, 1, 1, -1)$；$\eta=(-1, -1, 1, 1)$。因此，计算节点处的应力非常方便。整理应力成果时通常采用绕节点平均法。对于矩形单元，用绕节点平均法求得的节点应力，其表征性是较好的。对于边界节点处的应力，除了对于浅梁的挤压应力以外，一般都无需从内节点处的应力推算得来。本程序输出的节点应力为经过绕节点平均法处理以后的应力。此外，在单元形心处，$\xi=\eta=0$，故本程序还计算了单元形心处的应力，供整理成果时参考。

矩形单元应力计算的程序由两个子程序所构成，一个是 STXYR(XR, YR)，用来计算 XR、YR 点的应力，这里 XR=ξ，YR=η 为单元局部坐标系下计算应力点的坐标。另一个子程序是 STRS4，对单元循环，先计算单元相关参数，然后调用子程序 STXYR(XR, YR)，计算出所需点的应力。下面介绍这两个子程序。

8.3.1 矩形单元应力计算子程序 STRS4

1. 程序框图

矩形单元应力计算程序的粗框图如图 8-5 所示，各框意义说明如下。

(1)框：将矩形单元局部坐标下的四个角点的坐标赋值给 AKC 和 ATA 数组，AKC 表示ξ、ATA 表示η。

(2)框：对单元循环，准备计算各单元应力。

(3)框：调子程序 RECT4 确定单元的相关参数。

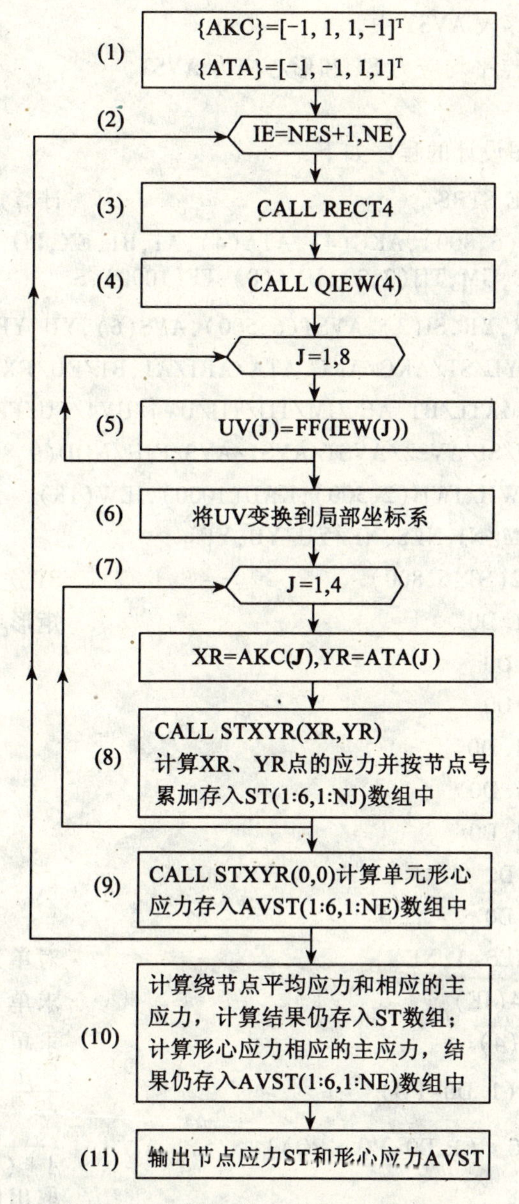

图 8-5　矩形单元应力计算程序粗框图

(4)框：调子程序 QIEW 确定单元定位向量 IEW。

(5)框：从 FF 中取出单元的节点位移存入 UV4 数组。

(6)框：将 UV4 乘坐标转换矩阵 TIJ 转换到局部坐标系，其结果仍存入 UV4 中。

(7)框：对角节点循环，从 AKC、ATA 中取出节点坐标分别存入 XR 和 YR 中。

(8)框：调子程序 ATXYR，计算(XR，YR)点的应力，并按节点号累加存入 ST 数组中。

(9)框：调子程序 STXYR(0，0)，计算单元形心的应力，其结果存入 AVST 数组中。

(10)框：计算绕节点平均应力和相应的主应力，其结果仍存入 ST，计算形心应力相应的主应力，其结果仍存入 AVST 中。

(11)框：输出绕节点平均应力 ST 和形心应力 AVST。

2. 程序

根据图 8-5 所示框图设计的程序如下：

```
1         SUBROUTINE STRS4                                    计算矩形单元应力
2         REAL*8 ST(6,800),AKC(4),ATA(4),A1,B1,EX,PO,BT
3         REAL*8 AC,GM,TIJ(2,2),UV4(8),FF(1000),S
4         REAL*8 XR,YR,SI(3),AVST(6,500),AVS(6),YU,YF
5         COMMON/DYL/ST/AKC/AKC,ATA/AB1/A1,B1/EU/EX,PO
6         COMMON/CMATL/BT,AC,GM/TIJ/TIJ/UV4/UV4/FU/FF
7         COMMON/SI/SI/AVS2/AVST/AVS1/AVS/EJH/NOD(9,800),JH(9)
8         COMMON/EWH/JWH(2,500),KAD(1000),IEW(18)
9         COMMON/EM/NJ,NES,NE/YU/YU,YF
10        CALL ZERO2(ST,6,800)                                ST送0
11        AKC(1)=-1.D0                                        矩形单元节点局部坐标
12        AKC(2)=1.D0
13        AKC(3)=1.D0
14        AKC(4)=-1.D0
15        ATA(1)=-1.D0
16        ATA(2)=-1.D0
17        ATA(3)=1.D0
18        ATA(4)=1.D0
19        DO 10 IE=NES+1,NE                                   对单元循环
20        CALL RECT4(IE)                                      求单元参数
21        CALL QIEW(4)                                        求单元定位向量IEW
22        YU=.5D0*(1.D0-PO)                                   (1-μ)/2
23        YF=EX/(AC*(1.D0-PO*PO))                             E/(A*(1-μ^2))
24        DO 20 J=1,8                                         取出位移存入UV4
25        IF(IEW(J).EQ.0) THEN                                接着将UV4
26        UV4(J)=0.D0                                         转换到局部坐标
27        ELSE                                                结果仍存入UV4
28        UV4(J)=FF(IEW(J))
29        ENDIF
30  20    CONTINUE
31        DO 30 I1=1,4
32        DO 31 J=1,2
33        S=0.D0
```

```
34          DO 32 K=1,2
35   32     S=S+TIJ(J,K) * UV4((I1-1) * 2+K)
36   31     SI(J)=S
37          DO 33 K=1,2
38   33     UV4((I1-1) * 2+K)=SI(K)
39   30     CONTINUE
40          DO 40 J=1,4                          对单元节点数循环
41          XR=AKC(J)                            取出节点局部坐标
42          YR=ATA(J)                            XR,YR
43          CALL STXYR(XR,YR)                    计算 XR,YR 点的应力
44          JR=JH(J)                             取出节点号
45          ST(1,JR)=ST(1,JR)+SI(1)              将节点应力按节点号累加
46          ST(2,JR)=ST(2,JR)+SI(2)
47          ST(3,JR)=ST(3,JR)+SI(3)
48   40     CONTINUE
49          CALL STXYR(0. D0,0. D0)              计算形心应力
50          DO 50 J=1,3                          存入 AVST
51   50     AVST(J,IE)=SI(J)
52   10     CONTINUE                             单元循环结束
53          DO 60 J=1,NJ                         对节点循环
54          NIE=0                                计算绕节点平均应力
55          DO 70 IE=NES+1,NE
56          DO 75 J1=1,4
57   75     JH(J1)=NOD(J1,IE)
58          DO 80 J1=1,4
59          IF(JH(J1). EQ. J)THEN
60          NIE=NIE+1
61          ENDIF
62   80     CONTINUE
63   70     CONTINUE
64          FNIE=FLOAT(NIE)
65          DO 85 J1=1,3
66   85     AVS(J1)=ST(J1,J)/DBLE(FNIE)
67          CALL PRST                            计算主应力
68          DO 90 J1=1,6                         单元应力计算结果
69   90     ST(J1,J)=AVS(J1)                     存入 ST
70   60     CONTINUE
71          DO 100 IE=NES+1,NE                   对单元循环
```

```
72          DO 110 J1=1,3
73  110     AVS(J1)=AVST(J1,IE)
74          CALL PRST                                        求形心应力的主应力
75          DO 120 J1=1,6                                    结果存入 AVST
76  120     AVST(J1,IE)=AVS(J1)
77  100     CONTINUE
78          WRITE(9,900)
79          CALL PRN('----')
80          WRITE(9,910)(J,(ST(J1,J),J1=1,6),J=1,NJ)  输出绕节点平均应力
81          CALL PRN('----')
82          WRITE(9,920)
83          CALL PRN('----')
84          WRITE(9,930)(IE,(AVST(J1,IE),J1=1,6),IE=NES+1,NE)输出形心应力
85          CALL PRN('----')
86          RETURN
87  900     FORMAT(//10X,'*****AVERAGE STRESS OF 4-NODE ',
        #   'RECTANGULAR ELEMENTS ROUND NODES *****'//1X,
        #   'NODE',5X,'SIGMA-X',5X,'SIGMA-Y',6X,'TAO-XY',5X,
        #   'SIGMA-1',5X,'SIGMA-2',7X,'ANGLE')
88  910     FORMAT(1X,I4,6F12.5)
89  920     FORMAT(//10X,'***** CENTER STRESS OF 4-NODE',
        #   'RECTANGULAR ELEMENTS *****'//1X,'ELEMENT',
        #   5X,'SIGMA-X',5X,'SIGMA-Y',6X,'TAO-XY',5X,
        #   'SIGMA-1',5X,'SIGMA-2',5X,'ANGLE')
90  930     FORMAT(1X,I4,3X,6F12.5)
91          END
```

8.3.2 计算指定点应力的子程序 STXYR(XR, YR)

在子程序 STXYR(XR, YR)中，需计算应力点的坐标由哑元 XR、YR 传递，而其他相关参数则通过公用区传递。由公用区传递的参数包括：

AKC(4)、ATA(4)——单元节点的局部坐标 ξ_i、$\eta_i(i, j, m, p)$；

A1. B1——单元长边和短边的一半，即 a、b；

EX——弹性模量；

PO——泊松比；

$$YU=\frac{1}{2}(1-\mu)$$

$YF=\dfrac{E}{(1-\mu^2)A}$，式中 A 为单元面积；

UV4(8, 8)——单元节点位移，在调用子程序 STXYR 之前，已由子程序 STRS4 转换到了局部坐标系；

SI(3)——存指定点应力计算结果。

上述程序中用到的工作单元为数组 SJ(3, 8)，用来存放单元应力矩阵[$\boldsymbol{S}$]。

计算指定点应力的主要步骤如下：

(1)从 AKC、ATA 数组中取出节点局部坐标；

(2)按式(1-58)计算单元应力矩阵[$\boldsymbol{S}$]；

(3)调用矩阵乘法子程序 XYZ 计算指定点的应力$\{\boldsymbol{\sigma}\}=[\boldsymbol{S}]\{\boldsymbol{\delta}\}$。

程序如下：

```
1          SUBROUTINE STXYR(XR,YR)                         求矩形单元 XR、YR 点
2          REAL*8 AKCR,ATAR,XR,YR,B1,A1,EX,PO,YU,YF        的应力
3          REAL*8 AKC(4),ATA(4),SJ(3,8),SI(3),UV4(8)
4          COMMON/EU/EX,PO/AB1/A1,B1/AKC/AKC,ATA
5          COMMON/YU/YU,YF/UV4/UV4/SI/SI
6          DO 10 I1=1,4
7          AKCR=AKC(I1)                                    取出节点局部坐标
8          ATAR=ATA(I1)
9          I2=2*I1-1
10         SJ(1,I2)=B1*AKCR*(1.D0+ATAR*YR)*YF              计算应力矩阵[S]
11         SJ(2,I2)=PO*B1*AKCR*(1.D0+ATAR*YR)*YF           参阅式(1-58)
12         SJ(3,I2)=YU*A1*ATAR*(1.D0+AKCR*XR)*YF
13         SJ(1,I2+1)=PO*A1*ATAR*(1.D0+AKCR*XR)*YF
14         SJ(2,I2+1)=A1*ATAR*(1.D0+AKCR*XR)*YF
15         SJ(3,I2+1)=YU*B1*AKCR*(1.D0+ATAR*YR)*YF
16  10     CONTINUE
17         CALL XYZ(-1,3,8,SJ,UV4,SI)                      计算应力{σ}=[S]{δ}e
18         RETURN
19         END
```

§8.4　六节点三角形单元应力计算

由第 1 章 §1.6 中的式(1-89)可知，其应力矩阵中的各分量为面积坐标的一次式，因而也是直角坐标的一次式，因此，六节点三角形单元的应力在单元内是线性分布的，单元内各点的应力均不相同，所以计算应力时应计算其节点处的应力，然后把不同单元在相同节点处的应力加以平均(绕节点平均法)就获得了该节点处的应力。在节点数目大致相同的情况下，采用六节点三角形单元进行计算时，计算结果的精度不但远远高于三节点三角形单元计算结果的精度，而且也高于矩形单元计算结果的精度。因此，为了达到大致相同

的精度，采用六节点三角形单元时，单元可以取得很少。另一方面，整理应力成果也非常简单，用绕节点平均法整理应力成果时，对边界节点处的应力无需进行推算其表征性就很好。下面介绍六节点三角形单元应力计算的程序设计。

8.4.1 程序框图

利用式(1-88)计算六节点三角形单元的应力时，是利用循环语句对$[\boldsymbol{S}]\{\boldsymbol{\delta}\}^e$做分块矩阵乘法来实现的。对于单元中的每一个节点，其应力计算的主要步骤为：

1. 先对单元的顶角节点 i、j、m 循环，计算

$$[\boldsymbol{S}_i]\{\boldsymbol{\delta}_i\}=[\boldsymbol{S}_i]\begin{Bmatrix}u_i\\v_i\end{Bmatrix}=\frac{E}{4(1-\mu^2)}(4L_i-1)\begin{bmatrix}2b_i & 2\mu c_i\\2\mu b_i & 2c_i\\(1-\mu)c_i & (1-\mu)b_i\end{bmatrix}\begin{Bmatrix}u_i\\v_i\end{Bmatrix}$$

$$(i,\ j,\ m)$$

2. 再对单元的边中节点 1、2、3 循环，计算

$$[\boldsymbol{S}_1]\{\boldsymbol{\delta}_1\}=[\boldsymbol{S}_1]\begin{Bmatrix}u_1\\v_1\end{Bmatrix}=\frac{E}{4(1-\mu^2)A}\begin{bmatrix}8(b_jL_m+L_jb_m) & 8\mu(c_jL_m+L_jc_m)\\8\mu(b_jL_m+L_jb_m) & 8(c_jL_m+L_jc_m)\\4(1-\mu)(c_jL_m+L_jc_m) & 4(1-\mu)(b_jL_m+L_jb_m)\end{bmatrix}\begin{Bmatrix}u_1\\v_1\end{Bmatrix}$$

$$(1,\ 2,\ 3;\ i,\ j,\ m)$$

3. 将两者结果叠加起来，即得所求节点的应力。

按上述思路设计的程序框图如图 8-6 所示，下面对各框的意义和作用做一些说明。

(1)框：应力数组 ST 送 0。

(2)框：对单元循环，准备计算单元各节点应力。

(3)框：调 TRIB6(IE, 1)确定 a_i, b_i, $c_i(i,\ j,\ m)$和单元面积 AC、弹性模量 EX、泊松比 PO、单元厚度 BT 等，其中 a_i, b_i, c_i分别存入 AI(3)、BI(3)、CI(3)中。

(4)框：求单元定位向量 IEW(12)。

(5)框：根据 IEW(12)从 FF 中取出单元 IE 的节点位移，存入 UV6(12)中。

(6)框：计算$\frac{E}{4(1-\mu^2)A}$。

(7)框：对单元节点 J 从 1 到 6 循环，准备计算各节点应力。

(8)框：赋初值，并取出 J 点的节点号存入 JJ 中。

(9)框：计算 J 点的面积坐标 $L(k)$ $(k=1\sim3)$。参阅式(1-75)和图 1-21。

(10)框：对单元的顶角节点 i, j, m 循环，程序中用 K1 = 1 ~ 3 表示，K1 = 1 为 i，K1 = 2为 j，K1 = 3 为 m。

(11)框：依次取出 i, j, m 点的位移，并计算 AL=4 * L(K1) -1 和 T1 = EA * AL。

(12)框：按式(1-88)和式(1-89a)做分块矩阵乘法，计算结果存入 SX、SY、TXY 中。K_1循环完，$[S_i]\{\delta_i\}$ $(i,\ j,\ m)$ 已求出。

(13)框：对单元的边中节点1，2，3 循环，程序中用 K1 = 1 ~ 3 表示，K1 = 1 为 1 点，K1 = 2 为 2 点，K1 = 3 为 3 点。

(14)框：确定式(1-89b)中各元素的下标。

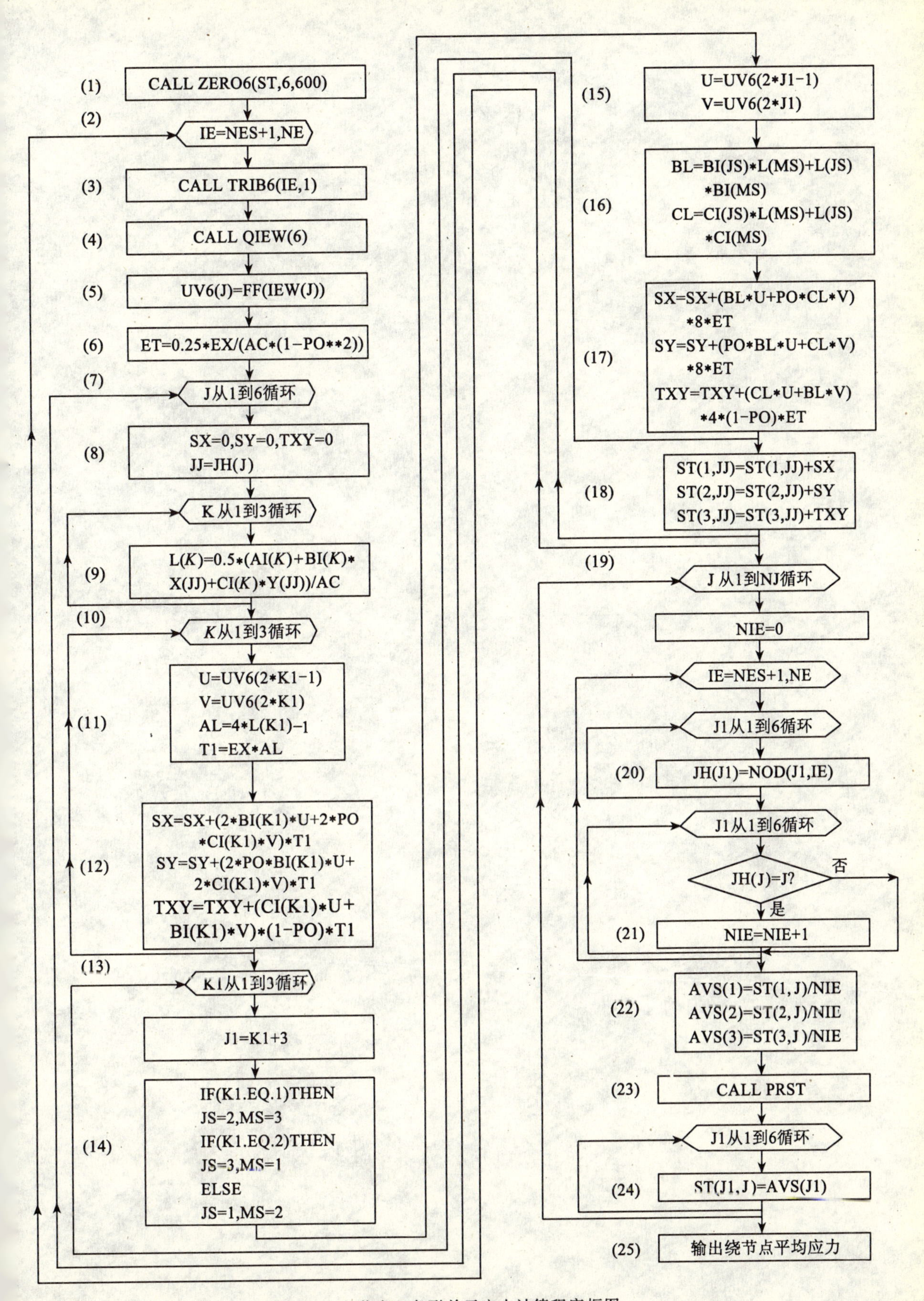

图 8-6 六节点三角形单元应力计算程序框图

(15)框：依次取出 1，2，3 点的位移。

(16)框：计算 $b_jL_m + L_jb_m$ 和 $c_jL_m + L_jc_m$。

(17)框：按式(1-88)和式(1-89b)做分块矩阵乘法，并叠加到 SX、SY、TXY 中去。K1 循环完，$[S_i]\{\delta_i\}(1, 2, 3)$ 即已求出。至此，单元中第 J 点的应力已经求出。

(18)框：将不同单元在同一节点处的节点应力按节点号进行累加，为后面计算绕节点平均应力作准备。

当 J 循环做完时，第 IE 个单元的节点应力已全部计算出，接着进行下一单元的应力计算，直到全部单元做完。

(19)框：对节点 J 从 1 到 NJ 循环，准备计算绕节点平均应力。

(20)框：对单元循环，首先取出单元 IE 的节点号。

(21)框：找出与 J 点相关的单元个数 NIE。

(22)框：计算绕节点平均应力，其结果存入 AVS 数组中。

(23)框：调 PRST 子程序计算相应的主应力。

(24)框：将 J 点经平均后的应力分量及主应力仍然存入 ST 中，以便集中打印。J 循环做完后，则所有节点的平均应力即已求出。

(25)框：输出绕节点平均应力。

8.4.2 程序

按图 8-6 所示框图设计的程序如下：

```
1        SUBROUTINE STRS6                              计算六节点三角形单元的应力
2        REAL*8 ET,EX,PO,BT,AC,GM,SX,SY,TXY,L(3),U,V,AL
3        REAL*8 UV6(12),X(500),Y(500),BI(3),CI(3),AI(3),T1
4        REAL*8 AVS(6),ST(6,800),BL,CL,FF(1000)
5        COMMON/EU/EX,PO/CMATL/BT,AC,GM/XY1/X,Y/AVS1/AVS
6        COMMON/DYL/ST/EWH/JWH(2,500),KAD(1000),IEW(18)
7        COMMON/EM/NJ,NES,NE/FU/FF/EJH/NOD(9,800),JH(9)
8        COMMON/BCA/BI,CI,AI/CK5/KPRNT
9        CALL ZERO2(ST,6,800)                          ST 送 0
10       DO 10 IE=NES+1,NE                             对单元循环
11       CALL TRIB6(IE,1)                              求单元有关参数
12       CALL QIEW(6)                                  求单元定位向量 IEW
13       DO 15 J=1,12                                  取出节点位移
14       IF(IEW(J).EQ.0)THEN
15       UV6(J)=0.D0
16       ELSE
17       UV6(J)=FF(IEW(J))
18       ENDIF
19  15   CONTINUE
```

```
20          ET=.25D0*EX/(AC*(1.D0-PO*PO))
21          DO 20 J=1,6                                          对单元节点循环
22          SX=0.D0                                              赋初值
23          SY=0.D0
24          TXY=0.D0
25          JJ=JH(J)                                             取出节点号
26          DO 30 K=1,3
27   30     L(K)=.5D0*(AI(K)+BI(K)*X(JJ)+CI(K)*Y(JJ))/AC    计算面积坐标 L_k
28          IF(KPRNT.GT.0)THEN                                   (k=1~3)
29          WRITE(9,800)JJ,(L(K),K=1,3)
30   800    FORMAT(1X,'JH=',I3,2X,'L=',3F20.8)
31          ENDIF
32          DO 40 K1=1,3                                         对顶角节点循环
33          U=UV6(2*K1-1)                                        取出相应位移
34          V=UV6(2*K1)
35          AL=4.D0*L(K1)-1.D0                                   AL=4*L-1
36          T1=ET*AL
37          SX=SX+(2.D0*BI(K1)*U+2.D0*PO*CI(K1)*V)*T1    按矩阵分块乘法
38          SY=SY+(2.D0*PO*BI(K1)*U+2.D0*CI(K1)*V)*T1    计算[S_i]{δ_i}   (i,j,m)
39          TXY=TXY+(CI(K1)*U+BI(K1)*V)*(1.D0-PO)*T1    参阅式(1-88)和式(1-89a)
40   40     CONTINUE
41          DO 50 K1=1,3                                         对边中节点循环
42          J1=K1+3                                              确定式(1-89b)中各元素
43          IF(K1.EQ.1)THEN                                      的下标
44          JS=2
45          MS=3
46          ELSE IF(K1.EQ.2)THEN
47          JS=3
48          MS=1
49          ELSE
50          JS=1
51          MS=2
52          ENDIF
53          U=UV6(2*J1-1)
54          V=UV6(2*J1)
55          BL=BI(JS)*L(MS)+L(JS)*BI(MS)
56          CL=CI(JS)*L(MS)+L(JS)*CI(MS)
57          SX=SX+(BL*U+PO*CL*V)*8.D0*ET                        按矩阵分块乘法
```

```
58          SY=SY+(PO * BL * U+CL * V) * 8. D0 * ET        计算[S1]{δ1}  (1,2,3)
59          TXY=TXY+(CL * U+BL * V) * 4. D0 * (1. D0-PO) * ET
60  50      CONTINUE                                       将应力按节点号累加存
61          ST(1,JJ)=ST(1,JJ)+SX                           入 ST
62          ST(2,JJ)=ST(2,JJ)+SY
63          ST(3,JJ)=ST(3,JJ)+TXY
64  20      CONTINUE                                       单元节点循环结束
65  10      CONTINUE                                       单元循环结束
66          DO 60 J=1,NJ                                   对节点循环
67          NIE=0                                          计算绕节点平均应力
68          DO 70 IE=NES+1,NE                              取出节点号
69          DO 75 J1=1,6
70  75      JH(J1)=NOD(J1,IE)
71          DO 80 J1=1,6
72          IF(JH(J1). EQ. J)THEN                          找出 j 点的相关单元
73          NIE=NIE+1                                      累加相关单元个数
74          ENDIF
75  80      CONTINUE
76  70      CONTINUE
77          FNIE=FLOAT(NIE)
78          AVS(1)=ST(1,J)/DBLE(FNIE)                      计算绕节点平均应力
79          AVS(2)=ST(2,J)/DBLE(FNIE)
80          AVS(3)=ST(3,J)/DBLE(FNIE)
81          CALL PRST                                      计算主应力结果存入 ST
82          DO 90 J1=1,6
83  90      ST(J1,J)=AVS(J1)
84  60      CONTINUE
85          WRITE(9,900)
86          CALL PRN('----')
87          WRITE(9,910)(J,(ST(J1,J),J1=1,6),J=1,NJ)  输出绕节点平均应力
88          CALL PRN('----')
89          RETURN
90  900     FORMAT(//10X,'* * * * * AVERAGES STRESS OF 6-NODE TRIANGLE',
        #   'ELEMENTS ROUND NODES * * * * *'//1X,'NODE',5X,'SIGMA-X',5X,
        #   'SIGMA-Y',6X,'TAO-XY',5X,'SIGMA-1',5X,'SIGMA-2',
        #   5X,'ANGLE')
91  910     FORMAT(1X,I4,6F12.5)
92          END
```

§8.5 等参单元应力计算

等参单元不是等应力场，要计算哪些点的应力，应由具体结构的计算要求而定。由第1章§1.7中的分析可知，等参单元在高斯积分点处的应力的计算精度较高，因此，等参单元通常计算 $n\times n$ 个高斯积分点处的应力。此外，本程序还给出了等参单元节点处的应力。因为等参单元节点处应力的计算非常方便，计算节点处应力时只需把节点的局部坐标代入应力矩阵即可，而节点的局部坐标都非常简单，母单元的节点与实际单元的节点又是一一对应的，不需另行计算。因此，在FEAP中，除输出高斯积分点处的应力外，还输出节点的应力，这里的节点应力已经过绕节点平均法处理。

关于如何妥善地从高斯积分点处的已知应力值来推求各节点上的应力值的程序设计，本书从略，有兴趣的读者可以参阅文献[16]、[34]等。

8.5.1 程序框图

等参单元应力计算程序框图如图8-7所示。

8.5.2 程序

根据图8-7所示框图设计的程序如下：

```
1     SUBROUTINE STRS8                                           计算等参单元应力
2     REAL*8 PROPC(5,7,6),DD(3,3),FF(1000),UV8(18),ECOD(2,9)
3     REAL*8 POSGP(3),WEIGP(3),SHAP(9),DER(2,9),GCOD(2,9)
4     REAL*8 X(500),Y(500),BMAT(3,18),CAR(2,9),DB(3,18),AVS(6)
5     REAL*8 S,T,DET,SXY,AT1(9),AT2(9),ST(6,800)
6     COMMON/MT2/MATC(800),PROPC/DA/DD/FU/FF/ECOD/ECOD,GCOD
7     COMMON/PWGS/POSGP,WEIGP/SHAP/SHAP,DER/XY1/X,Y
8     COMMON/B8/BMAT/NGAS/NGAS/JN/JN,JN2/AVS1/AVS
9     COMMON/CAR/CAR/DB/DB/EJH/NOD(9,800),JH(9)/EM/NJ,NES,NE
10    COMMON/EWH/JWH(2,500),KAD(1000),IEW(18)/DYL/ST
11    WRITE(9,900)                                               打印表头
12    CALL PRN('----')
13    CALL ZERO2(ST,6,800)                                       ST送0
14    IF(JN.EQ.4)THEN
15    AT1(1)=-1.D0                                               单元局部坐标
16    AT1(2)=1.D0                                                存入AT1、AT2
17    AT1(3)=1.D0
18    AT1(4)=-1.D0
19    AT2(1)=-1.D0
20    AT2(2)=-1.D0
```

```
21          AT2(3)=1.D0
22          AT2(4)=1.D0
23          ELSE
24          AT1(1)=-1.D0
25          AT1(2)=0.D0
26          AT1(3)=1.D0
27          AT1(4)=1.D0
28          AT1(5)=1.D0
29          AT1(6)=0.D0
30          AT1(7)=-1.D0
31          AT1(8)=-1.D0
32          AT1(9)=0.D0
33          AT2(1)=-1.D0
34          AT2(2)=-1.D0
35          AT2(3)=-1.D0
36          AT2(4)=0.D0
37          AT2(5)=1.D0
38          AT2(6)=1.D0
39          AT2(7)=1.D0
40          AT2(8)=0.D0
41          AT2(9)=0.D0
42          ENDIF
43          DO 400 IE=NES+1,NE                     对单元循环
44          WRITE(9,905)IE
45          IM=MATC(IE)                            取出材料组号
46          CALL QDA(IM)                           求弹性矩阵[D]
47          DO 10 J=1,JN
48    10    JH(J)=NOD(J,IE)                        取出单元节点号
49          CALL QIEW(JN)                          求单元定位向量 IEW
50          DO 20 J2=1,JN2
51          IF(IEW(J2).EQ.0)THEN
52          UV8(J2)=0.D0
53          ELSE
54          UV8(J2)=FF(IEW(J2))                    取出节点位移
55          ENDIF
56    20    CONTINUE
57          DO 25 J=1,JN
58          ECOD(1,J)=X(JH(J))                     取出单元节点坐标
```

```
59  25    ECOD(2,J)=Y(JH(J))
60        KGAS=0
61        DO 30 IG=1,NGAS                              对高斯积分点ξ循环
62        S=POSGP(IG)                                  取出ξi
63        DO 30 JG=1,NGAS                              对高斯积分点η循环
64        KGAS=KGAS+1                                  记录高斯积分点序号
65        T=POSGP(JG)                                  取出ηj
66        CALL SHAPN(S,T)                              求形函数矩阵[N]
67        DO 35 ID=1,2
68        GCOD(ID,KGAS)=0.D0
69        DO 35 J=1,JN
70        GCOD(ID,KGAS)=GCOD(ID,KGAS)+
        # ECOD(ID,J)*SHAP(J)
71  35    CONTINUE
72        CALL JACOB(IE,DET)                           求雅可比矩阵[J]
73        CALL QBA                                     求应变矩阵[B]
74        CALL QSDB                                    求应力矩阵[S]
75        DO 40 I=1,3
76        SXY=0.D0
77        DO 50 J=1,JN2                                计算高斯积分点应力
78  50    SXY=SXY+DB(I,J)*UV8(J)                       {σ}=[S]{δ}e
79  40    AVS(I)=SXY                                   结果存入AVS
80        CALL PRST                                    求主应力
81        WRITE(9,910)KGAS,(GCOD(ID,KGAS),ID=1,2),     输出高斯积分点应力
        # (AVS(I),I=1,6)
82  30    CONTINUE
83        DO 500 J=1,JN
84        S=AT1(J)                                     求节点应力
85        T=AT2(J)                                     取出节点局部坐标
86        CALL SHAPN(S,T)                              求形函数矩阵[N]
87        CALL JACOB(IE,DET)                           求雅可比矩阵[J]
88        CALL QBA                                     求应变矩阵[B]
89        CALL QSDB                                    求应力矩阵[S]
90        DO 510 I=1,3
91        SXY=0.D0
92        DO 520 J2=1,JN2                              计算节点应力
93  520   SXY=SXY+DB(I,J2)*UV8(J2)                     {σ}=[S]{δ}e
94  510   AVS(I)=SXY                                   节点应力存入AVS
```

```
95          JJ=JH(J)                                            取出节点号
96          DO 530 I=1,3
97  530     ST(I,JJ)=ST(I,JJ)+AVS(I)                            将节点应力按节点号累加
98  500     CONTINUE
99  400     CONTINUE                                            单元循环结束
100         CALL PRN('----')
101         DO 540 J=1,NJ                                       对节点循环
102         NIE=0                                               求绕节点平均应力
103         DO 550 IE=NES+1,NE
104         DO 560 J1=1,JN
105 560     JH(J1)=NOD(J1,IE)                                   取出节点号
106         DO 570 J1=1,JN                                      找出该节点的相关单元数
107         IF(JH(J1).EQ.J)NIE=NIE+1
108 570     CONTINUE
109 550     CONTINUE
110         FNIE=FLOAT(NIE)
111         DO 580 J1=1,3
112 580     AVS(J1)=ST(J1,J)/DBLE(FNIE)                         计算平均应力
113         CALL PRST                                           计算主应力
114         DO 590 J1=1,6                                       结果存入 ST
115 590     ST(J1,J)=AVS(J1)
116 540     CONTINUE
117         WRITE(9,920)
118         CALL PRN('----')
119         WRITE(9,930)(J,(ST(J1,J),J1=1,6),J=1,NJ)            输出绕节点平均应力
120         CALL PRN('----')
121         RETURN
122 900     FORMAT(//10X,'* * * * * ELEMENT STRESS IN GAUSS',
         #  'POINT * * * * *'//1X,
         #  'G. P. ',4X,'X',7X,'Y',6X,'SIGMA-X',3X,'SIGMA-Y',
         #  4X,'TAO-XY',3X,'SIGMA-1',3X,'SIGMA-2',5X,'ANGLE')
123 905     FORMAT(/5X,'ELEMENT NO. =',I5)
124 910     FORMAT(1X,I3,1X,2F8.3,6F10.4)
125 920     FORMAT(//10X,'* * * * * AVERAGE STRESS OF ROUND NODES ',
         #  '* * * * *'//1X,'NODE',5X,'SIGMA-X',5X,'SIGMA-Y',6X,
         #  'TAO-XY',5X,'SIGMA-1',5X,'SIGMA-2',7X,'ANGLE')
126 930     FORMAT(1X,I4,6F12.5)
127         END
```

§8.6 组合单元应力计算

当采用三节点三角形单元和四节点矩形单元的组合单元进行有限元分析时，其单元应力可以分别按三节点三角形单元和四节点矩形单元进行计算。为了加快运算速度，专门编写了一个子程序 STRS34 来计算这种组合单元的应力。其中三节点三角形单元应力计算部分的程序设计方法可以参阅§8.2，四节点矩形单元应力计算部分的程序设计方法可以参阅§8.3。这里直接给出组合单元应力计算的程序如下。程序中除给出单元形心的应力计算结果外，还给出了绕节点平均应力的计算结果。

```
1        SUBROUTINE STRS34                                        计算组合单元应力
2        REAL*8 DD(3,3),BB(3,6),SS(3,6),UV(6),FF(1000),S
3        REAL*8 ST(6,800),AVS(6),AVST(6,500),ST1(3),SI(3)
4        REAL*8 AKC(4),ATA(4),A1,B1,EX,PO,BT,AC,GM,STG(6,500)
5        REAL*8 TIJ(2,2),UV4(8),YU,YF,PROPC(5,7,6),XR,YR
6        COMMON/EWH/JWH(2,500),KAD(1000),IEW(18)/FU/FF
7        COMMON/EM/NJ,NES,NE/DYL/ST/AVS1/AVS/DA/DD
8        COMMON/BA/BB/MT2/MATC(800),PROPC/EJH/NOD(9,800),JH(9)
9        COMMON/NETP/NETP(800),JNH(6)/AKC/AKC,ATA
10       COMMON/AB1/A1,B1/EU/EX,PO/CMATL/BT,AC,GM
11       COMMON/TIJ/TIJ/UV4/UV4/SI/SI/YU/YU,YF/AVS2/AVST
12       CALL ZERO2(STG,6,500)
13       AKC(1)=-1.D0                                             矩形单元节点局部坐标
14       AKC(2)=1.D0
15       AKC(3)=1.D0
16       AKC(4)=-1.D0
17       ATA(1)=-1.D0
18       ATA(2)=-1.D0
19       ATA(3)=1.D0
20       ATA(4)=1.D0
21       DO 10 IE=NES+1,NE                                        对单元循环
22       IET=NETP(IE)                                             单元类型号
23       IM=MATC(IE)                                              材料组号
24       IF(IET.EQ.1) THEN                                        当为三角形单元时
25       CALL QTRIB(IE)                                           求单元参数
26       CALL QDA(IM)                                             求弹性矩阵[D]
27       CALL QIEW(3)                                             求 IEW
28       DO 20 I=1,6
29       IF(IEW(I).EQ.0)THEN
```

30		UV(I)=0.D0	
31		ELSE	
32		UV(I)=FF(IEW(I))	取出位移
33		ENDIF	
34	20	CONTINUE	
35		CALL ABC(-1,3,3,6,DD,BB,SS)	求$[\boldsymbol{S}]=[\boldsymbol{D}][\boldsymbol{B}]$
36		CALL XYZ(-1,3,6,SS,UV,ST1)	求$\{\boldsymbol{\sigma}\}=[\boldsymbol{S}]\{\boldsymbol{\delta}\}^e$
37		JH1=JH(1)	
38		JH2=JH(2)	
39		JH3=JH(3)	
40		DO 30 I=1,3	
41		STGJH1)=STG(I,JH1)+ST1(I)	
42		STGJH2)=STG(I,JH2)+ST1(I)	
43		STGJH3)=STG(I,JH3)+ST1(I)	
44	30	AVS(I)=ST1(I)	
45		CALL PRST	求主应力
46		DO 40 I=1,6	结果存入 ST
47	40	ST(I,IE)=AVS(I)	
48		ELSE IF(IET.EQ.2)THEN	当为矩形单元时
49		CALL RECT4(IE)	求单元参数
50		CALL QIEW(4)	求单元定位向量 IEW
51		YU=0.5D0*(1.D0-PO)	$\frac{1-\mu}{2}$
52		YF=EX/(AC*(1.D0-PO*PO))	$\frac{E}{A*(1-\mu^2)}$
53		DO 50 J=1,8	取出位移存入 UV4,接着将
54		IF(IEW(J).EQ.0)THEN	UV4 转换到局部坐标,
55		UV4(J)=0.D0	其结果仍存入 UV4
56		ELSE	
57		UV4(J)=FF(IEW(J))	取出位移
58		ENDIF	
59	50	CONTINUE	
60		DO 55 I1=1,4	
61		DO 56 J=1,2	
62		S=0.D0	
63		DO 57 K=1,2	将单元节点位移
64	57	S=S+TIJ(J,K)*UV4((I1-1)*2+K)	转换到局部坐标
65	56	SI(J)=S	

```
66          DO 58 K=1,2
67   58     UV4((I1-1)*2+K)=SI(K)
68   55     CONTINUE
69          DO 240 J=1,4                        对单元节点数循环
70          XR=AKC(J)                           取出节点局部坐标
71          YR=ATA(J)                           XR、YR
72          CALL STXYR(XR,YR)                   计算 XR、YR 点的应力
73          JR=JH(J)                            取出节点号
74          STG(1,JR)=STG(1,JR)+SI(1)           将节点应力按节点号累加
75          STG(2,JR)=STG(2,JR)+SI(2)
76  240     STG(3,JR)=STG(3,JR)+SI(3)
77          CALL STXYR(0.D0,0.D0)               计算形心应力
78          DO 60 I=1,3
79   60     AVS(I)=SI(I)
80          CALL PRST
81          DO 70 I=1,6
82   70     ST(I,IE)=AVS(I)
83          ENDIF
84   10     CONTINUE
85          DO 100 J=1,NJ                       对节点循环
86          CALL ZERO1(AVS,6)                   计算绕节点平均应力
87          NIE=0
88          DO 110 IE=NES+1,NE
89          IET=NETP(IE)
90          JN=JNH(IET)
91          DO 115 J1=1,JN
92  115     JH(J1)=NOD(J1,IE)                   取出节点号
93          DO 120 J1=1,JN
94          IF(JH(J1).EQ.J)THEN
95          NIE=NIE+1                           累加相关单元数
96          DO 125 J2=1,3
97  125     AVS(J2)=AVS(J2)+ST(J2,IE)           累加相关单元应力
98          ENDIF
99          CONTINUE
100 110     CONTINUE
101         FNIE=FLOAT(NIE)
102         DO 130 J1=1,3
103 130     AVS(J1)=AVS(J1)/DBLE(FNIE)          计算绕节点平均应力
```

```
104          CALL PRST                                          计算主应力
105          DO 140 I=1,6                                       单元应力计算结果
106 140      AVST(I,J)=AVS(I)                                   存入 ST
107          DO 300 J1=1,3
108 300      AVS(J1)=STG(J1,J)/DBLE(FNIE)
109          CALL PRST
110          DO 310 J1=1,6
111 310      STG(J1,J)=AVS(J1)
112 100      CONTINUE
113          WRITE(9,900)
114          CALL PRN('----')
115          WRITE(9,910)(IE,(ST(J,IE),J=1,6),IE=NES+1,NE)  输出形心应力
116          CALL PRN('----')
117          WRITE(9,920)
118          CALL PRN('----')
119          WRITE(9,930)(J,(AVST(J1,J),J1=1,6),J=1,NJ)     输出绕节点平均应力
120          CALL PRN('----')
121          WRITE(9,920)
122          CALL PRN('----')
123          WRITE(9,930)(J,(STG(J1,J),J1=1,6),J=1,NJ)
124          CALL PRN('----')
125          RETURN
126 900      FORMAT(//10X,'* * * ELEMENT STRESS * * *',
        #    //1X,'ELEMENT',5X,'SIGMA-X',5X,'SIGMA-Y',
        #    6X,'TAO-XY',5X,'SIGMA-1',5X,
        #    'SIGMA-2',7X,'ANGLE')
127 910      FORMAT(1X,I4,3X,6F12.5)
128 920      FORMAT(//10X,'* * * AVERAGES STRESS OF',
        #    'ROUND NODES * * *'//1X,'NODE',5X,'SIGMA-X',
        #    5X,'SIGMA-Y',6X,'TAO-XY',5X,'SIGMA-1',
        #    5X,'SIGMA-2',7X,'ANGLE')
129 930      FORMAT(1X,I4,6F12.5)
130          END
```

§8.7　杆单元应力计算

解方程求得位移后，杆单元应力计算的主要步骤如下：

(1)对单元 IES=1 到 NES 循环，调子程序 STIFS 形成杆单元单刚 DKS(4，4)；

(2)调子程序 QIEW 形成单元定位向量 IEW;

(3)根据 IEW 从 FF 中取出单元的节点位移$\{\boldsymbol{\delta}\}^e$，存入 SD(4)中;

(4)调矩阵乘法子程序 XYZ 按式(1-139)计算整体坐标系下的杆端力 SN4(4, IEW)，然后再调 XYZ 程序，将 SN4 乘坐标转换阵 TL 转换到局部坐标系，其结果存入 SN1(4);

(5)将杆端力除以杆单元面积得单元应力 SIGMS;

(6)输出杆单元杆端力和杆单元应力。

程序如下:

```
1          SUBROUTINE STRSS                                   计算杆单元应力
2          REAL*8 SD(4),SN1(4),SN4(4),TL(4,4),FF(1000),ES,AS,GMS,LL,FY
3          REAL*8 DKS(4,4),PROPS(5,6,5),SN(4,200),SIGMS(200)
4          COMMON/TLA/KC3,TL/EJH/NOD(9,800),JH(9)/FU/FF
5          COMMON/EWH/JWH(2,500),KAD(1000),IEW(18)/SDK/DKS
6          COMMON/MT1/MATS(200),PROPS/SFOC/SN,SIGMS
7          COMMON/CK5/KPRNT/EM/NJ,NES,NE/SMATL/ES,AS,GMS,LL,FY
8          DO 10 IE=1,NES                                     对杆单元循环
9          CALL STIFS(IE)                                     求杆单元单刚
10         CALL QIEW(2)                                       求单元定位向量 IEW
11         DO 20 I=1,4
12         IF(IEW(I).EQ.0)THEN
13         SD(I)=0.D0
14         ELSE
15         SD(I)=FF(IEW(I))                                   取出节点位移
16         ENDIF
17  20     CONTINUE
18         IF(KC3.EQ.0)THEN
19         CALL XYZ(-1,4,4,DKS,SD,SN1)                        计算杆端力
20         ELSE
21         CALL XYZ(-1,4,4,DKS,SD,SN4)                        将整体坐标下杆端力
22         CALL XYZ(-1,4,4,TL,SN4,SN1)                        转换到局部坐标
23         ENDIF
24         SIGMS(IE)=SN1(3)/AS                                计算杆单元应力
25         DO 30 J=1,4
26  30     SN(J,IE)=SN1(J)
27  10     CONTINUE
28         WRITE(9,900)
29         CALL PRN('----')
30         WRITE(9,910)(IE,SN(3,IE),SIGMS(IE),IE=1,NES)  输出杆单元杆端力
31         CALL PRN('----')                                   和杆单元应力
```

```
32          RETURN
33 900      FORMAT(//1X,'ELEMENT',9X,'STELL AXIAL FORCE AND STRESS')
34 910      FORMAT(1X,I4,2F20.8)
35          END
```

第9章 FEAP使用说明及工程实例

§9.1 FEAP使用说明

9.1.1 输入数据填写方法

《FEAP》程序算题所需的原始数据是从计算机系统内的数据文件中读写的，因此，在用程序算题之前，应先建立一个用以存贮计算课题所必需的数据文件。下面按输入顺序，介绍数据文件的填写方法，并对各类数据的意义加以说明。

1. 控制信息

(1)控制参数。

由9个整型量所组成，它们是：

KC1——计算方法控制参数。KC1填0时仅作线性分析，填1时作非线性分析。

KC2——问题类型控制参数。KC2填0为平面应力问题，填1为平面应变问题。

KC3——杆单元类型控制参数。KC3填0表示仅有水平杆单元，填1表示有与x轴成任意夹角的杆单元。

KC4——三节点三角形单元绕节点平均应力控制参数。KC4填0不作绕节点平均，填1要作绕节点平均。

KC5——三节点三角形单元二单元平均应力控制参数。KC5填0不作二单元平均，填1要作二单元平均。

KMESH——网格自动剖分控制参数。KMESH填0表示单元信息和节点坐标全部由人工输入，填1表示网格自动剖分，规则图形部分的单元信息和节点坐标由计算机自动生成，不规则部分的少量过渡单元和节点坐标由人工输入。

KPRNT——计算结果输出控制参数。KPRNT填0不输出中间结果，填1时输出所有中间结果，包括节点未知量编号数组JWH、主元位置KAD、单刚、总刚、荷载列向量等。

KOUTD——位移输出控制参数。KOUTD填0输出所有节点位移，填1仅输出指定节点的位移。

KIET——除杆单元以外的单元类型控制参数0~6，其意义如下：

KIET=0，表示采用组合单元。

KIET=1~6，表示采用单一的单元类型，本程序约定，单元类型为1~6，分别代表：①三角形单元；②矩形单元；③六节点三角形单元；④四节点等参单元；⑤八节点等参单元；⑥九节点等参单元。

(2)总信息。

由10个整型量所组成，它们是：

NJ——节点总数；

NES——杆单元数，无杆单元时填0；

NE——单元总数；

NJR——约束个数；

NSTP——杆单元材料组数；

NCTP——其他单元材料组数；

NGRV——自重信息。NGRV填0表示不计自重，填1表示由计算机计算自重；

NJP——节点荷载总数，无节点荷载时填0；

NEP——分布荷载的分段数(三角形单元和矩形单元)或作用边数(六节点三角形单元和等参单元)，无分布荷载时填0；

NGAS——等参单元高斯积分点数，对于非等参单元填0。

2. 单元信息

当KMESH=0时按下述要求填写：

(1)单元信息(整型量)。

1)杆单元信息IE，NETP(NES)，MATS(NES)，NOD(JN，NES)。

当NES>0时输入杆单元信息，否则不填此项。其中JN为单元节点个数，对于杆单元JN=2。每个杆单元按单元序号，依次填5个数，各量意义为：

IE——单元号；

NETP(IE)——单元类型号，可以填0；

MATS(IE)——杆单元材料组号；

NOD(1，IE)——i端节点号；

NOD(2，IE)——j端节点号。

2)非杆单元信息IE，NETP(NE)，MAT(NE)，NOD(JN，NE)。

这里JN为单元节点个数，对于不同的单元类型号，JN的取值分别为：

单元类型1　JN=3；

单元类型2　JN=4；

单元类型3　JN=6；

单元类型4　JN-4；

单元类型5　JN=8；

单元类型6　JN=9。

因此，根据不同的单元类型号1~6，每个单元的单元信息需填数据的个数分别为6、7、9、7、11、12。其中各量的意义为：

IE——单元号；

NETP(IE)——单元类型号；

MATC(IE)——材料组号；

NOD(JN，IE)——单元节点编号。单元节点编号顺序参阅图2-4。

当KMESH>0时，按下述要求填写：

(2)自动剖分控制参数NPS，NXY，NE5，JZ5(整型量)。

各量意义为：

NPS——规则图形的分区数；

NXY——规则图形的边界坐标总个数；

NE5——区外单元数；

JZ5——区外节点数。

(2)各区具体信息 NK(7，NPS)(整型量)。

数组 NK 各分量的意义为：

NK(1，IPS)——起始节点号；

NK(2，IPS)——起始单元号；

NK(3，IPS)——X 方向的生成线总数；

NK(4，IPS)——Y 方向的生成线总数；

NK(5，IPS)——编号方向控制参数。填 0 时沿 *X* 方向编号，填 1 时沿 *Y* 方向编号。为减小总刚半带宽，原则上节点编号以横过结构的短向为宜。此外，对于三角形单元，由于还牵涉三角形的剖分方向，故 NK(5，IPS)应分别填为：

10　　沿 *X* 方向编号且

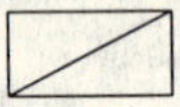

11　　沿 *X* 方向编号且

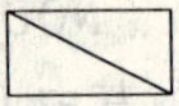

20　　沿 *Y* 方向编号且

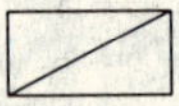

21　　沿 *Y* 方向编号且

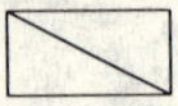

NK(6，IPS)——单元类型号；

NK(7，IPS)——材料组号。

(3)各区边界坐标 BXY(NXY)：(实型量)。

按区号顺序，依次输入各区边界坐标，先输入 *X* 后输入 *Y*。

(4)区外单元信息 NE5H(NE5)，NETP(NE5)，MATC(NE5)，NOD(JN，NE5)(整型量)。

各量意义为：

NE5H(IE5)——区外单元号；

NETP(IE5)——单元类型号；

MATC(IE5)——材料组号；

NOD(JN，IE5)——单元节点序号。

注：当 NES>0 时，则应先输入杆单元信息，输入格式见前述，然后再输入区外单元信息。

(5)区外节点坐标 JZH(JZ5)，X(NJ)，Y(JZ5)。

各量意义为：

JZH(IZ5)——区外节点号(整型量)；

X(IZ5)——节点坐标 *X*(实型量)；

Y(IZ5)——节点坐标 *Y*(实型量)。

3. 节点坐标信息 IJ，X(NJ)，Y(NJ)(当 KMESH>0 时不填此项)

按节点顺序，每个节点依次填写三个数：

IJ——节点号(整型量)；

X(IJ)——节点坐标 X(实型量)；

Y(IJ)——节点坐标 Y(实型量)。

4. 约束信息 NR(2, NJR)

每个约束填两个数，其形式和意义为：

NR(1, IJR)——被约束的节点号；

NR(2, IJR)——被约束的方向号。方向号填1表示 X 方向约束，填2表示 Y 方向约束。

5. 材料信息

(1)杆单元材料信息 ISTP, PROPS(NSTP, 1, 3)。

每组材料填4个数：

ISTP——材料组号(整型量)；

PROPS(ISTP, 1, 1)——杆单元弹性模量 E(实型量)；

PROPS(ISTP, 1, 2)——杆单元截面积 A(实型量)；

PROPS(ISTP, 1, 3)——杆单元材料重度 γ(实型量)。

当 NSTP=0 时不填此项。

(2)非杆单元材料信息 ICTP, PROPC(NCTP, 1, 4)。

每组材料填5个数，各量意义为：

ICTP——材料组号　　　　(整型量)；

PROPS(ISTP, 1, 1)——弹性模量 E(实型量)；

PROPS(ISTP, 1, 2)——泊松比 μ(实型量)；

PROPS(ISTP, 1, 3)——单元厚度 t(实型量)；

PROPS(ISTP, 1, 4)——材料重度 γ(实型量)。

6. 荷载信息

(1)节点荷载信息 NPJ(2, NJP), PJ(NJP)。

每个节点荷载依次填写3个数：

NPJ(1, IJP)——节点荷载作用点号(整型量)；

NPJ(2, IJP)——节点荷载作用方向号(整型量)。方向号填1为 X 向节点力，填2为 Y 向节点力；

PJ(IJP)——节点荷载值(实型量)。其作用方向与整体坐标轴方向一致者为正。

当 NJP=0 时不填此项。

(2)分布荷载信息。

1)线性单元(如三节点三角形单元和四节点矩形单元)。

按下述要求填写：

①NEQJ——各段分布荷载作用点总数。当两段分布荷载交于一点时，该点应算两点；

②NQEH(NEQ)——每段分布荷载作用的节点个数；

③NQJH(NEQJ)——各段分布荷载作用点的节点号。各段节点对物体内部按逆时针填写；

④QNT(2, NEQJ)——每点的分布荷载值。每点填两个数，QNT(1, IEQJ)填该点的法向强度，QNT(2, IEQJ)填该点的切向强度。法向强度以沿单元外法线方向者为正，切

向强度以外法线逆时针转 90°的切向者为正。与 NQJH 节点号对应填写 q_{1n}，q_{1t}，q_{2n}，q_{2t}，…，q_{mn}，q_{mt}，如图 9-1 所示。

注：①、②、③为整型量，④为实型量。

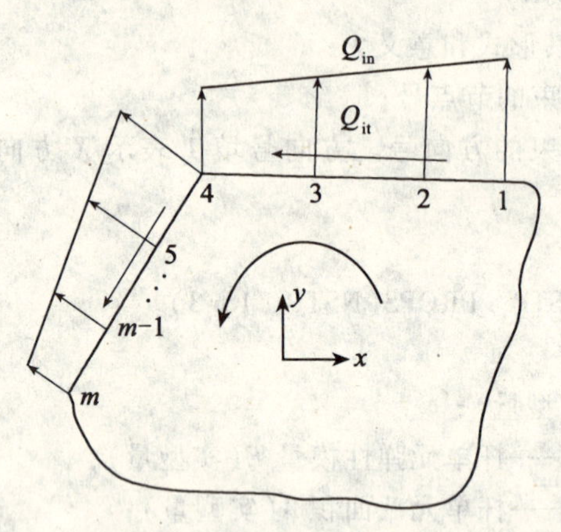

图 9-1 线性单元的分布荷载

2)二次单元(含六节点三角形单元，四节点、八节点、九节点等参单元)。

按下述要求填写：

①NQEH(NEQ)——分布荷载作用边的单元号。

②NQIJ(3，NEQ)——分布荷载作用边的节点号，每条荷载作用边填 3 个数，节点序号对物体内部按逆时针填写，对四节点等参单元，荷载作用边第三个节点号填 0。

③QNT1(6，NEQ)——每点的分布荷载值，按作用边顺序，每边填 6 个数。其中：

QNT1(1，IEQ)——该边第 1 点的法向强度 q_{1n}；

QNT1(2，IEQ)——该边第 1 点的切向强度 q_{1t}；

QNT1(3，IEQ)——该边第 2 点的法向强度 q_{2n}；

QNT1(4，IEQ)——该边第 2 点的切向强度 q_{2t}；

QNT1(5，IEQ)——该边第 3 点的法向强度 q_{3n}；

QNT1(6，IEQ)——该边第 3 点的切向强度 q_{3t}。

注：1°①、②为整型量，③为实型量。

2°对于四节点等参单元，QNT1(5，IEQ)、QNT1(6，IEQ)填 0。

3°分布荷载正、负号规定：与线性单元分布荷载正、负号的规定不同。这里规定法向荷载以指向单元内部者为正，反之为负；切向荷载以使荷载作用单元有逆时针旋转趋势者为正。对于图 9-2 所示分布荷载，其作用点序号可以填为 10，17，27，其法向和切向荷载均为正值

4°如图 9-3 所示，当分布荷载作用在两个单元的公共边上时，此时节点号和荷载正负号可以有两种填法：

如果认为分布荷载作用在单元①上，则荷载作用点序号应填为 8、7、6，其荷载值均为负值。如果认为分布荷载作用在单元②上，则荷载作用点序号应填为 6、7、8，其荷载值均为正值。

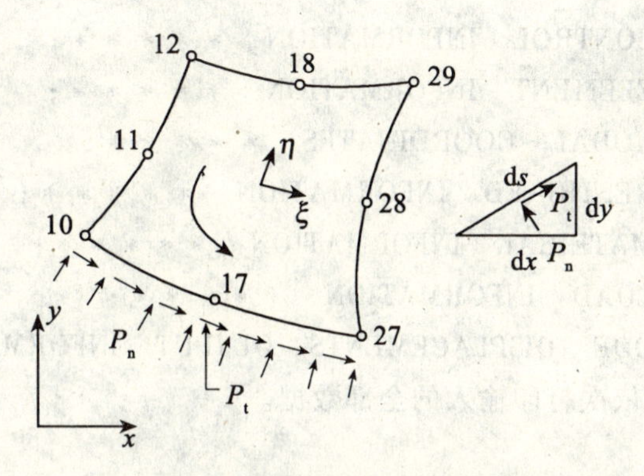

图 9-2　二次单元的分布荷载

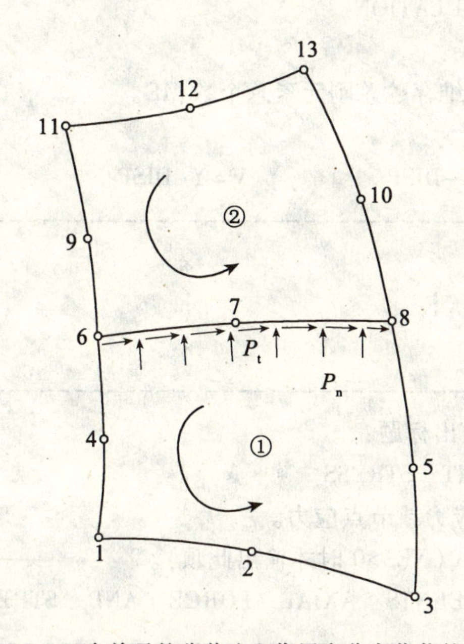

图 9-3　二次单元的公共边上作用有分布荷载的情况

7. 指定节点的位移输出信息 NJD，JDWH(NJD)(整型量)

NJD——需要输出位移的节点个数；

JDWH(NJD)——需要输出位移的节点号。

当 KOUTD=0 时不填此项。

以上就是 FEAP 算题所必需的原始数据。

9.1.2　输出的计算结果

计算结果先存入指定的输出文件中，然后再由使用者根据需要由打印机输出。现将计算结果按输出顺序分述如下。

1. 输出原始数据

为了检查输入数据的正误，全部数据输入后，程序又立即将其按一定格式再打印出来，这些数据依次为：

(1) * * * * * CONTROL INFORMATION * * * * *；

(2) * * * * * ELEMENT INFORMATION * * * * *；

(3) * * * * * NODAL COORDINATES * * * * *；

(4) * * * * * RESTRINED INFORMATION * * * * *；

(5) * * * * * MATERIAL INFORMATION * * * * *；

(6) * * * * * LOAD INFORMATION * * * * *；

(7) * * * * * NODE DISPLACEMENTS OUTPUT INFORMATION * * * * *。

在上列各标题下，依次打印输入的全部数据。

2. 输出计算结果

首先输出标题：

RESULTS OF CALCULATION

接着输出下述各项成果：

(1)方程总数 NN 和一维存贮总刚元素总个数 ME。

(2)输出位移，其形成为：

NODE	U = X-DISP	V = Y-DISP
1	×	×
⋮	⋮	⋮
NJ	×	×

(3)输出应力，首先输出标题：

* * * * * ELEMENT STRESS * * * * *

然后依次输出各单元应力或节点应力。

1)杆单元应力输出形式(NES>0 时才输出此项)。

ELEMENT ROD ELEENTS AXIAL FORCE AND STRESS

1	N_s	σ_s
⋮	⋮	⋮
NES	×	×

2)三节点三角形单元。

①首先输出形心应力，其形式为：

ELEMENT	σ_x	σ_y	τ_{xy}	σ_1	σ_2	α
1	×	×	×	×	×	×
⋮	⋮	⋮	⋮	⋮	⋮	⋮
NE	×	×	×	×	×	×

②若 KC4>0 输出绕节点平均应力，其形式为：

NODE	σ_x	σ_y	τ_{xy}	σ_1	σ_2	α
1	×	×	×	×	×	×
⋮	⋮	⋮	⋮	⋮	⋮	⋮
NJ	×	×	×	×	×	×

③若 KC5>0 输出二单元平均应力，其形式为：

CO. NODE	CO. ELEMENT	COORDINATE	σ_x	σ_y	τ_{xy}	σ_1	σ_2	α
× ×	× ×	× ×	×	×	×	×	×	×
（相关节点）	（相关单元）	（中点坐标）	（中点应力及主应力）					
⋮	⋮	⋮	⋮	⋮	⋮	⋮	⋮	⋮

3)矩形单元和六节点三角形单元应力输出形式。

矩形单元和六节点三角形单元均输出绕节点平均应力，其输出形式同三节点三角形单元的绕节点平均应力。此外，对于矩形单元在输出绕节点平均应力后，还输出单元形心应力，其输出形式同三节点三角形单元的形心应力的输出形式。

4)等参单元应力输出形式。

等参单元首先输出各单元在高斯积分点处的应力，其形式为：

G. P.	x	y	σ_x	σ_y	τ_{xy}	σ_1	σ_2	α
ELEMENT　NO. =×								
1	×	×	×	×	×	×	×	×
⋮	⋮	⋮	⋮	⋮	⋮	⋮	⋮	⋮

其中 G. P. 为高斯积分点序号，x、y 分别为高斯积分点的坐标。

输出高斯积分点的应力后，接着输出各节点的绕节点平均应力，其形式同三节点三角形单元绕节点平均应力的输出形式。

(4)输出计算结束标志。

CALCULATION　COMPLETED

* * *　WELCOME　YOU　TO　USE　THIS　PROGRAM　NEXT　TIME!!! * * *

§9.2　工 程 实 例

例 9-1　试用 FEAP 计算如图 1-9 所示结构的应力。已知弹性模量 $E=10^4\text{kN/m}^2$，泊松比 $\mu=0$，单元厚度 $t=1\text{m}$，在节点 1 作用有一个向下的节点荷载 $P=1\text{kN/m}$。节点及单元编号已示于图 1-9 中。

解

1. 数据填写

(1)控制信息。

3＊0，1，1，0，1，0，1

6，0，4，6，0，1，0，0

(2)单元信息。

1，1，1，3，1，2

2，1，1，5，2，4

3，1，1，2，5，3

4，1，1，6，3，5

(3)节点坐标。

1，0.，2.

2，0.，1.

3，1.，1.

4，0.，0.

5，1.，0.

6，2.，0.

(4)约束信息。

1，1，2，1，4，1，4，2，5，2，6，2

(5)材料信息。

1，1.0E+04，0，1，0.

(6)荷载信息。

1，2，-1

2. 计算结果

＊＊＊NODE DISPLACEMENTS＊＊＊

NODE	U=X-DISP.	V=Y_DISP.	NODE	U=X-DISP.	V=Y_DISP.
1	.00000000	-.00032527	2	.00000000	-.00012527
3	-.00000879	-.00003736	4	.00000000	.00000000
5	.00001758	.00000000	6	.00001758	.00000000

＊＊＊＊＊3-NODE ELEMENTS CENTER STRESS＊＊＊＊＊

ELEMENT	SIGMA-X	SIGMA-Y	TAO-XY	SIGMA-1	SIGMA-2	ANGLE
1	-.08791	-2.00000	.43956	.00830	-2.09621	12.34578
2	.17582	-1.25275	.00000	.17582	-1.25275	.00000
3	-.08791	-.37363	.30769	.10847	-.57001	32.54762
4	.00000	-.37363	-.13187	.04185	-.41548	-17.60880

```
      * * * AVERAGE STRESS OF ELEMENTS ROUND NODES * * *
NODE   SIGMA-X    SIGMA-Y    TAO-XY     SIGMA-1     SIGMA-2    ANGLE
----------------------------------------------------------------------
  1    -.08791   -2.00000    .43956      .00830    -2.09621   12.34578
  2     .00000   -1.20879    .24908      .04931    -1.25811   11.19880
  3    -.05861    -.91575    .20513     -.01205     -.96231   12.78865
  4     .17582   -1.25275    .00000      .17582    -1.25275     .00000
  5     .02930    -.66667    .05861      .03420     -.67157    4.78005
  6     .00000    -.37363   -.13187      .04185     -.41548  -17.60880
----------------------------------------------------------------------
          * * * AVERAG STRESS OF TWO-ELEMENTS * * *
CO. NODE CO. ELEMENT  COORDINATE  NORMAL STRESS AND PRINCIPAL STRESS
----------------------------------------------------------------------
2    3    1    3     .500    1.000    -.08791    -1.18681     .37363
                                       .02709    -1.30181   17.10785
2    5    2    3     .500     .500     .04396     -.81319     .15385
                                       .07073     -.83996    9.87342
3    5    3    4    1.000     .500    -.04396     -.37363     .08791
                                      -.02198     -.39560   14.03624
----------------------------------------------------------------------
                    CALCULATION COMPLETED
       * * * WELCOME YOU TO USE THIS PROGRAM NEXT TIME ! * * *
```

例9-2 试计算简支梁承受均布荷载的应力。如图9-4(a)所示，一简支梁，高3m，长18m，承受均布荷载10kN/m²，$E=2\times10^6$kN/m²，$\mu=0.167$，$t=1$m。由于对称，只取右边一半进行有限单元计算，如图9-4(b)所示，而在y轴上的各节点布置水平链杆支座。在准备整理应力成果之处，采用了比较密的网格。

解

1. 数据填写

(1)控制信息。

3*0, 3*1, 0, 1, 0

84, 0, 132, 8, 0, 1, 0, 0, 1, 0

(2)自动剖分信息。

1, 19, 0, 0

1, 1, 12, 7, 20, 1, 1

0., 0.5, 1., 2., 3., 4., 5., 6., 7., 7.5, 8., 9., -1.5, -1., -0.5, 0., 0.5, 1., 1.5

(3)约束信息。

1, 1, 2, 1, 3, 1, 4, 1, 5, 1, 6, 1, 7, 1, 78, 2

(4)材料信息。

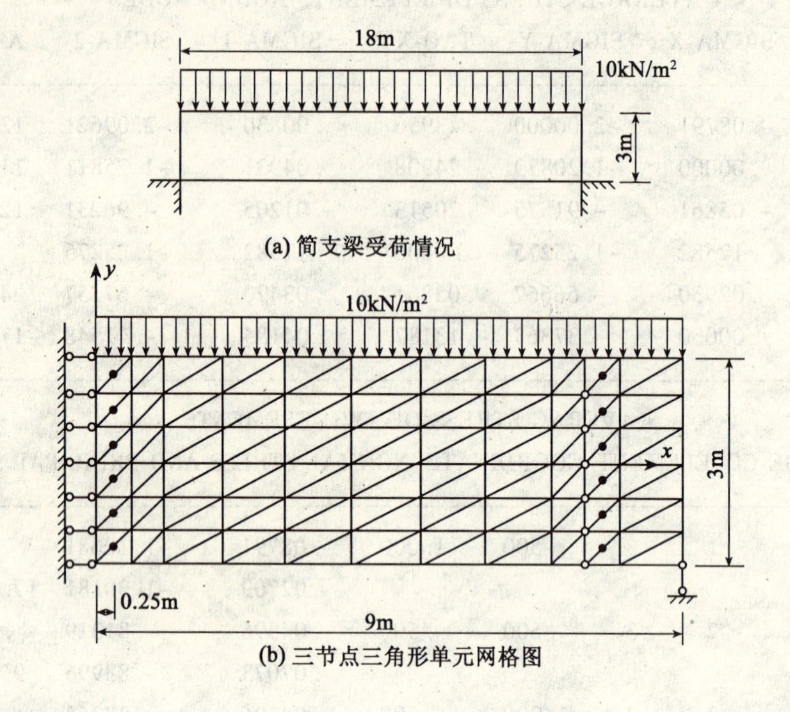

图 9-4 简支梁三节点三角形单元计算简图

1，2.0E+0.6，0.167，1.，0.

(5)荷载信息。

12

12

84，77，70，63，56，49，42，35，28，21，14，7

-10.，0.，-10.，0.，-10.，0.，-10.，0.，-10.，0.，-10.，0.，-10.，0.，-10.，0.，-10.，0.，-10.，0.，-10.，0.，-10.，0.

(6)指定节点位移输出信息。

1

1

2. 计算结果

(1)用二单元平均法整理 $x=0.25$m 截面上的正应力 σ_x，如表 9-1 所示。

考查点在图 9-1(b) 中用圆点表示，之所以选取这个截面，是因为其上的 σ_x 接近最大。表 9-1 中 $y=1.5$m(梁顶)及 $y=-1.5$m(梁底)处的有限单元解，是由三个考查点处的 σ_x 用插值公式推算得来的。表 9-1 中的函数解，是指按弹性力学平面问题计算的结果。

表 9-1 在 $x=0.25$m 截面处的 σ_x (单位: kN/m²)

考查点的 y/(m)		1.5	1.25	0.75	0.25	-0.25	-0.75	-1.25	-1.5
有限单元解		-248	-205	-122	-41	38	120	210	258
函数解		-272	-225	-134	-44	44	134	225	272
与函数解相比较的误差	差值	24	20	12	3	-6	-14	-15	-14
	百分数	8.8%	8.9%	8.9%	6.8%	13.6%	10.4%	6.7%	5.1%

(2)用绕节点平均法整理 $x=0$m 截面上正应力的 σ_x，如表 9-2 所示。

表 9-2 中 $y=1.5$m 和 $y=-1.5$m 处的有限单元解是由三个内节点处的 σ_x 推算得来的。即使如此，其表征性还是不如二单元平均法给出的结果。

表 9-2 在 $x=0$m 截面处的 σ_x (单位: kN/m²)

考查点的 y/(m)		1.5	1.0	0.5	0	-0.5	-1.0	-1.5
有限单元解		-249	-191	-108	-28	52	134	210
函数解		-272	-180	-89	0	89	180	272
与函数解相比较的误差	差值	23	-11	-19	-28	-37	-46	-62
	百分数	8.5%	6.1%	21%	/	42%	26%	23%

对于剪应力 τ_{xy}，用二单元平均法整理 $x=7.75$m 的截面上的 τ_{xy}时，推算出该截面上 $y=0$处的最大剪应力为 37.9kN/m²，与函数解 38.8kN/m²相比较，误差只有-0.9kN/m²。用绕节点平均法整理 $x=7.5$m 处截面上的剪应力时，推算出该截面上 $y=0$ 处的最大剪应力为 35.5kN/m²，与函数解 37.5kN/m²相比较，误差也只有-2.0kN/m²，但是，对于靠近梁顶及梁底处，用两种方法整理出来的剪应力都具有较大的误差。因此，如果要使边界附近的剪应力 τ_{xy}具有与正应力 σ_x 相同的精度，就要把这里的网格划得密一些。但一般不必这样做，因为边界附近的剪应力是次要的。

整理挤压应力 σ_y 时不论二单元平均法或绕节点平均法，所得结果均与函数解相差很大。

若要进一步提高有限元解的精度(尤其是 τ_{xy}和 σ_y)，最好是采用高次单元，如四节点矩形单元或六节点三角形单元，或八节点等参单元。关于采用高次单元进行计算的实例将在后述例题中介绍。

例 9-3 试利用四节点矩形单元计算如图 9-5 所示简支梁的应力。利用对称性可以只取结构的一半进行计算。作为简例，在半个简支梁中只取 2 个矩形单元。

解

1. 数据填写

(1)控制信息。

8*0, 2

6, 0, 2, 3, 0, 1, 0, 1, 0, 0

(2)单元信息。

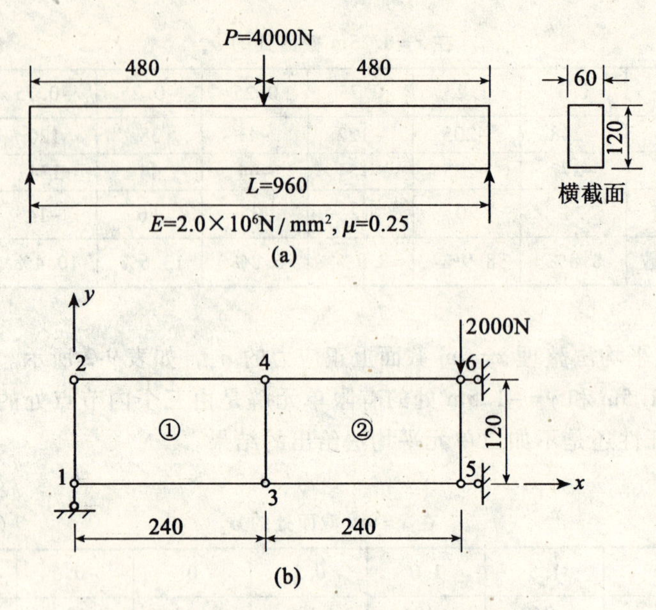

图 9-5 简支梁四节点矩形单元计算简图

1, 2, 1, 1, 3, 4, 2

2, 2, 1, 3, 5, 6, 4

(3)节点坐标。

1, 0. , 0.

2, 0. , 120.

3, 240. , 0.

4, 240. , 120.

5, 480. , 0.

6, 480. , 120.

(4)约束信息。

1, 2, 5, 1, 6, 1

(5)材料信息。

1, 2. 0E+06, 0. 25, 60. , 0.

(6)荷载信息。

6, 2, -2000.

2. 计算结果

```
                 * * *  NODE DISPLACEMENTS  * * *
NODE   U=X-DISP.      V=Y_DISP.        NODE   U=X-DISP.      V=Y_DISP.
-------------------------------------------------------------------------
  1    -.00304167     .00000000          2    .00295833      -.00014881
  3    -.00227083     -.01144048         4    .00222917      -.01137500
  5    .00000000      -.01666667         6    .00000000      -.01681548
-------------------------------------------------------------------------
```

＊＊＊＊＊AVERAGE STRESS OF 4-NODE RECTANGULAR ELEMENTS ROUND NODES＊＊＊＊＊

ELEMENT	SIGMA-X	SIGMA-Y	TAO-XY	SIGMA-1	SIGMA-2	ANGLE
1	61.90476	-9.32540	18.65079	66.49274	-13.91338	13.82001
2	-71.42857	-42.65873	25.79365	-27.50997	-86.57733	59.57404
3	138.09524	45.43651	22.22222	143.14911	40.38263	12.81252
4	-128.57143	-21.23016	22.22222	-16.81152	-132.99007	78.75405
5	195.23810	24.00794	-174.20635	303.73070	-84.48467	-31.91391
6	-204.76190	-75.99206	-181.34921	52.06249	-332.81646	125.22673

＊＊＊＊＊CENTER STRESS OF 4-NODE RECTANGULAR ELEMENTS＊＊＊＊＊

ELEMENT	SIGMA-X	SIGMA-Y	TAO-XY	SIGMA-1	SIGMA-2	ANGLE
1	.00000	-6.94444	-27.77778	24.52173	-31.46617	-41.43749
2	.00000	-6.94444	-27.77778	24.52173	-31.46617	-41.43749

例 9-4　采用三节点三角形单元与矩形单元的组合单元进行应力计算的实例。对于如图 9-6 所示结构，假定其所受荷载如图 9-6 所示，其他条件与例 9-1 完全相同，现将这一结构划分为两个三角形单元和一个矩形单元。

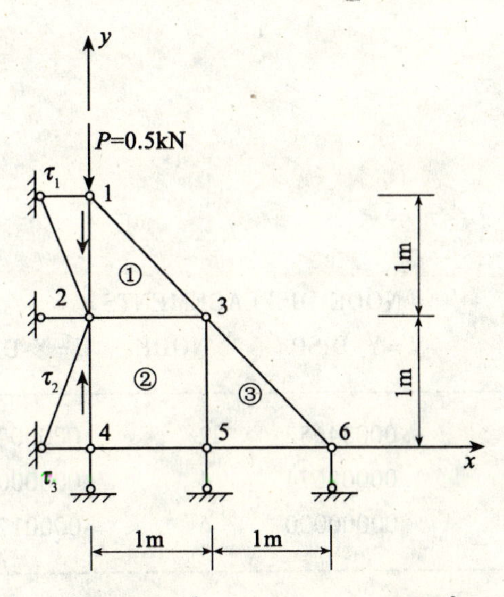

$\tau_1 = 1.5\text{KN/m}^2$，$\tau_2 = 0$，$\tau_3 = 1.5\text{KN/m}^2$

图 9-6　三节点三角形单元与四节点矩形单元的联合应用

解

1. 数据填写

(1)控制信息。

9＊0

6，0，3，6，0，1，0，1，1，0

(2)单元信息。

1，1，1，2，3，1

2，2，1，4，5，3，2

3，1，1，5，6，3

(3)节点坐标。

1，0.，2.

2，0.，1.

3，1.，1.

4，0.，0.

5，1.，0.

6，2.，0.

(4)约束信息。

1，1，2，1，4，1，4，2，5，2，6，2

(5)材料信息。

1，10000.，0.，1.，0.

(6)荷载信息。

①节点荷载。

1，2，-0.5

②单元荷载。

3

3

1，2，4

0.，1.5，0.，0.，0.1，-1.5

2. 计算结果

```
* * * NODE DISPLACEMENTS * * *
NODE   U=X-DISP.     V=Y_DISP.    NODE   U=X-DISP.     V=Y_DISP.
-------------------------------------------------------------------
  1    .00000000    -.00034652     2     .00000000    -.00014652
  3   -.00000856    -.00002674     4     .00000000     .00000000
  5    .00001711     .00000000     6     .00001711     .00000000
-------------------------------------------------------------------

* * * ELEMENT STRESS * * *
ELEMENT  SIGMA-X   SIGMA-Y   TAO-XY   SIGMA-1   SIGMA-2    ANGLE
-------------------------------------------------------------------
   1     -.08556  -2.00000   .59893    .08637  -2.17193  16.01707
   2      .04278   -.86631   .23529    .10007   -.92360  13.68411
   3      .00000   -.26738  -.12834    .05163   -.31901 -21.91543
-------------------------------------------------------------------
```

* * * AVERAGES STRESS OF ROUND NODES * * *

ELEMENT	SIGMA-X	SIGMA-Y	TAO-XY	SIGMA-1	SIGMA-2	ANGLE
1	-.08556	-2.00000	.59893	.08637	-2.17193	16.01707
2	-.02139	-1.43316	.41711	.09264	-1.54718	15.28961
3	-.01426	-1.04456	.23529	.03693	-1.09575	12.27421
4	.04278	-.86631	.23529	.10007	-.92360	13.68411
5	.02139	-.56684	.05348	.02621	-.57167	5.15242
6	.00000	-.26738	-.12834	.05163	-.31901	-21.91543

例9-5 图9-7(a)所示简支深梁，跨度及高度均为6m，宽度为1m，梁上作用有均布荷载100kN/m^2，$E=2\times10$kN/m^2，$\mu=0.17$。计算时取半边结构，矩形单元有限元解的计算网格如图9-7(a)所示，试采用绕节点平均法整理计算结果。

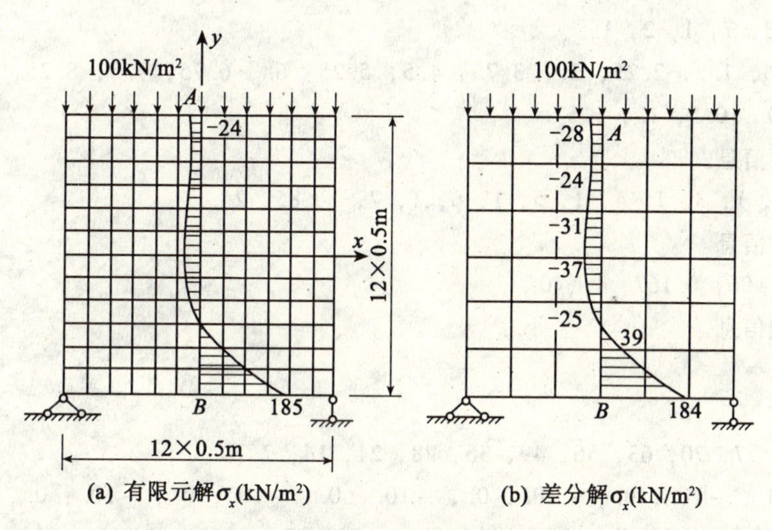

(a) 有限元解σ_x(kN/m^2)　(b) 差分解σ_x(kN/m^2)

图9-7 深梁的有限元解与差分解

解 图9-7(b)为差分解的计算结果。比较图9-7(a)与图9-7(b)跨中截面应力σ_x的计算结果可知，矩形单元的有限元解与差分解的结果是十分接近的，说明矩形单元的精度较高。如果按材料力学中的相关公式计算，则梁底及梁顶处的σ_x为±75kN/m^2，误差是很大的，材料力学中的相关公式不能反映深梁的实际应力状态。

例9-6 已知条件同例9-2，试采用四节点矩形单元进行计算。有限元计算简图如图9-8所示。

解

1. 数据填写

(1)控制信息。

5*0，1，2*0，2

91，0，72，8，0，1，0，0，1，0

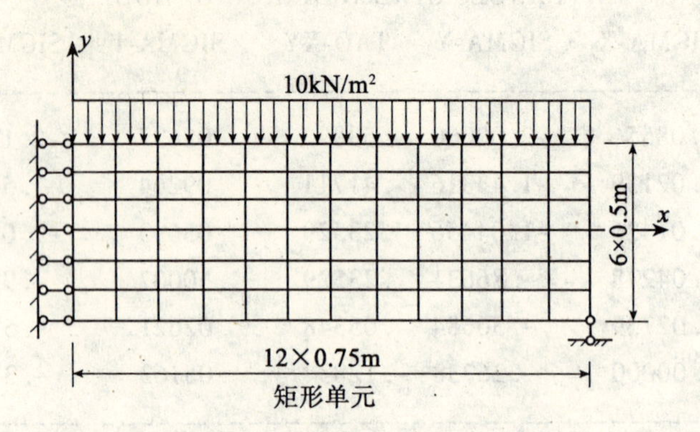

图 9-8 例 9-2 四节点矩形单元网格图

(2)自动剖分信息。

1，20，0，0

1，1，13，7，1，2，1

0.，0.75，1.5，2.25，3.，3.75，4.5，5.25，6.，6.75，7.5，8.25，9.，-1.5，-1.，-0.5，0.，0.5，1.，1.5

(3)约束信息。

1，1，2，1，3，1，4，1，5，1，6，1，7，1，85，2

(4)材料信息。

1，2.0E+06，0.167，1.，0.

(5)荷载信息。

13

13

91，84，77，70，63，56，49，35，28，21，14，7

-10.，0.，-10.，0.，-10.，0.，-10.，0.，-10.，0.，-10.，0.，-10.，0.，-10.，0.，-10.，0.，-10.，0.，-10.，0.，-10.，0.

2. 计算结果

用绕节点平均法整理的 $x=0$ 截面上的正应力 σ_x，整理结果如表 9-3 所示。

表 9-3 在 $x=0$ 的截面上的 σ_x （单位：kN/m²）

节点的 y/(m)		1.5	1.0	0.5	0	-0.5	-1.0	-1.5
有限单元解		-265	-174	-86	0	86	174	265
函数解		-272	-180	-89	0	89	180	272
与函数解相比较的误差	差值	7	6	4	0	-4	-6	-7
	百分数	2.6%	3.3%	3.3%	0	3.3%	3.3%	2.6%

由表 9-3 中数据，比较梁顶及梁底处的正应力 σ_x 的有限元解与函数解，误差还不到

3%(未用插值公式推算)，而采用常应变三角形单元计算时，梁顶 σ_x 值的有限元解与函数解的误差为8.5%(参阅表9-2)，可见四节点矩形单元的精度要高于三节点三角形单元的精度。

对于挤压应力 σ_y，由矩形单元的有限元解用绕节点平均法进行整理，仍然可以得到较好的结果，但边界节点处的应力需由内节点处的应力推算得来。例如，$x=0$ 截面的挤压应力整理后的结果如表9-4所示，其中，梁底及梁顶处的应力是由3个内节点处的应力推算得来的。

表9-4 **在 $x=0$ 的截面上的 σ_y** (单位：kN/m²)

节点的 y/(m)		1.5	1.0	0.5	0	-0.5	-1.0	-1.5
有限单元解		-10.1	-8.9	-7.2	-5.0	-2.8	-1.0	-0.2
函数解		-10.1	-9.3	-7.4	-5.0	-2.6	-0.7	0
与函数解相比较的误差	差值	-0.1	0.4	0.2	0	-0.2	-0.3	-0.2
	百分数	1.0%	4.3%	2.7%	0	7.7%	43%	

由表9-4可知，在 $x=0$，$y=0\sim1.5\text{m}$ 的主要应力区，误差都是较小的。

例9-7 某钢筋混凝土深梁承受三分点集中荷载，如图9-9(a)所示。梁截面尺寸为 $b\times h=0.1\times1\text{m}$，梁的跨高比为 $\frac{l}{h}=2$，梁下部配置3ϕ16纵向受拉钢筋，$A_s=603\text{mm}^2$，梁的材料特性为：混凝土的弹性模量 $E_c=2.6\times10^4\text{N/mm}^2$，泊松比 $\mu=0.1667$，钢筋的弹性模量 $E_s=2.1\times10^5\text{N/mm}^2$。试计算梁的应力。

解 利用对称性，只取梁的一半进行计算，其中混凝土部分采用矩形单元，钢筋部分采用轴力杆单元。由于仅作弹性阶段的线性应力分析，可以假定钢筋与混凝土的粘结良好。有限元计算简图见图9-9(b)，计算中分别考虑了两种情况：

(1)不考虑受拉钢筋；

(2)考虑受拉钢筋。

作为示例，这里仅列出考虑受拉钢筋时的数据填写方法。

1. 数据填写

5*0，1，0，1，2

132，11，121，12，1，1，0，2，0，0

1，23，0，0

1，12，12，11，1，2，1

0.，100.，200.，300.，400.，500.，600.，700.，800.，900.，1000.，1100.，

-500.，-400.，-300.，-200.，-100.，0.，100.，200.，300.，400.，500.

1，0，1，2，13

2，0，1，13，24

3，0，1，24，35

4，0，1，35，46

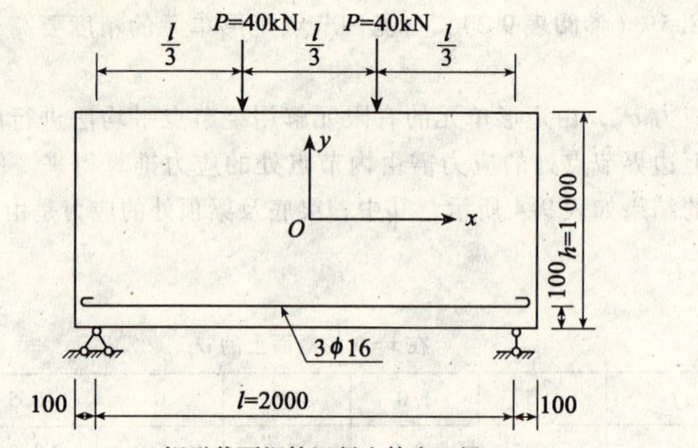

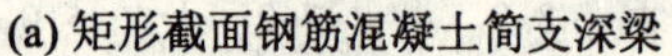

(a) 矩形截面钢筋混凝土简支深梁

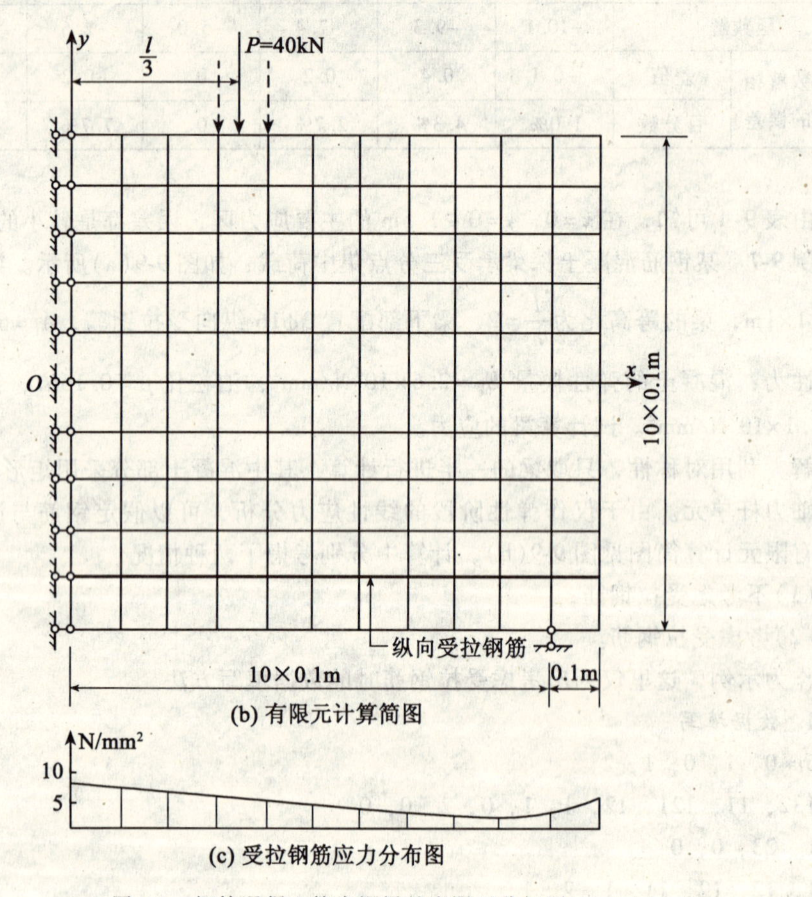

(b) 有限元计算简图

(c) 受拉钢筋应力分布图

图 9-9　钢筋混凝土简支深梁的有限元分析图

5，0，1，46，57

6，0，1，57，68

7，0，1，68，79

8，0，1，79，90

9，0，1，90，101

10，0，1，101，112

11，0，1，112，123

1，1，2，1，3，1，4，1，5，1，6，1，7，1，8，1，9，1，10，1，11，1，111，2

1，2. 0E+05，603.，0.

1，2. 6E+04，0. 1667，100.，0.

44，2，-2. 667E+04，55，2，-1333E+04

22

1，2，3，4，5，6，7，8，9，10，11，12，13，14，15，16，17，18，19，20，21，22

2. 计算结果

钢筋应力沿梁长方向的分布见图 9-9(c)。

混凝土应力 σ_x(跨中截面应力，采用绕节点平均法进行整理)如图 9-10(a)所示。由图 9-10(a)可以看出，对于深梁的线性应力分析，考虑或不考虑钢筋的作用是有一定差别的。考虑钢筋作用时，梁底及梁顶的应力较不考虑钢筋作用时的为小，考虑钢筋作用时梁底面混凝土的拉应力要减小 11% 左右。

图 9-10(b)为上述深梁在三分点集中荷载作用下的跨中截面应变 ε_x 的实测分布图。比较图 9-10(a)与图 9-10(b)可知，有限元分析结果与试验结果是相当吻合的。

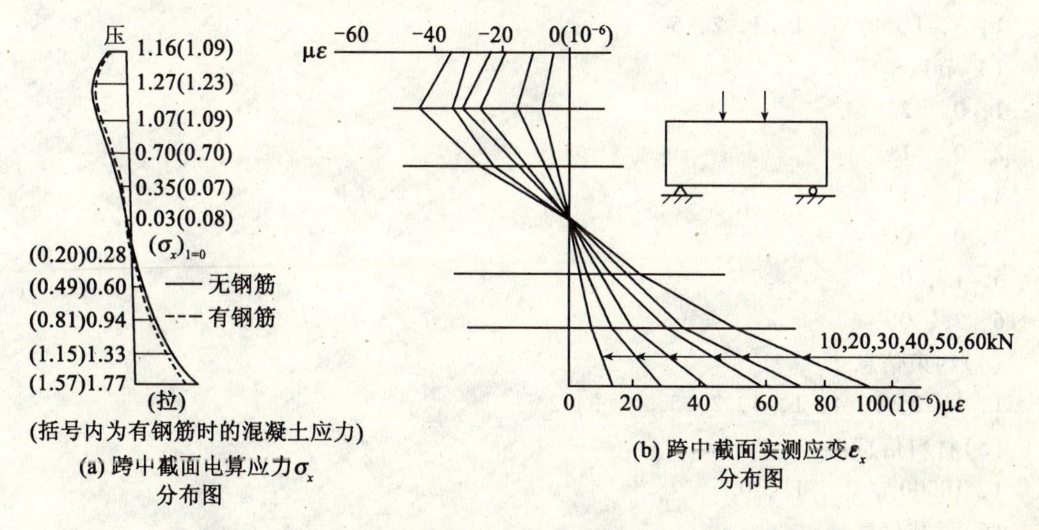

图 9-10　图 9-9 中的钢筋混凝土深梁跨中截面的计算应力与实测应变

例 9-8　已知条件同例 9-1，试采用六节点三角形单元进行计算，有限元计简图如图 9-11 所示。

解

1. 数据填写

(1)控制信息。

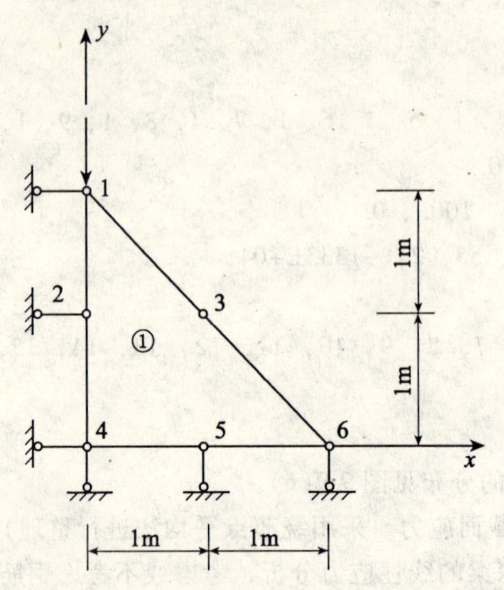

图 9-11　图 1-9 所示结构采用六节点三角形的计算简图

8 * 0, 3

6, 0, 1, 6, 0, 1, 0, 1, 0, 0

(2)单元信息。

1, 3, 1, 4, 6, 1, 3, 2, 5

(3)节点坐标。

1, 0. , 2.

2, 0. , 1.

3, 1. , 1.

4, 0. , 0.

5, 1. , 0.

6, 2. , 0.

(4)约束信息。

1, 1, 2, 1, 4, 1, 4, 2, 5, 2, 6, 2

(5)材料信息。

1, 10000. , 0. , 1. , 0.

(6)荷载信息。

1, 2, -1.

2. 计算结果

```
                    * * * NODE DISPLACEMENTS * * *
NODE    U=X-DISP.     V=Y_DISP.     NODE    U=X-DISP.     V=Y_DISP.
---------------------------------------------------------------------
  1     .00000000    -.00041250       2     .00000000    -.00015938
  3    -.00000938    -.00004688       4     .00000000     .00000000
```

```
    5      .00002813      .00000000       6      .00003750       .00000000
------------------------------------------------------------------------
 * * * AVERAGES STRESS OF 6-NODE TRIANGLE ELEMENTS ROUND NODES * * *
ELEMENT  SIGMA-X    SIGMA-Y    TAO-XY     SIGMA-1    SIGMA-2     ANGLE
------------------------------------------------------------------------
    1     -.37500   -3.00000   1.12500     .04116   -3.41616   20.30065
    2      .00000   -2.06250    .56250     .14343   -2.20593   14.30523
    3     -.18750    -.93750    .37500    -.03217   -1.09283   22.50000
    4      .37500   -1.12500    .00000     .37500   -1.12500     .00000
    5      .18750     .00000   -.18750     .30338    -.11588  -31.71747
    6      .00000    1.12500   -.37500    1.23854    -.11354  106.84503
------------------------------------------------------------------------
```

例 9-9　已知条件同例 9-2，试采用六节点三角形单元进行计算，有限元计算简图如图 9-12 所示。

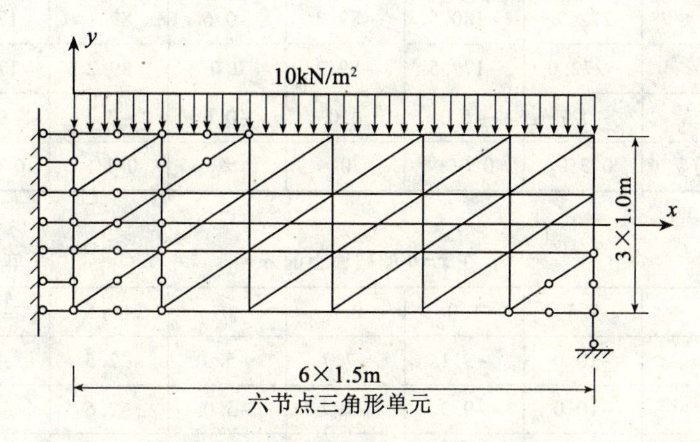

图 9-12　例 9-2 六节点三角形单元网格图

解

1. 数据填写

(1)控制信息。

5＊0，1，2＊0，3

91，0，36，8，0，1，0，0，0，3，0

(2)自动剖分信息。

1，20，0，0

1，1，7，4，20，3，1

0.，0.75，1.5，2.25，3.，3.75，4，5，5，25，6.，6.75，7.5，8.25，9.，-1.5，-1.，-0.5，0.，0.5，1.，1.5

(3)约束信息。

1，1，2，1，3，1，4，1，5，1，6，1，7，1，85，2

(4)材料信息。

1，2.0E+0.6，0.167，1.，0.

(5)荷载信息。

36，30，24，18，12，6

91，84，77，77，70，63，63，56，49，49，42，35，35，28，21，21，14，7

10.，0.，10.，0.，10.，0.，10.，0.，10.，0.，10.，0.，10.，0.，10.，0.，10.，0.，10.，0.，10.，0.，10.，0.，10.，0.，10.，0.，10.，0.，10.，0.，10.，0.

2.计算结果

用绕节点平均法整理 $x=0$ 截面上的弯曲应力 σ_x 和挤压应力 σ_y，计算结果分别列入表9-5及表9-6。

表 9-5 **在 $x=0$ 的截面上的 σ_x** (单位：kN/m^2)

节点的 y/(m)		1.5	1.0	0.5	0	−0.5	−1.0	−1.5
有限元解		272.7	−180.5	−89.2	−0.6	89.1	179.6	271.2
函数解		−272.0	−179.5	−89.2	0.0	89.2	179.6	272
与函数解相比较的误差	差值	−0.7	−1.0	0.0	−0.6	−0.1	0.1	−0.8
	百分数	0.3%	0.6%	0	/	0.1%	0.06%	0.3%

表 9-6 **在 $x=0$ 的截面上的 σ_y** (单位：kN/m^2)

节点的 y/(m)		1.5	1.0	0.5	0	−0.5	−1.0	−1.5
有限元解		−10.0	−9.1	−7.7	−5.0	−2.5	−0.8	0.6
函数解		−10.0	−9.3	−7.4	−5.0	−2.6	−0.7	0
与函数解相比较的误差	差值	0.0	0.2	−0.3	0.0	0.1	−0.1	0.6
	百分数	0	2%	4%	0	3.8%	14%	

由表9-5和表9-6可以清楚地看出，在节点数目大致相同的情况下，用六节点三角形单元进行计算，在 $x=0$ 截面上各点的 σ_x 应力误差都在1%以下，精度不但远远高于三节点三角形单元，而且也高于四节点矩形单元。且挤压力 σ_y 的精度也是令人满意的。由此可见，六节点三角形单元的精度是非常高的。因此，为了达到大致相同的精度，用六节点三角形单元时单元可以取得很少。此外，六节点三角形单元整理应力成果也非常简单，用绕节点平均法整理应力时，对边界节点处的应力无需进行推算，其表征性就很好。

例 9-10 如图9-13(a)所示，一矩形截面简支梁，梁长120mm，高20mm，宽10mm，弹性模量 $E=10^5 N/mm^2$，泊松比 $\mu=\frac{1}{3}$，重度 $\gamma=0.1N/mm^3$。试采用八节点等参单元计算自重作用下的挠度和应力。

解 取梁的轴线为 x 轴，梁的对称轴为 y 轴，利用对称性，只需计算梁的一半长度，有限元计算简图如图 9-13(b)所示。数值积分采用 2×2 高斯积分法。

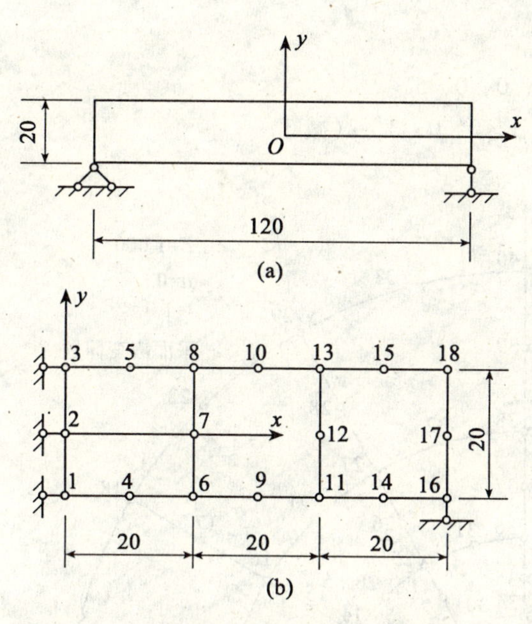

图 9-13　简支梁八节点等参单元计算简图

1. 数据填写

5＊0，1，0，0，5

18，0，3，4，0，1，1，0，0，2

1，10，0，0

1，1，4，2，1，5，1

0.，10.，20.，30.，40.，50.，60.，-10.，0.，10.

1，1，2，1，3，1，16，2

1，1.0E+5，0.33333，10.，0.1

2. 计算结果

计算结果列于表 9-7，与弹性力学函数解相比较可以看出，由于各单元的形态很好，其计算结果与函数解十分接近。

表 9-7　　简支梁自重作用下的计算结果

节点号		1	4	节点号		2
应力 $\sigma_x/(\mathrm{N/mm^2})$	有限元解	55.7	52.9	挠度 $v/(\mathrm{mm})$	有限元解	0.0897
	函数解	54.4	52.9		函数解	0.0868

例 9-11　试利用八节点等参单元计算如图 9-14 所示结构的应力(平面应变情况)。已知弹性模量 $E=1000$，泊松比 $\mu=0.3$，单元厚度 $t=1.0$，计算中分别考虑 2×2 和 3×3 高斯积分点。

解

1. 数据填写

(1)控制信息。

0，1，0，0，0，0，0，0，5

40，0，9，14，0，1，0，0，3，2(减3)

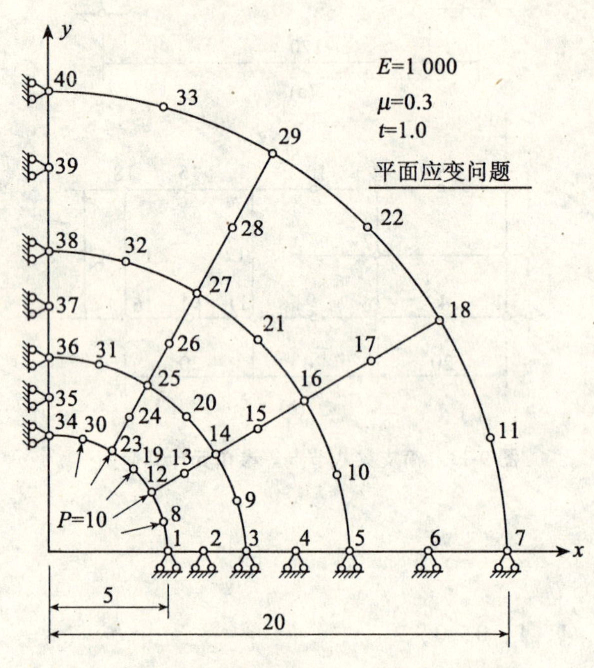

图 9-14 厚壁圆筒算例——平面应变问题

(2)单元信息。

1，5，1，1，2，3，9，14，13，12，8

2，5，1，3，4，5，10，16，15，14，9

3，5，1，5，6，7，11，18，17，16，10

4，5，1，12，13，14，20，25，24，23，19

5，5，1，14，15，16，21，27，26，25，20

6，5，1，16，17，18，22，29，28，27，21

7，5，1，23，24，25，31，36，35，36，31

8，5，1，25，26，27，32，38，37，36，31

9，5，1，27，28，29，33，40，39，38，32

(3)节点坐标。

1，5.，0.

2，6.667，0.

3，8.333，0.

4，10.667，0.

5, 13.0, 0.

6, 16.5, 0.

7, 20., 0.

8, 4.83, 1.294

9, 8.049, 2.157

10, 12.557, 3.365

11, 19.319, 5.176

12, 4.33, 2.5

13, 5.774, 3.333

14, 7.217, 4.167

15, 9.238, 5.333

16, 11.258, 6.5

17, 14.289, 8.25

18, 17.321, 10.0

19, 3.536, 3.536

20, 5.893, 5.893

21, 9.192, 9.192

22, 14.142, 14.142

23, 2.5, 4.33

24, 3.333, 5.774

25, 4.167, 7.217

26, 5.333, 9.238

27, 6.5, 11.258

28, 8.25, 14.289

29, 10., 17.321

30, 1.294, 4.83

31, 2.157, 8.049

32, 3.365, 12.557

33, 5.176, 19.319

34, 0., 5.

35, 0., 6.667

36, 0., 8.333

37, 0., 10.667

38, 0., 13.0

39, 0., 16.5

40, 0., 20.

(4)约束信息。

1, 2, 2, 2, 3, 2, 4, 2, 5, 2, 6, 2, 7, 2, 34, 1, 35, 1, 36, 1, 37, 1, 38, 1, 39, 1, 40, 1

(5)材料信息。

1，1000.，0.，1.，0.

(6)荷载信息。

1，4，7

12，8，1，23，19，12，34，30，23

10.，0.，10.，0.，10.，0.

10.，0.，10.，0.，10.，0.

10.，0.，10.，0.，10.，0.

2. 计算结果

* * * NODE DISPLACEMENTS * * *

NODE	U=X-DISP.	V=Y_DISP.	NODE	U=X-DISP.	V=Y_DISP.
1	.07095722	.00000000	2	.05419890	.00000000
3	.04443645	.00000000	4	.03612950	.00000000
5	.03113189	.00000000	6	.02668360	.00000000
7	.02423862	.00000000	8	.06846663	.01834042
9	.04287535	.01148924	10	.03004947	.00805225
11	.02339674	.00626852	12	.06145261	.03547216
13	.04693884	.02709467	14	.03847819	.02221615
15	.03129011	.01806376	16	.02696031	.01556637
17	.02310839	.01334189	18	.02099142	.01211852
19	.05011537	.05011537	20	.03138323	.03138323
21	.02199850	.02199850	22	.01712757	.01712757
23	.03547216	.06145261	24	.02709467	.04693884
25	.02221615	.03847819	26	.01806376	.03129011
27	.01556637	.02696031	28	.01334189	.02310839
29	.01211852	.02099142	30	.01834042	.06846663
31	.01148924	.04287535	32	.00805225	.03004947
33	.00626852	.02339674	34	.00000000	.07095722
35	.00000000	.05419890	36	.00000000	.04443645
37	.00000000	.03612950	38	.00000000	.03113189
39	.00000000	.02668360	40	.00000000	.02423862

* * * * * ELEMENT STRESS IN GAUSS POINT * * * * *

G. P.	X	Y	SIGMA-X	SIGMA-Y	TAO-XY	SIGMA-1	SIGMA-2	ANGLE
ELEMENT NO. =		1						
1	5.366	.322	-7.8130	10.1573	-1.0928	10.2235	-7.8792	93.4672
2	5.193	1.391	-6.5704	9.0639	-4.5117	10.2724	-7.7789	104.9957

3	4.808	2.404	-4.2706	6.6116	-7.2323	10.2210	-7.8800	116.5223
4	6.654	.399	-5.9691	6.3257	-.7244	6.3682	-6.0116	93.3601
5	6.440	1.725	-5.1827	5.5287	-3.0918	6.3571	-6.0110	104.9986
6	5.962	2.981	-3.5228	3.8800	-4.9608	6.3681	-6.0109	116.6361
7	7.942	.477	-3.0252	5.0163	-.4910	5.0462	-3.0551	93.4814
8	7.686	2.060	-2.5938	4.4636	-2.0377	5.0097	-3.1399	105.0025
9	7.117	3.559	-1.4402	3.4301	-3.2370	5.0456	-3.0557	116.5229

ELEMENT NO. = 2

1	8.842	.531	-2.5153	4.1275	-.4065	4.1523	-2.5401	93.4885
2	8.557	2.293	-2.0554	3.7241	-1.6683	4.1711	-2.5024	104.9992
3	7.923	3.962	-1.2053	2.8194	-2.6727	4.1526	-2.5385	116.5118
4	10.646	.639	-1.8623	2.9028	-.2837	2.9196	-1.8791	93.3955
5	10.304	2.761	-1.5547	2.5970	-1.1985	2.9182	-1.8759	105.0000
6	9.539	4.770	-.9163	1.9573	-1.9213	2.9197	-1.8786	116.6049
7	12.450	.747	-.8862	2.4187	-.2016	2.4309	-.8984	93.4774
8	12.049	3.229	-.7012	2.1957	-.8364	2.4198	-.9253	105.0025
9	11.155	5.578	-.2353	1.7666	-1.3307	2.4308	-.8994	116.5247

ELEMENT NO. = 3

1	13.762	.826	-.6511	2.0928	-.1669	2.1029	-.6613	93.4685
2	13.319	3.569	-.4631	1.9249	-.6894	2.1096	-.6479	105.0004
3	12.331	6.166	-.1095	1.5515	-1.1049	2.1032	-.6612	116.5349
4	16.468	.988	-.3845	1.6035	-.1184	1.6105	-.3916	93.3953
5	15.938	4.271	-.2575	1.4753	-.5002	1.6093	-.3915	105.0004
6	14.755	7.378	.0100	1.2089	-.8017	1.6104	-.3915	116.6067
7	19.174	1.150	.0080	1.4038	-.0854	1.4090	.0028	93.4869
8	18.557	4.972	.0859	1.3095	-.3533	1.4042	-.0088	105.0003
9	17.181	8.591	.2830	1.1286	-.5616	1.4088	.0028	116.5137

ELEMENT NO. = 4

1	4.486	2.961	-2.3749	4.7208	-8.3279	10.2251	-7.8791	123.4624
2	3.802	3.802	1 2494	1.2494	-9.0279	10.2773	-7.7785	-45.0000
3	2.961	4.486	4.7208	-2.3749	-8.3279	10.2251	-7.8791	-33.4624
4	5.563	3.673	-2.2676	2.6243	-5.6851	6.3674	-6.0106	123.3604
5	4.715	4.715	.1751	.1751	-6.1835	6.3585	-6.0084	-45.0000
6	3.673	5.563	2.6243	-2.2676	-5.6851	6.3674	-6.0106	-33.3604
7	6.640	4.384	-.5897	2.5801	-3.7269	5.0451	-3.0547	123.4812
8	5.627	5,627	.9376	.9376	-4.0737	5.0113	-3.1361	-45.0000
9	4.384	6.640	2.5801	-.5897	-3.7269	5.0451	-3.0547	-33.4812

ELEMENT NO. = 5

1	7.393	4.881	-.5027	2.1145	-3.0788	4.1513	-2.5395	123.4866
2	6.265	6.265	.8335	.8335	-3.3368	4.1703	-2.5033	-45.0000
3	4.881	7.393	2.1145	-.5027	-3.0788	4.1513	-2.5395	-33.4866
4	8.901	5.876	-.4247	1.4657	-2.2050	2.9195	-1.8786	123.3984
5	7.543	7.543	.5215	.5215	-2.3968	2.9183	-1.8754	-45.0000
6	5.876	8.901	1.4657	-.4247	-2.2050	2.9195	-1.8786	-33.3984
7	10.408	6.872	.1142	1.4180	-1.5320	2.4310	-.8989	123.4747
8	8.820	8.820	.7480	.7480	-1.6723	2.4202	-.9243	-45.0000
9	6.872	10.408	1.4180	.1142	-1.5320	2.4310	-.8989	-33.4747

ELEMENT NO. = 6

1	11.505	7.596	.1795	1.2625	-1.2717	2.1032	-.6612	123.4681
2	9.750	9.750	.7307	.7307	-1.3787	2.1095	-.6480	-45.0000
3	7.596	11.505	1.2625	.1795	-1.2717	2.1032	-.6612	-33.4681
4	13.767	9.090	.2151	1.0041	-.9201	1.6107	-.3915	123.3950
5	11.667	11.667	.6089	.6089	-1.0005	1.6093	-.3916	-45.0000
6	9.090	13.767	1.0041	.2151	-.9201	1.6107	-.3915	-33.3950
7	16.030	10.583	.4310	.9810	-.6471	1.4091	.0028	123.4880
8	13.584	13.584	.6976	.6976	-.7066	1.4042	-.0089	-45.0000
9	10.583	16.030	.9810	.4310	-.6471	1.4091	.0028	-33.4880

ELEMENT NO. = 7

1	2.404	4.808	6.6116	-4.2706	-7.2323	10.2210	-7.8800	-26.5223
2	1.391	5.193	9.0639	-6.5704	-4.5117	10.2724	-7.7789	-14.9957
3	.322	5.366	10.1573	-7.8130	-1.0928	10.2235	-7.8792	-3.4672
4	2.981	5.962	3.8800	-3.5228	-4.9608	6.3681	-6.0109	-26.6361
5	1.725	6.440	5.5287	-5.1827	-3.0918	6.3571	-6.0110	-14.9986
6	.399	6.654	6.3257	-5.9691	-.7244	6.3682	-6.0116	-3.3601
7	3.559	7.117	3.4301	-1.4402	-3.2370	5.0456	-3.0557	-26.5229
8	2.060	7.686	4.4636	-2.5938	-2.0377	5.0097	-3.1399	-15.0025
9	.477	7.942	5.0163	-3.0252	-.4910	5.0462	-3.0551	-3.4814

ELEMENT NO. = 8

1	3.962	7.923	2.8194	-1.2053	-2.6727	4.1526	-2.5385	-26.5118
2	2.293	8.557	3.7241	-2.0554	-1.6683	4.1711	-2.5024	-14.9992
3	.531	8.842	4.1275	-2.5153	-.4065	4.1523	-2.5401	-3.4885
4	4.770	9.539	1.9573	-.9163	-1.9213	2.9197	-1.8786	-26.6049
5	2.761	10.304	2.5970	-1.5547	-1.1985	2.9182	-1.8759	-15.0000
6	.639	10.646	2.9028	-1.8623	-.2837	2.9196	-1.8791	-3.3955
7	5.578	11.155	1.7666	-.2353	-1.3307	2.4308	-.8994	-26.5247
8	3.229	12.049	2.1957	-.7012	-.8364	2.4198	-.9253	-15.0025

9	.747	12.450	2.4187	-.8862	-.2016	2.4309	-.8984	-3.4774

ELEMENT NO. = 9

1	6.166	12.331	1.5515	-.1095	-1.1049	2.1032	-.6612	-26.5349
2	3.569	13.319	1.9249	-.4631	-.6894	2.1096	-.6479	-15.0004
3	.826	13.762	2.0928	-.6511	-.1669	2.1029	-.6613	-3.4685
4	7.378	14.755	1.2089	.0100	-.8017	1.6104	-.3915	-26.6067
5	4.271	15.938	1.4753	-.2575	-.5002	1.6093	-.3915	-15.0004
6	.988	16.468	1.6035	-.3845	-.1184	1.6105	-.3916	-3.3953
7	8.591	17.181	1.1286	.2830	-.5616	1.4088	.0028	-26.5137
8	4.972	18.557	1.3095	.0859	-.3533	1.4042	-.0088	-15.0003
9	1.150	19.174	1.4038	.0080	-.0854	1.4090	.0028	-3.4869

---

* * * * * AVERAGE STRESS OF ROUND NODES * * * * *

ELEMENT	SIGMA-X	SIGMA-Y	TAO-XY	SIGMA-1	SIGMA-2	ANGLE
1	-8.18398	12.05194	-.08325	12.05228	-8.18432	90.23571
2	-6.01164	6.37546	-.00215	6.37546	-6.01164	90.00994
3	-2.33348	4.84814	-.03159	4.84828	-2.33362	90.25205
4	-1.88107	2.92051	-.00457	2.92051	-1.88108	90.05456
5	-.63319	2.35630	-.01122	2.35635	-.63323	90.21497
6	-.39162	1.61122	-.00185	1.61123	-.39162	90.05289
7	.14315	1.39140	-.00499	1.39142	.14313	90.22903
8	-6.61576	10.83036	-5.03410	12.17874	-7.96415	104.99468
9	-1.89834	4.35459	-1.80530	4.83838	-2.38212	105.00161
10	-.44614	2.15315	-.75048	2.35427	-.64726	105.00207
11	.20359	1.29803	-.31595	1.38269	.11893	105.00046
12	-3.13002	6.99538	-8.76018	12.05057	-8.18521	119.98772
13	-2.91556	3.27807	-5.36291	6.37408	-6.01157	119.99784
14	-.53856	3.05165	-3.10933	4.84686	-2.33377	120.00050
15	-.68010	1.72004	-2.07900	2.92047	-1.88053	120.00250
16	.11357	1.60887	-1.29495	2.35651	-.63407	119.99984
17	.10929	1.11061	-.86725	1.61134	-.39144	120.00117
18	.45532	1.07935	-.54048	1.39141	.14326	120.00116
19	2.11237	2.11237	-10.07580	12.18816	-7.96343	-45.00000
20	1.22886	1.22886	-3.60985	4.83872	-2.38099	-45.00000
21	.85369	.85369	-1 50060	2.35128	-.64691	-45.00000
22	.75075	.75075	-.63199	1.38274	.11876	135.00000
23	6.99538	-3.13002	-8.76018	12.05057	-8.18521	-29.98772
24	3.27807	-2.91556	-5.36291	6.37408	-6.01157	-29.99784

25	3.05165	-.53856	-3.10933	4.84686	-2.33377	-30.00050
26	1.72004	-.68010	-2.07900	2.92047	-1.88053	-30.00250
27	1.60887	.11357	-1.29495	2.35651	-.63407	-29.99984
28	1.11061	.10929	-.86725	1.61134	-.39144	-30.00117
29	1.07935	.45532	-.54048	1.39141	.14326	-30.00116
30	10.83036	-6.61576	-5.03410	12.17874	-7.96415	-14.99468
31	4.35459	-1.89834	-1.80530	4.83838	-2.38212	-15.00161
32	2.15315	-.44614	-.75048	2.35427	-.64726	-15.00207
33	1.29803	.20359	-.31595	1.38269	.11893	-15.00046
34	12.05194	-8.18398	-.08325	12.05228	-8.18432	-.23571
35	6.37546	-6.01164	-.00215	6.37546	-6.01164	-.00994
36	4.84814	-2.33348	-.03159	4.84828	-2.33362	-.25205
37	2.92051	-1.88107	-.00457	2.92051	-1.88108	-.05456
38	2.35630	-.63319	-.01122	2.35635	-.63323	-.21497
39	1.61122	-.39162	-.00185	1.61123	-.39162	-.05289
40	1.39140	.14315	-.00499	1.39142	.14313	-.22903

根据上述计算结果整理的径向应力和环向应力与弹力解的比较示于图 9-15 和图 9-16中。

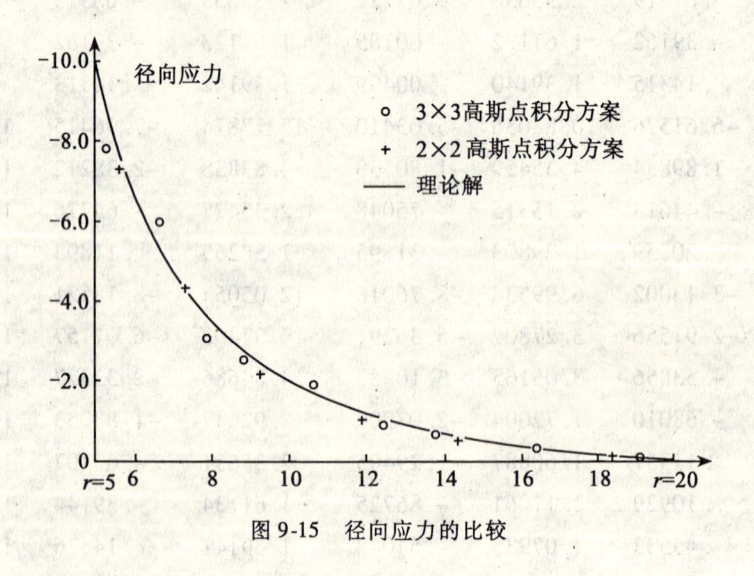

图 9-15 径向应力的比较

从图 9-15 和图 9-16 中可以明显地看出，尽管本例采用了很稀的网格，但其计算结果的精度仍然是很高的，与弹力解具有很好的一致性。

例 9-12 已知条件同例 9-2，试采用八节点等参单元进行计算，有限元计算简图如图 9-17 所示。

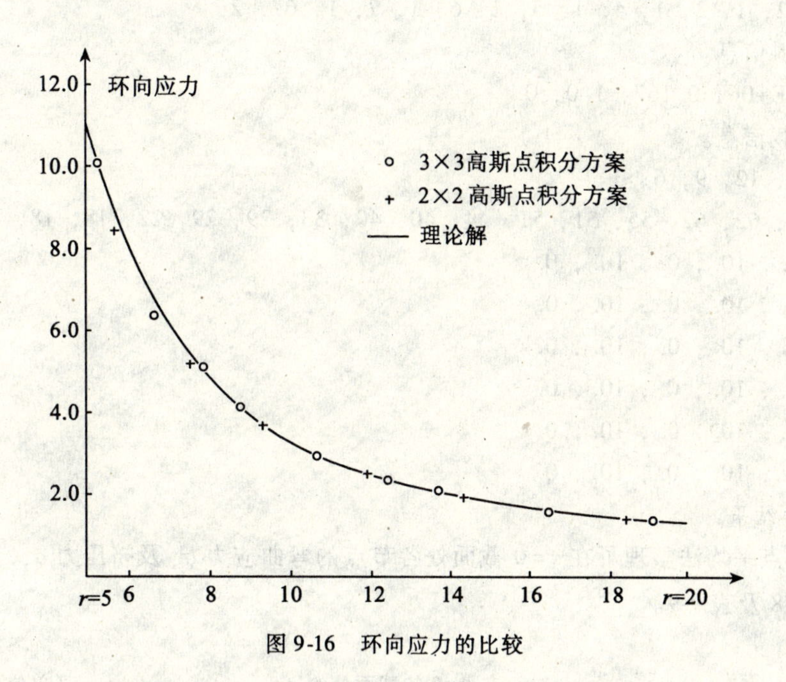

图 9-16　环向应力的比较

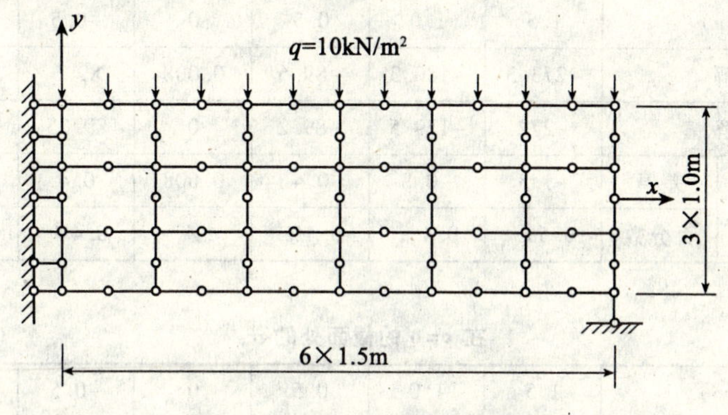

图 9-17　八节点等参单元网格图

解

1. 数据填写

(1)控制信息。

5＊0，1，0，0，5

18，0，18，8，0，1，0，0，6，2

(2)自动剖分信息。

1，20，0，0

1，1，7，4，1，5，1

0.，0.75，1.5，2.25，3.，3.75，4.5，5.25，6.，6.75，7.5，7.5，8.25，9.1，-1.5，-1.，-0.5，0.，0.5，1.，1.5

(3)约束信息。

1，1，2，1，3，1，4，1，5，1，6，1，7，1，67，2

(4)材料信息。

1，2.0E+06，0.167，1.0，0.

(5)荷载信息。

18，15，12，9，6，3

73，66，62，62，55，51，51，44，40，40，33，29，29，22，18，18，11，7

10.，0.，10.，0.，10.，0.

10.，0.，10.，0.，10.，0.

10.，0.，10.，0.，10.，0.

10.，0.，10.，0.，10.，0.

10.，0.，10.，0.，10.，0.

10.，0.，10.，0.，10.，0.

2. 计算结果

用绕节点平均法整理了在 $x=0$ 截面处各节点的弯曲应力 σ_x 及挤压力 σ_y，计算结果分别列入表9-8及表9-9。

表9-8 在 $x=0$ 的截面处的 σ_x （单位：kN/m^2）

节点的 y/(m)		1.5	1.0	0.5	0	-0.5	-1.0	-1.5
有限单元解		-273.3	-180.3	-89.6	0.008	89.6	180.3	273.2
函数解		-272	-179.5	-89.2	0	89.25	179.5	272
与函数解相比较的误差	差值	-1.3	-0.8	0.4	0.008	0.4	0.8	1.2
	百分数	0.5%	0.4%	0.4%	/	0.4%	0.4%	0.4%

表9-9 在 $x=0$ 的截面处的 σ_y （单位：kN/m^2）

节点的 y/(m)		1.5	1.0	0.5	0	-0.5	-1.0	-1.5
有限单元解		-10.7	-9.2	-7.7	-5.0	-2.3	-0.9	0.6
函数解		-10.0	-9.3	-7.4	5.0	-2.6	-0.7	0
与函数解相比较的误差	差值	-0.7	0.1	-0.3	0	0.3	-0.2	0.6
	百分数	7%	1%	4%	0	11.5%	28.6%	/

由表9-8和表9-9可以清楚地看出，即使节点应力并不是从高斯积分点处的应力推算得来的，八节点等参单元计算结果的精度仍然是很高的，在 $x=0$ 的截面处 σ_x 应力误差都在1%以下，计算结果的精度不但远远高于三节点三角形单元计算结果的精度，而且也高于四节点矩形单元计算结果的精度，与六节点三角形单元计算结果的精度大体相近，只是挤压应力 σ_y 的精度略差。若节点应力由高斯积分点处的应力进行推算，然后用绕节点平均应力来表征各节点的应力，精度还会进一步提高。

附录　FEAP的其他子程序

1. 双精度一维数组送0的子程序SUB. ZERO1

```
1        SUBROUTINE ZERO1(A,N)                双精度一维数组送0
2        REAL * 8 A(N)
3        DO 10 I=1,N
4    10  A(I)=0.D0
5        RETURN
6        END
```

2. 双精度二维数组送0的子程序SUB. ZERO2

```
1        SUBROUTINE ZERO2(A,L,M)              双精度二维数组送0
2        REAL * 8 A(L,M)
3        DO 10 I=1,L
4        DO 10 J=1,M
5    10  A(I,J)=0.D0
6        RETURN
7        END
```

3. 整型一维数组送0的子程序SUB. ZERO3

```
1        SUBROUTINE ZERO3(NA,N)               整型一维数组送0
2        DIMENSION NA(N)
3        DO 10 I=1,N
4    10  NA(I)=0
5        RETURN
6        END
```

4. 整型二维数组送0的子程序SUB. ZERO4

```
1        SUBROUTINE ZERO4(NB,L,M)             整型二维数组送0
2        DIMENSION NB(L,M)
3        DO 10 I=1,L
4        DO 10 J=1,M
5    10  NB(I,J)=0
6        RETURN
7        END
```

5. 矩阵乘法子程序 SUB. ABC

```
 1        SUBROUTINE ABC(M1,I1,K1,J1,A,B,C)              矩阵乘法
 2        REAL * 8 A(I1,K1),B(K1,J1),C(I1,J1),S
 3        IF (M1) 10,20,30
 4   10   DO 1 I=1,I1
 5        DO 1 J=1,J1
 6        S=0. D0
 7        DO 2 K=1,K1
 8    2   S=S+A(I,K) * B(K,J)                            [C] = [A][B]
 9    1   C(I,J)=S
10        RETURN
11   20   DO 3 I=1,I1
12        DO 3 J=1,J1
13        S=0. D0
14        DO 4 K=1, K1
15    4   S=S+A(K,I) * B(K,J)                            [C] = [A][B]^T
16    3   C(I,J)=S
17        RETURN
18   30   DO 5 I=1,I1
19        DO 5 J=1,J1
20        S=0. D0
21        DO 6 K=1,K1
22    6   S=S+A(I,K) * B(J,K)                            [C] = [A]^T[B]
23    5   C(I,J)=S
24        RETURN
25        END
```

6. 矩阵乘向量的子程序 SUB. XYZ

```
 1        SUBROUTINE XYZ(M2,I2,K2,RX,RY,RZ)              矩阵乘向量
 2        REAL * 8 RX(I2,K2),RY(K2),RZ(I2),S
 3        IF(M2) 10 ,20,20
 4   10   DO 1 I=1,I2
 5        S=0. D0
 6        DO 2 K=1,K2
 7    2   S=S+RX(I,K) * RY(K)                            {RZ}=[RX]{RY}
 8    1   RZ(I)=S
 9        RETURN
10   20   DO 3 I=1, I2
11        S=0. D0
```

```
12        DO 4 K=1,K2
13    4   S=S+RX(K,I) * RY(K)                    {RZ}=[RX]^T{RY}
14    3   RZ(I)=S
15        RETURN
16        END
```

7. 方阵转置的子程序 SUB. JZZ

```
1         SUBROUTINE JZZ(A,N)                    方阵转置
2         REAL * 8 A(N,N)
3         N1=N-1
4         DO 20 I=1,N1
5         I1=I+1
6         DO 20 J=I1,N
7    20   A(I,J)=A(J,I)
8         RETURN
9         END
```

8. 矩阵转置的子程序 SUB. MATT

```
1         SUBROUTINE MATT(M,N,A,B)               矩阵转置
2         REAL * 8 A(M,N),B(N,M)
3         DO 10 I=1,M
4         DO 10 J=1,N
5    10   B(J,I)=A(I,J)
6         RETURN
7         END
```

9. 打印字符串的子程序 SUB. PRN

```
1         SUBROUTINE PRN(STAR)                   打印字符串
2         CHARACTER * 4 STAR
3    2    WRITE(9,900)(STAR,I=1,20)
4         RETURN
5   900   FORMAT(1X,20A)
6         END
```

参考文献

[1]李传才编．钢筋混凝土结构的非线性有限元分析．武汉水利电力学院学报,1985(4)．

[2]谭道宏编．平面问题组合单元的有限元法程序讲义．武汉水利电力学院学报,1982.

[3]谭道宏．程序设计．武汉水利电力学院,1985. 8.

[4] O. C. Zienkiwicz. *The Finite Element Method* (The-3rd Edit.). McGraw-Hill. New York, 1977.

[5] E. Hinton and D. R. J. Owen. *Finite Element Programming.* Academic Press. London, 1977.

[6] D. R. J. Owen and E. Hinton. *Finite Elements in Plasticity.* *Pineridge Press.* Swansea. U. K, 1980.

[7] Robert. D. Cook. *Concepts and Applications of Finite Element Analysis* (Second Edition). Johnwiley, 1981.

[8] C. S. Desai and J. F. Abel. *An Introduction to the Finite Element Analysis.* Van Nostrand Reinhold CO. New York, 1974.

[9] Ivar. Honland. *Finite Element Mathods in Stress Analysis.* TAPLR The Technical University of Norway,. 1972.

[10] Chu-Kia. Wang. *Computer methods in advanced structural analysis.* Intext Educational Publishers. New York,1976.

[11]华东水利学院．有限单元法及应用．北京:水利电力出版社,1978.

[12]朱伯芳编．有限单元法原理及应用．北京:水利电力出版社,1979.

[13]徐次达,华伯浩．固体力学有限元理论、方程及程序．北京:水利电力出版社,1983.

[14]谢贻权,何福保主编．弹性和塑性力学中的有限单元法．北京:机械工业出版社,1981.

[15]甘舜仙编著．有限元技术与程序．北京:北京理工大学出版社,1988.

[16]王勖成,邵敏编著．有限单元法基本原理与数值方法．北京:清华大学出版社,1988.

[17]阳日,梁琨编著．结构力学的计算机方法．重庆:重庆大学出版社,1989.

[18]刘正兴编著．结构分析程序设计基础．上海:上海交通大学出版社,1988.

[19]诸德超,王寿梅编．结构分析中的有限元素法．北京:国防工业出版社,1981.

[20]龙驭球编．有限单元法概论．北京:人民教育出版社,1979.

[21]张允真,曹富新编著．弹性力学及其有限元法．北京:人民铁道出版社,1983.

[22]徐芝纶编．弹性力学．北京:人民教育出版社,1979.

[23]王龙甫．弹性理论．北京:科学出版社,1984.

[24]钱伟长著．变分法及有限元(上册)．北京:科学出版社,1980.

[25]胡海昌著．弹性力学的变分原理及其应用．北京:科学出版社,1981.

[26]李嘉珩．有限单元法及程序实例．北京:人民铁道出版社,1979.

[27]三本木茂夫(日),吉村信敏(日)著. 北方交通大学铁道建筑系译,有限单元法结构分析及程序. 北京:中国建筑工业出版社,1975.

[28]固体力学中的有限元素法译文集(上集 1975,下集 1977). 北京:科学出版社.

[29]寒冰. 软件测试及调试技术. 建筑结构,1986(4):55~56.

[30]唐锦春. 网格自动生成. 建筑结构,1986(6):48~52.

[31]J. N. Reddy. An Introduction to the Finite Element Method. McGraw-Hill. New York, 1984.

[32]E. L. Wilson and R. L. Taylor. Incompatible displacement Models, Numerical and Computer Methods in Structural Mechanics. Fenves Steven J. Academic Press. New York,1973.

[33]E. Hinton et al. Local Least Squares Stress Smoothing for Parabolic Isoparametric Element. Int. J. Numerical Methods in Englineering: Theory and Appreciations. 1971(3): 275-290.

[34]张德兴编著. 有限元素法新编教程. 上海:同济大学出版社,1989.

[35]朱伯龙,董振祥著. 钢筋混凝土非线性分析. 上海:同济大学出版社,1985.

[36]于学馥等编. 地下工程围岩稳定分析. 北京:煤炭工业出版社,1983.

[37]侯建国主编. 钢筋混凝土结构分析程序设计. 武汉:武汉大学出版社,2004.